一起探索数学世界吧

越来越多了！

[英] 费利西亚 · 劳 著
[英] 戴维 · 莫斯廷 [英] 克丽 · 格林 绘
李瑛 译

童趣出版有限公司编译 人民邮电出版社出版
北 京

图书在版编目（CIP）数据

一起探索数学世界吧 / (英) 费利西娅·劳等著 ; (英) 戴维·莫斯廷, (英) 克丽·格林绘 ; 童趣出版有限公司编译 ; 郑玲等译. -- 北京 : 人民邮电出版社, 2023.1
ISBN 978-7-115-60070-7

Ⅰ. ①一… Ⅱ. ①费… ②戴… ③克… ④童… ⑤郑… Ⅲ. ①数学一少儿读物 Ⅳ. ①01-49

中国版本图书馆CIP数据核字(2022)第172167号

著作权合同登记号：01-2022-1612

A QUESTION OF MATHS
How Many?
How Few?
How Much?
What Part?
How Far?
What Shape?
Where is it?
What does it mean?
What Time is it?
Rich or Poor?
What's the Problem?
Who Holds the Records?

著　　：[英]费利西娅·劳　萨兰娜·泰勒 等
绘　　：[英]戴维·莫斯廷　克丽·格林
译　　：郑　玲　林开亮 等
责任编辑：孙铭慧
执行编辑：王雨晴　张之航
责任印制：李晓敏
封面设计：韩木华
排版制作：敖省林

编　译：童趣出版有限公司
出　版：人民邮电出版社
地　址：北京市丰台区成寿寺路 11 号邮电出版大厦（100164）
网　址：www.childrenfun.com.cn

读者热线：010-81054177
经销电话：010-81054120

印　刷：北京华联印刷有限公司
开　本：889×1194　1/20
总印张：19.2
总字数：380 千字
版　次：2023 年 1 月第 1 版　2023 年 1 月第 1 次印刷
书　号：ISBN 978-7-115-60070-7
总定价：208.00 元（全套 12 册）

前言

我们小的时候一定都学过如何从 1 数到 10。这其实是一件非常好玩儿的事，因为你一定听过各种版本的儿歌或童谣，教你如何数数。虽然这些数字看起来简单极了，但它们其实都拥有属于自己的悠久历史和有趣的故事。而且，在我们的数学学习中，数字的使用方式也会比数数更丰富多样。

加法和乘法是可以让数变大的两种数学方法。当你把几个数相加时，得到的数会慢慢变大；当你把几个数相乘时，得到的数会迅速变大。

数是什么？

加法和乘法是怎么回事？

目 录

2 数的使用
4 早期的计数方法
6 加法和减法
8 加
10 2 倍
12 二进制
14 5 和 10
16 数列
18 质数
20 无穷大的数
22 变得更多
24 数学机器人
26 快速增长
28 温故知新

数的使用

我们用数来命名、计数或计算我们拥有多少物品。当然，数还可以用来表示时间、重量、身高等。有时候我们为了计算数量的总和，需要学会加法或乘法运算。

你的计数工具

还记得你一开始是用什么来数数的吗？当然是你的手指啦！尤其是数 5 以内或 10 以内的数字，用手指来数肯定是最简单的办法啦！

没有名字的数字

在很久很久以前，人类只会用手指来数数。一直到几千年前，计数法才在苏美尔（今伊拉克的部分地区）出现。那里的苏美尔人在买卖物品时，需要记录物品的个数来完成交易。

在很长一段时间里，数字都没有我们今天称呼它们的那种名字。直到 2000 多年前，古印度人首先发明了阿拉伯数字 1~9，后来，“0”这个数字才正式出现。

我们的数

4000 多年前，古埃及人不仅用数来计数，还开始使用数来记录物体的数值，比如记录正在建造的金字塔的长、宽、高等数据。

数字的名字

就算是同一个数字，在不同的语言中，名字也完全不同。比如，在中文中是：一、二、三、四、五；在英语中是：One, Two, Three, Four, Five；在法语中是：Un, Deux, Trois, Quatre, Cinq；在西班牙语中是：Uno, Dos, Tres, Cuatro, Cinco；在德语中是：Eins, Zwei, Drei, Vier, Fünf。

“五月五日节”是墨西哥的传统节日。

数字

数字是我们计数时所用的符号，在不同的情况下使用，表达不同的意思。

1，2，3，4，5…可以是自然数或基数。

在文章中可以用一、二、三、四、五……来表示。

但当它们作为序数词表示顺序时，1，2，3指的是“第一”“第二”“第三”。

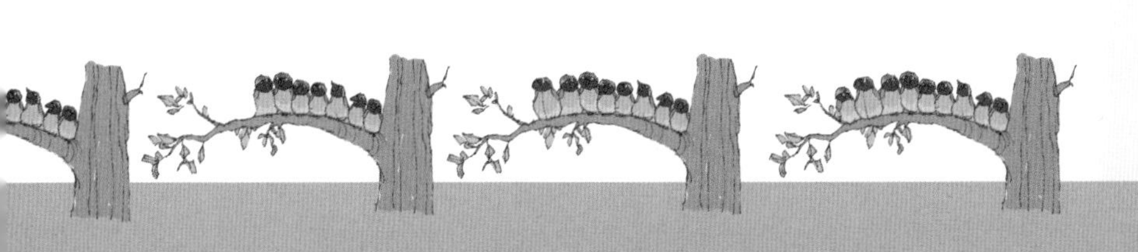

你需要认识的词语

数学上表示事物的量的基本概念。

表示数目的符号。

数事物的个数；统计数目。

1，2，3 等 普通整数。

表示次序的数目，如第一、第二、第三……

早期的计数方法

有了数字之后，人类开始探索计数方法。计数方法是伴随着人们的贸易产生的。

美索不达米亚黏土代币

大约 9500 年前，生活在两河流域的人发明了记录农产品信息的黏土代币。他们在黏土代币上记录农产品的数量，比如有多少只牲畜，有多少袋谷物。

用来记录农产品数量的黏土代币。

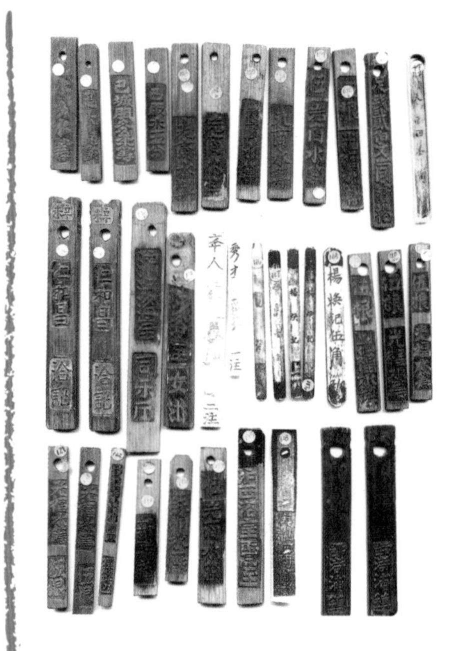

计数器

最古老的“计数器”是一片带有 5 处标记的狼骨。但其实大多数“计数器”是由木头做成的，因为木头的材质比较容易钻出圆孔。

还有一些木棍被劈成两半，木棍上的刻痕也一分为二。这些是用来记录债务的“账板”。两半账板分别留在借钱的人和被借钱的人手中，这样，双方就都没法在原来的账板上作假了。

木棒计数

有些部落还用木棒来记录比较大的数。他们给羊群中的每一只羊对应一根木棒，一捆木棒的数量就是羊群中羊的数量。

贝币

贝壳在很多地方被用来计数或当作货币。它们经常被穿成串使用。

玛雅数字

玛雅数字由三个符号组成：圆圈（贝壳的样子）、点和横线。

以上是玛雅数字 1 到 10 的写法。

这是 15。

这是 20。

结绳计数

在世界各地，古时候的人们都用在粗绳子或细绳子上打绳结的方法来记录数量。其中，最先进的结绳计数法是南美洲的印加人创造的。他们可以在一根粗绳子上拴很多根细绳子，甚至可以分别用不同的绳结表示不同的事物。

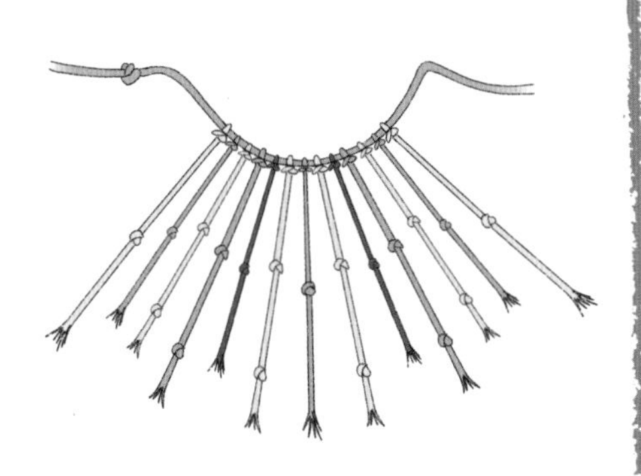

算盘

算盘是一种计数或计算的工具，起源于中国古代，人们通过拨动穿在木杆上的珠子进行运算。现在，在中国、俄罗斯、土耳其等一些国家的商店里，有时还能看到算盘。令人感到惊奇的是，有的人使用算盘计算比使用计算器算得还要快。

加法和减法

数学课上我们学习的第一件事情是数数，从1数到10，然后我们就开始学习“+1”运算了。计算“1+1”得到2，计算“2+1”得到3……这样，我们就能知道“总数”是如何得到的了。

求和

在加法运算中，一个数和另一个数相加，得到的新数就是“和”。这是最简单的运算方式。

加法运算

一些数加在一起，得到一个更大的数，这就是在做加法运算。在做加法运算的时候，我们会发现，两个不同的数相加，有可能会得到一个相同的和。我们逐渐熟悉这些数之后，再看到一个数，就能马上想到它是由谁和谁相加得到的，这大大地加快了我们的运算速度。

相同的和

3等于

1+2 ● ●●

4等于

1+3 ● ●●●

2+2 ●● ●●

5等于

1+4 ● ●●●●

2+3 ●● ●●●

6等于

2+4 ●● ●●●●

3+3 ●●● ●●●

5+1 ●●●●● ●

倒数（shǔ）

你能不能用其他的顺序数数呢？比如说从 10 数到 1：10、9、8、7、6、5、4、3、2、1！

当这样从 10 倒数时，我们做的就是不停地“减去 1”的运算。比如“10-1”得到 9，“9-1”得到 8……这样一直减小下去，我们就能知道数是怎么一直减小到 1 的了。

你还记得刚才是怎么做加法运算的吗？其实减法运算就是把加法运算反过来。

4+2=6

6-2=4

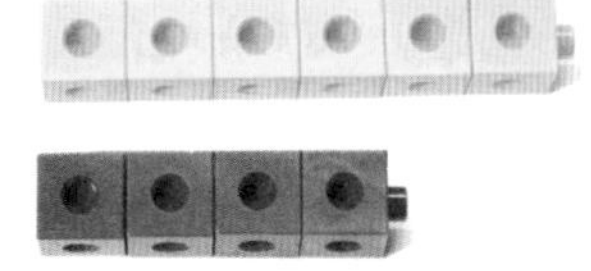

比 4 多 2 的数是 6。

比 6 少 2 的数是 4。

火箭发射时都会进行倒计时。

你需要认识的词语

加法运算中，一个数加上另一个数所得的数。

从总体或某个数量中去掉一部分。

两个或两个以上的东西或数目合在一起。

几个相同的数连加的简便算法。

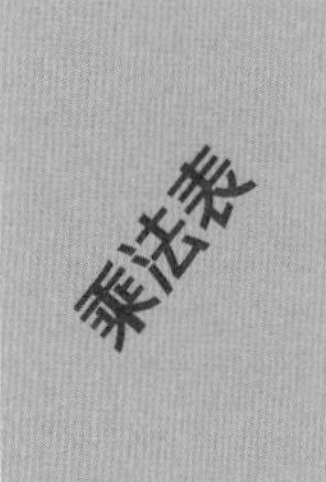

一般是用从 1 到 9 两两相乘的结果制成的表格。

加

在你把一个东西加到另一个东西上后，你就会发现这个东西变大了。加法就是把两个或更多的数加在一起得到总和的运算。

加一点儿，加一点儿，再加一点儿……
加法运算每时每刻都发生在我们身边。

相加

“相加”其实就是加法运算。我们一般用符号“**+**”来表示“相加”。

3+5=8

你把两个或更多的数相加后，会得到一个更大的数。

在计算两个数的和时，我们一般先把个位上的数相加，再把十位上的数相加，然后把百位上的数相加，最后把千位上的数相加得到结果。

	千位	百位	十位	个位
	3	5	1	7
+		1	7	2
	3	6	8	9

增加和增长

我们生活中的每一天都要经历“增加”。我们会慢慢长大，年龄一天天地增加。我们的身高一厘米一厘米地增高，体重可能也在不断地增加。我们大脑中的知识也在不停增长，我们的经历将日益丰富，与家人和朋友的理解逐渐加深……

我们一生都离不开“加”。

百、十和个

斐波那契是一位非常聪明的数学家，他生活在 800 年前的意大利。斐波那契曾经周游世界去学习数学，并在游学中掌握了不同的数学知识和各种各样的计算方法。

他把一个数分成好几列——数是由几个一、几个十、几个百（即个位、十位、百位）组成的，这样使得数与数之间的计算更为简单。斐波那契的这种计算方法一直沿用至今。

跬（kuǐ）步千里

2500 多年前，中国的思想家老子指出，人们要一点儿一点儿地积累自己的知识、能力，才能有所成就。他曾说：“九层之台，起于累土；千里之行，始于足下。”

一对一对地数

有些人不是像我们一样一个一个地数数，而是一对一对地数数，这种方法，现在在世界上还有人使用。

比如：

1 只乌龟

1 对乌龟

1 对加 1 只乌龟

2 对乌龟

2 对加 1 只乌龟

3 对乌龟

罗马数字

罗马数字中用 X 表示 10，直至今日仍在使用。

I II III IV V VI VII VIII IX X

你需要认识的词语

竖排叫列，横排叫行。

十进制计数的基础的一位。

用来表示某数中有几个十。

用来表示某数中有几个百。

用来表示某数中有几个千。

2倍

我们可以把一个数加上一个相同的数，看成是同一个数加了两遍，得到的和是这个数的2倍。这时我们可以引入一种新的运算方法——乘法。

累加

累加就是把同一个数重复相加好几遍，当你发现累加结果的规律后，你做乘法运算的时候就会更快、更容易了。

2+2=4

2+2+2=6

偶数

2的倍数被称为偶数。当你需要快速数数时，你可以两个数两个数地数，也就是隔一个数一个，比如：

2，4，6，8，10…

乘法

同一个数翻一番，我们得到原数的2倍，也就是把原数乘2。

乘法运算用符号“**×**”。

因此，如果你想表达2乘2等于4，就可以写成：

2×2=4

“加”和“乘”是一对好朋友

重复相加和乘法运算可以得到同一个结果，只不过运算方法不同罢了。

乘积

乘法可以看成是同一个数的多次重复相加的简化，这个结果可以制作成乘法表。你周围一定有许多人已经可以熟练地背诵乘法表了。

其实，当你发现乘法表的规律时，乘法表就变得容易掌握了。你可以尝试从加法、乘法两种不同的角度来学习、记忆。

$1 \times 2 = 2$

$2 \times 2 = 4$　　$2 + 2 = 4$

$2 \times 3 = 6$　　$2 + 2 + 2 = 6$

$2 \times 4 = 8$　　$2 + 2 + 2 + 2 = 8$

$2 \times 5 = 10$　　$2 + 2 + 2 + 2 + 2 = 10$

……

大自然中的乘法

许多植物可以进行无性繁殖，能不停地复制自己，有些动物也可以做到。这时，雌性动物不需要雄性动物的帮助就能完成自我繁殖。经研究，海绵、水母甚至科莫多巨蜥都有这种本领。

你需要认识的词语

当你把一个数乘2时，结果就是这个数翻了一番。

乘法的另一种说法。

一个数乘2的另一种表述。

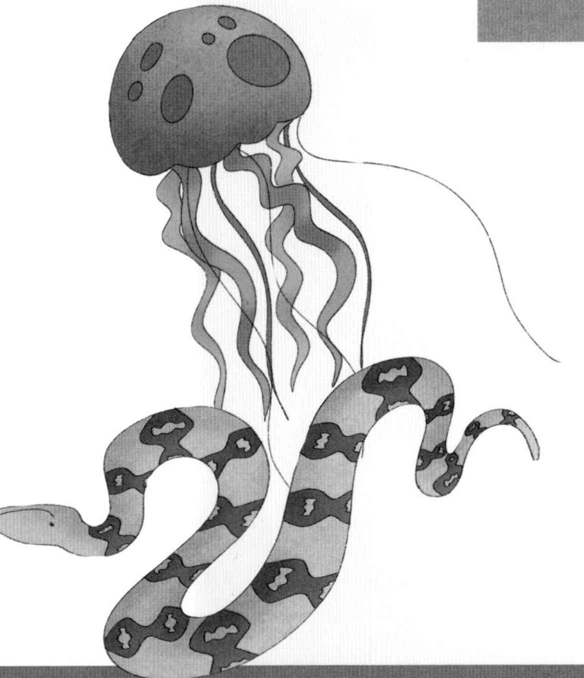

二进制

现在我们使用的记数法大多是十进制的。这种记数法，采用0、1、2、3、4、5、6、7、8、9十个数码，逢十进位。除了十进制以外，我们还使用各种不同的记数法，比如，在计算机设备中使用二进制，在记录时间的时候我们用的是六十进制。

二进制码

二进制码由0和1构成。计算机中0和1就像开关一样，“开”用“1”表示，“关”用“0”表示。

二进制码的数列可以作为指令被读取出来。

使用二进制的计算机

其实我们天天都在使用跟二进制有关的机器——计算机。计算机使用二进制，即只使用数码0和1来编写程序。

莫尔斯电码

许多代码仅仅包含两个字符。在19世纪，美国发明家莫尔斯发明了电磁式电报机，通过轻轻敲击电报机，把字符和字母、数字换成“·”和“—”组合的语言发送出去。

电报机

二进制和十进制的换算

十进制	二进制
0	0
1	1
2	10
3	11
4	100
5	101
6	110
7	111
8	1000
9	1001
10	1010
11	1011
12	1100

2 倍和 3 倍

我们把一个数加上它本身，就得到这个数的 2 倍。

2 的 2 倍是 4。

我们把一个数重复加 3 次，就得到这个数的 3 倍。

2 的 3 倍是 6。

各种各样的记数法

南美洲最南端火地岛的原住民使用数码个数为 3 和 4 的记数法，即三进制和四进制。

很多以英语为母语的国家，在过去会使用十二进制的记数法，直到今天在英语表达中也常出现“一打”(12 个)鸡蛋这样的表述。不仅如此，他们还曾经使用过二十进制，到现在也还在用“score”来表示 20。

古巴比伦人创造了六十进制。他们用大拇指来数同一只手每根手指的三个指节。当数到 12 时，他们就举起另一只手继续数——数 5 次就能得到 60。直到现在我们还在用六十进制计算时间。

你需要认识的词语

数字。

一种记数法，采用 0 和 1 两个数码，逢二进位。

一个数重复相加三次，或乘 3，就得到原数的 3 倍。

表示 12 个。

5和10

我们的每只手有5根手指，两只手就有10根手指了。现在你知道为什么5和10总是在数学中出现了吧。

计数器

尽管这种计数符号至少在30000年前就被雕刻在木头、骨头或石头上了，但我们现在仍在使用类似的方法计数。

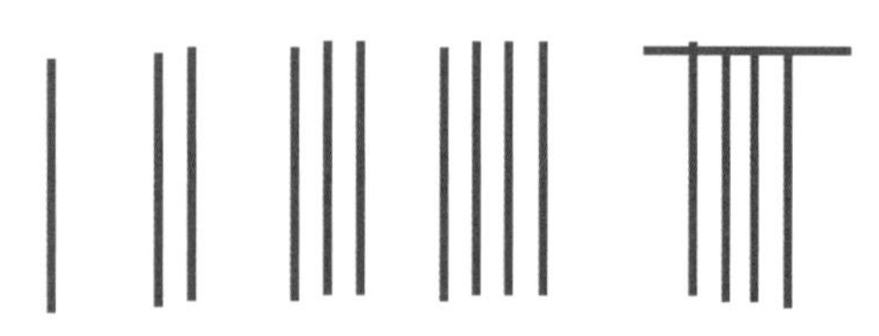

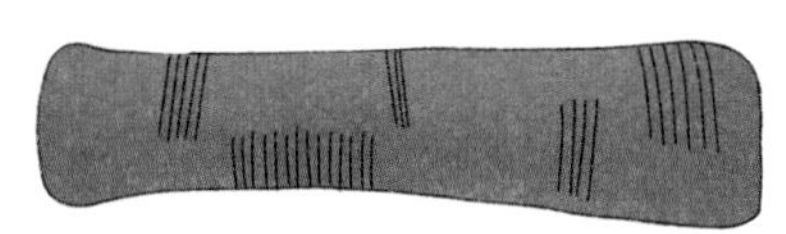

10的倍数

10是一个比较特殊的数，当你把它乘2、3和4时，你就会得到20、30和40。所有结果的个位数字都是0！所以，当你用10和某数相乘时，你只需要在该数后面填上“0”就可以了，比如10乘34等于340！

5的倍数

你可以轻松地判断一个数是否为5的倍数。只要这个数的个位是5或0，那么它就一定是5的倍数了。

1 x 5 = 5

2 x 5 = 10

3 x 5 = 15

4 x 5 = 20

5 x 5 = 25

6 x 5 = 30

7 x 5 = 35

8 x 5 = 40

9 x 5 = 45

10 x 5 = 50

跳着数（shǔ）

大家可以尝试以2、5、10或100作为间隔进行跳数。跳数对于提升相加和相乘的运算能力很有帮助，当数成对出现的东西，或数5个一捆、10个一包的东西，尤其是数一沓钱时，跳着数就非常方便了。

10的好朋友

9和1

8和2

7和3

6和4

5和5

迅速变大的数

如果你把一个数重复与自己相乘，结果就会迅速增大。下面，我们来看看这个数是 10 时的情形。

10×10=100

100×10=1000

1000×10=10000

10000×10=100000

……

以此类推，如果把 10 重复乘上 100 次，我们将得到一个巨大的数——一个 1 后面带着 100 个 0，这个数被称为 1 古戈尔。

你需要认识的词语

以一个较大的数为单位间隔着数数。

一个巨大的数字，是 100 个 10 相乘，写作 1 后面有 100 个 0。

古希腊杰出的数学家。

超级大的数

阿基米德生活在 2200 多年前的古希腊，是一位杰出的数学家。他想要计算出需要多少粒沙子才能装满整个宇宙。要知道，这个宇宙不仅包括地球、月球和太阳，还有其他的恒星、行星、小行星等天体。这样一来，他不得不创造出一些超级大的数。

这个数相当于好几十个 10 相乘！

数列

数可以有很多不同的排列方式，每一种排列都可以被称为一个数列，这些数列出现在不同的地方。你能读一读数列中的数吗？

偶数列：

2，4，6，8，10，12，14…

奇数列：

1，3，5，7，9，11，13…

位值制记数法

斐波那契的另一个贡献就是将位值制记数法引入欧洲。记数时，数字按次序排成一列来表示一个数，每个数字在不同的位置具有不同的数值。比如“552”中，5这个数字在百位时，表示5个100；5这个数字在十位时，表示5个10。直到今天，大家仍在使用这个概念。

一朵花的花瓣数目往往是斐波那契数列上的一个数。

斐波那契数列

数学世界中有一个著名的数列——斐波那契数列，以意大利著名数学家斐波那契的名字命名。这个数列的特点是，从第三个数开始，每一个数都等于前两个数之和，即：

1，1，2，3，5，8，13，21，34，55，89…

斐波那契螺旋线

我们也可以把斐波那契数列放在正方形中。在每个正方形中用圆弧连接两个对角线上的点，斐波那契螺旋线就是在以斐波那契数为边长的正方形中，用首尾相接的连续弧线所绘制出来的曲线。右图展示的就是在边长为1、1、2、3、5、8、13和21的8个正方形中，绘制的一条斐波那契螺旋线。

自然界中的斐波那契螺旋线

斐波那契螺旋线也被称为黄金螺旋线，在艺术设计中被广泛使用，自然界中也经常出现。

在芦荟、鹦鹉螺、松果、菜蓟、毛茛、百合、菊苣和雏菊中，都能发现斐波那契螺旋线的存在。

你需要认识的词语

按照一定次序排列的一列数。

一种记数法，其特点是每个数字在不同位置具有不同的数值。

像螺蛳壳纹理的曲线形。

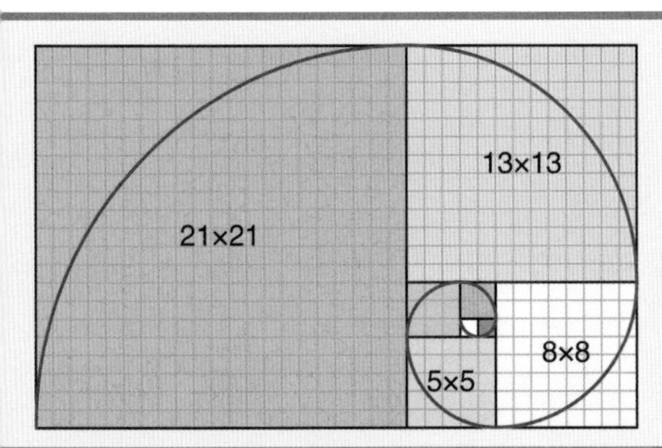

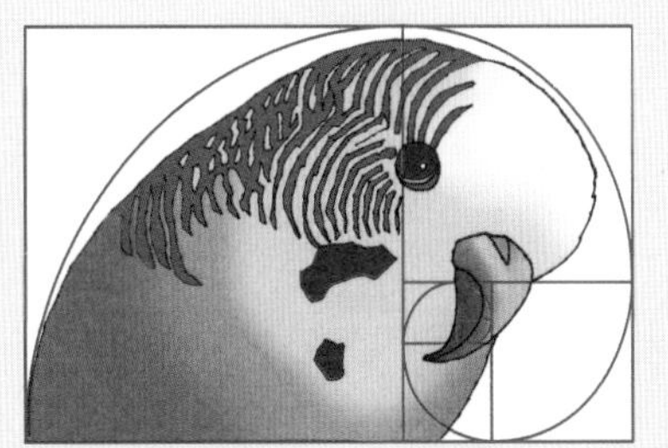

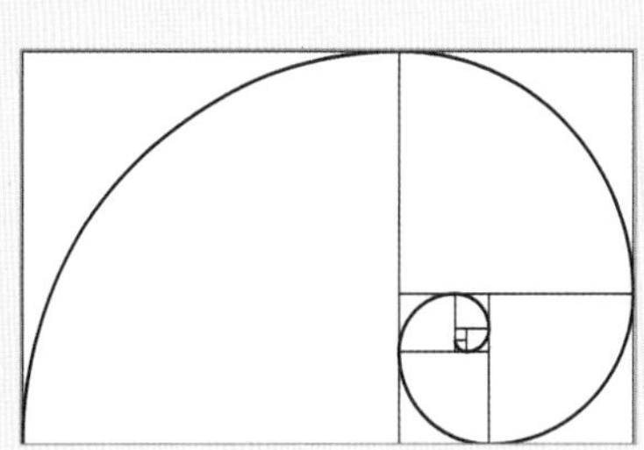

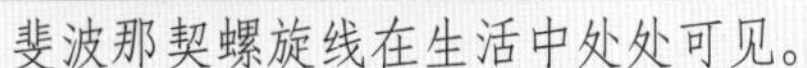

斐波那契螺旋线在生活中处处可见。

质数

还有一个经常被数学家使用的数列，它就是质数数列。质数是什么呢？质数就是大于 1，且除了 1 和它本身以外不能被其他任何自然数整除的数。所以，所有大于 2 的偶数都不会是质数，因为那些偶数都可以被 1、2 和它本身整除。

1 不是质数，因为所有的质数都大于 1。

但 2 是质数！它只能被 1 和它本身——也就是 2，整除。

神奇的质数蝉

在蝉的生命周期中也可以发现质数的身影，这样的蝉被称为质数蝉，它们有着长达 13 年或 17 年的生命周期。

质数蝉一生中的绝大多数时间都是在泥土中度过的，大约过了 13 年或 17 年后破土而出，交配繁衍，很快死亡。它们的生命周期和捕食性鸟类的数量有着密切的关系。当这些质数蝉破土而出的时候，刚好是捕食性鸟类数量最少的时候。就好像它们潜伏在地下，一直等待这个时机的到来一样。

997 是 1 到 1000 之间最大的质数。

9 是质数吗？

9 可以被 1、3 和 9 整除，所以 9 不是质数。

埃拉托色尼筛法

有一种用来找到所有质数的方法，叫作埃拉托色尼筛法，它是由生活在 2200 多年前的古希腊天文学家、地理学家埃拉托色尼提出的。

我们以 1~100 为例。首先列出一个如下方所示 10×10 的表格。

第一步：画掉 1，因为所有的质数都大于 1。

第二步：保留质数 2，在剩下的数中画掉 2 的所有倍数（也就是剩余的偶数）。

第三步：保留质数 3，在剩下的数中画掉 3 的所有倍数。

第四步：读取表格中下一个数字 5，保留质数 5，在剩下的数中画掉 5 的所有倍数。

第五步：读取下一个数字 7，保留质数 7，在剩下的数中画掉 7 的所有倍数。

第六步：读取下一个数字 11，保留质数 11，在剩下的数中画掉 11 的所有倍数。

第七步……

~~1~~	2	3	~~4~~	5	~~6~~	7	~~8~~	9	~~10~~
11	~~12~~	13	~~14~~	15	~~16~~	17	~~18~~	19	~~20~~
21	~~22~~	23	~~24~~	25	~~26~~	27	~~28~~	29	~~30~~
31	~~32~~	33	~~34~~	35	~~36~~	37	~~38~~	39	~~40~~
41	~~42~~	43	~~44~~	45	~~46~~	47	~~48~~	49	~~50~~
51	~~52~~	53	~~54~~	55	~~56~~	57	~~58~~	59	~~60~~
61	~~62~~	63	~~64~~	65	~~66~~	67	~~68~~	69	~~70~~
71	~~72~~	73	~~74~~	75	~~76~~	77	~~78~~	79	~~80~~
81	~~82~~	83	~~84~~	85	~~86~~	87	~~88~~	89	~~90~~
91	~~92~~	93	~~94~~	95	~~96~~	97	~~98~~	99	~~100~~

你能按照上面的步骤找出 100 以内的所有质数吗？

你需要认识的词语

在大于 1 的整数中，只能被 1 和这个数本身整除的数，也叫素数。

昆虫的新个体自离开母体到性成熟产生后代为止的发育过程。

在整数除法中，被除数未被除数整除所剩的大于 0 而小于除数的部分。

一个数能够被另一数整除，这个数就是另一数的倍数。

一个数能够整除另一数，这个数就是另一数的约数，也叫因数。

无穷大的数

100000000

数可以变得超级超级大！古戈尔就是其中之一，它比 1 兆还要大！

比古戈尔还大的数

数可以不停地变大、变大、变大！如果你把 10 连续相乘 1 古戈尔次，你就会得到古戈尔普勒克斯。

其实这也不是最大的数，毕竟你还可以把它再加上一个“1”，这样又得到了一个新的、更大的数！

事实上，世界上没有最大的数。但我们可以想象出一个数，它无限接近那个“最大”的数，我们称之为“无穷大”，并用符号“∞”表示。

如何估算

有时候我们需要去数一个非常大的数，如果这个任务看起来无法完成，那么我们就只能进行猜测或估算了。上面这张图中有多少只火烈鸟呢？有一个好方法，你可以在图中选取一小部分，数一数这一小部分中火烈鸟的数量。然后，看看这张图能被分成多少个“小部分”，用“小部分”的数量乘“这一小部分中火烈鸟的数量”就能估算出这张图中火烈鸟的数量了。

这里可能有 100000 只火烈鸟。

你需要认识的词语

一个变量在变化过程中，绝对值永远大于任意大的已定正数，这个变量叫作无穷大，用符号“∞”表示。

一个巨大的数，是 10 的古戈尔次方。

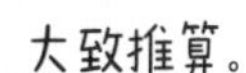

大致推算。

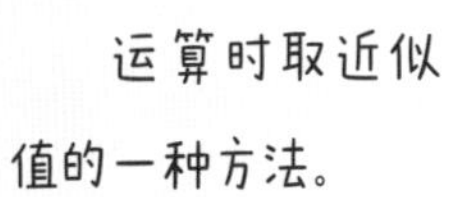

运算时取近似值的一种方法。

估算

在不需要精确数据的情况下，估算能够节省人们大量的时间和精力。估算意味着“大约”“近似”。

四舍五入

估算两个数的和的时候，有一种快速的估算方法——四舍五入，如被舍去的部分的头一位数满 5，就在所取数的末位加 1，不满 5 就舍去，获得两个好计算的数后，再相加求和。

变得更多

人们用各种各样的方法使事物的数量增长、变大。其实所有增长的本质，不是加法就是乘法。

加法或乘法

可以通过加法或乘法把一个数变大，而且两种方法都能得到相同的结果。

如果我们重复相加，那么就用多个“+”列出算式。

比如，7 个 4 连续相加：4+4+4+4+4+4+4=28。

也可以表示成 7 和 4 相乘，用“×”列出算式：

4×7=28

7×4=28

作比较

我们可以比较两个数的大小，并用符号“>”来表示一方比另一方大。

大于

有一个专门表示“大于”“多于”的数学符号，即“>”。

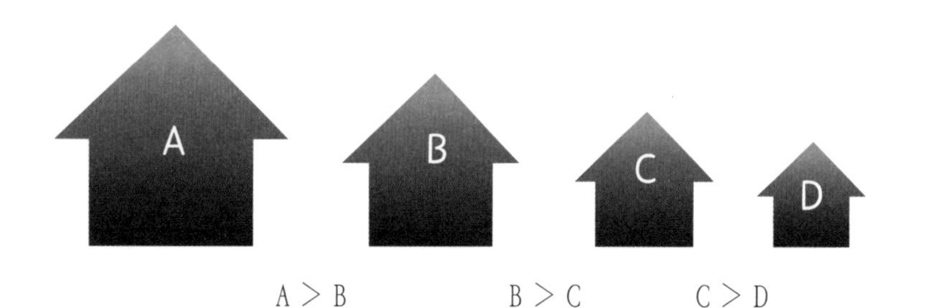

体重的增长

体重的增长其实意味着质量的增加。人类在从幼年到成年的自然生长过程中，体重会逐渐增长。当然，如果长胖了体重也会变大。

尺寸的变大

什么是尺寸变大呢？比如物体的长、宽、高的长度增加。雄性军舰鸟在求偶时就会膨起它的胸部，尽可能地扩大胸腔的尺寸来吸引雌鸟。

不断增长的资金

以后你也可能会把钱储存在银行里，银行会按时支付给你一部分钱。银行支付的那部分钱叫作“利息”，这就意味着你的存款每年都在不断地增长。

增加的长度

我们可以通过增加几厘米或几米来增加长度，但有的时候，太长也不是好事。带有长翅膀和长尾羽的琴鸟，飞起来时就显得特别笨拙。

变大的体积

健美运动员可以通过刻苦的训练、合理的饮食，塑造他们的肌肉。但是，剧烈的运动也会使肌肉纤维中的细胞破碎、重建，所以健美运动员的块头会更大，身体会更健美。

你需要认识的词语

身体的重量。

物体所具有的一种物理属性。

因存款、放款而得到的本金以外的钱。

物体所占空间的大小。

这里指同一个数连续相加。

数学机器人

有时我们用机器来帮助我们解决数学问题，我们称这些机器为机器人。这些机器人是使用大量数学知识进行工作的！正是因为数学知识的强大支撑，这些机器人才能十分妥善地处理每一件事情。

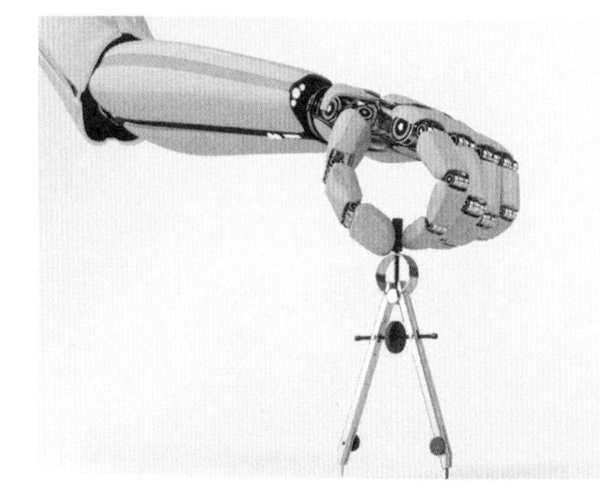

此时此刻，世界上有成千上万个机器人正在工作。

机器人的学习

关于机器人最有趣的事情之一就是，它们会像你一样学习。不过机器人不用一遍又一遍地学。它们自己会重复着每一项技能，直到理解如何才能完成任务。这和我们一遍遍地背诵乘法表或学习数学知识的过程是一样的。

识别图案

自从机器人可以像人类一样识别图案后，它们就被广泛地应用在各个方面。比如，机器人可以清楚地识别汽车牌照。计算机化的机器人已经学会了识别字母和数字的形状，并能把它们与存储在计算机数据库中的信息进行匹配。

一只机器鸟。

机器人会取代人类吗？

计算机经过训练可以快速进行数学计算。据报道，在某大学入学的数学考试中，一个

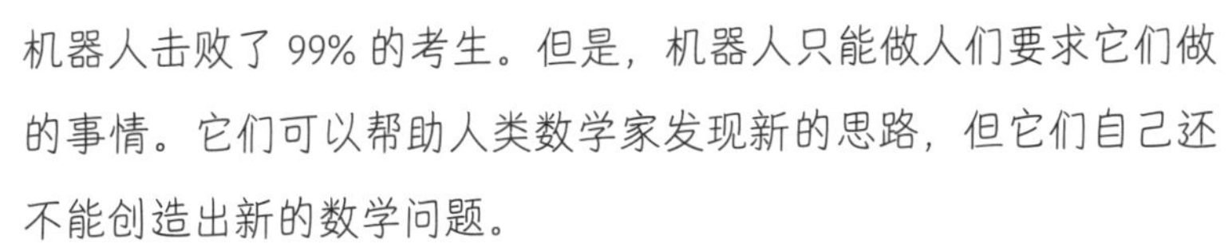

机器人击败了99%的考生。但是，机器人只能做人们要求它们做的事情。它们可以帮助人类数学家发现新的思路，但它们自己还不能创造出新的数学问题。

你需要认识的词语

一种自动的机械。由计算机控制，能代替人类做某些事情。

长期储存在计算机内、有组织的、可共享的大量数据的集合。

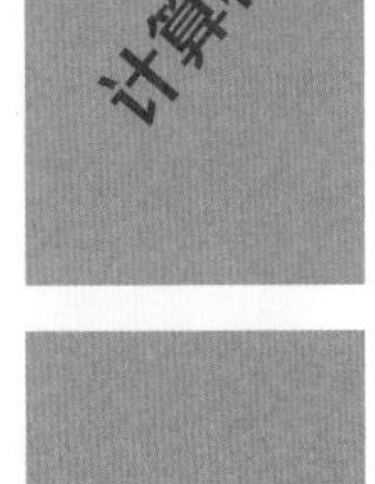

能进行数学计算的机器。

辨别、辨认。

根据已知数通过数学方法求得未知数。

快速增长

几百年前，一位叫托马斯·罗伯特·马尔萨斯的人发出警告：如果世界人口增长过快，最终粮食将会被耗尽！假设每对父母都有孩子，孩子长大后再有自己的孩子……那么出生的人会比死亡的人多吗？

人口数量

目前地球上有约 80 亿人。据科学家预测，截止到 2050 年人口会达到 97 亿。因此，我们需要更多的食物和水才能养活所有人。

人类的数量是如何增长的？

如果每对父母都有两个孩子，每个孩子长大后也分别有两个孩子……以此类推，那么世界人口的数量将维持在一个相对稳定的水平。然而，在一些发展中国家里，每对父母平均有三个孩子。

微生物的生长

下面分享给大家一个自然界中的案例，让我们看看小小的数，是如何迅速变大的！这是一周内一个微生物成倍增长的示意图。

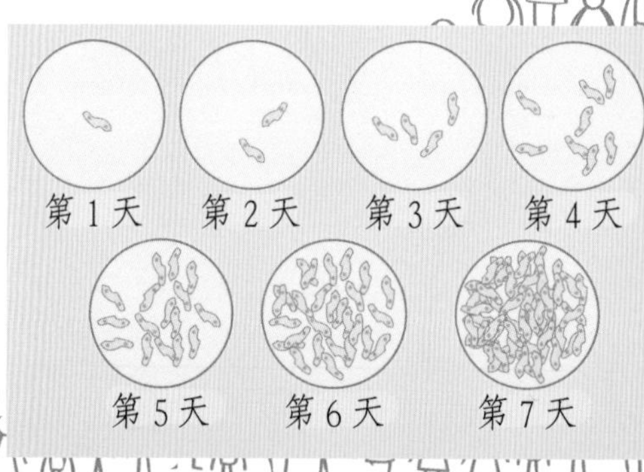

红嘴奎利亚雀是世界上数量最多的野生鸟。

幂

当一个数与自身连续相乘多次，我们就得到了“幂”。

举个例子：

4^3 读作 4 的 3 次幂，它的意思是 4×4×4。

右上角那个小小的数字“3”叫作指数，下面的“4”叫作底数。如果指数是 2，我们就称之为“平方”；如果指数是 3，我们就称之为“立方”。

快速增长的数

当一个数一遍遍地相乘，快速增长时，我们就得到了一种特殊的乘法。你能想象 24^6 有多大吗？

它表达的意思是 24×24×24×24×24×24。

也就是 191102976！

你会发现当指数较大时，幂会迅速变为底数的上百万倍！

居住在一定地区内的人的总数。

形体微小、构造简单的生物的统称。

表示一个数自乘若干次的数字，记在数的右上角。

指数是 2 的乘方，表示自乘 2 次。

指数是 3 的乘方，表示自乘 3 次。

温故知新

1. 如果你生活在墨西哥，5 月 5 日你需要去上学吗？
2. 现在哪里的人在商店或市场中还可以看到算盘？
3. 苏美尔人用什么代替钱币？
4. 你知道斐波那契生活在哪里吗？
5. 海绵是如何繁殖的？
6. “一打”鸡蛋表示有多少个鸡蛋？
7. 二进制有几个数码？
8. 1 古戈尔有多少个 0？
9. 所有质数是否都能被 2 整除？
10. 你能找出第 19 页表格中的所有质数吗？

答案：

1. 不需要
2. 中国、俄罗斯和土耳其
3. 黏土代币
4. 意大利
5. 海绵可以进行无性繁殖
6. 12 个
7. 2 个
8. 100 个
9. 否
10. 1~100 中的质数有：2、3、5、7、11、13、17、19、23、29、31、37、41、43、47、53、59、61、67、71、73、79、83、89 和 97

一起探索数学世界吧

算算有多少？

[英] 费利西娅 · 劳 著
[英] 戴维 · 莫斯廷　[英] 克丽 · 格林 绘
郑玲 译

童趣出版有限公司编译　人民邮电出版社出版
北　京

前言

有多少呢？在我们需要测量固体的重量和质量，要测量液体的体积时，会自然而然地问出这个问题。在每天的生活中，我们可以使用很多方法称重、测量，得知数据的大小。

无论推、拉，还是举，我们都得和物体的重量打交道。无论移动什么，我们都需要知道它的大小或重量，如果是液体，我们可能还需要知道液体的体积。

怎么计算质量、
体积、温度呢？

目录

2 有多重？
4 种子和石头
6 举重
8 重量和质量
10 机械
12 重心
14 推和拉
16 平衡
18 容积
20 浮力
22 地球上的水
24 发现体积
26 和你有关的数量
28 温故知新

有多重？

我们经常会问这个问题：你的体重是多少？书包里能放多少东西？这个瓶子里装了多少饮料？你可以把那个很重的箱子搬上楼吗？

寄快递的时候，快递员也要根据每个包裹的质量，计算出邮费。

测量质量

我们可以用各种各样的方法测量出物体的质量。常用的质量单位有“克”和“千克”。质量单位的转换是千进制的。

1000 毫克 =1 克

1000 克 =1 千克

1000 千克 =1 吨

多重？

我们测量物体的质量，是为了知道我们需要花多少力气才能把它举起来，或搬到另一个地方。

在很久很久以前，人们就会把东西顶在头上了。若要这么做，最重要的一点是小心保持物体的平衡。在东非维南湾，那里的妇女甚至可以顶起质量是她们自己体重 70% 的东西。

用秤称量蔬菜。

付款

我们常常会根据商品的质量，支付不同的价钱。许多食物是称重计价的。所以有的时候，我们也要检查商家标在商品上的质量，看看它是不是真实准确的。

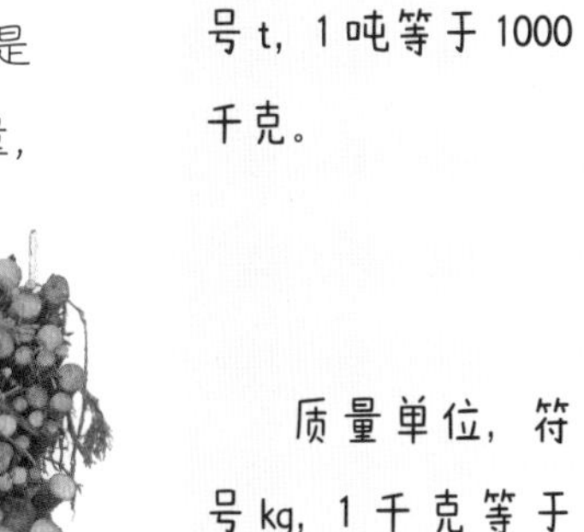

所有的质量都有对应的质量单位。正确的质量单位能让人更快速地判断出物体的质量。比如，我们可以说这辆卡车装了 4000000 克木材，但我们更常用的说法是这辆卡车装了 4 吨木材。

秤上的显示屏显示出物体的质量。

你需要认识的词语

测定物体质量的器具。

吨

质量单位，符号 t，1 吨等于 1000 千克。

质量单位，符号 kg，1 千克等于 1000 克，等于 2 斤。

质量单位，符号 g，1 克等于 1000 毫克。

质量单位，符号 mg。

种子和石头

人类最早使用的测量距离的工具跟自己的手、脚有关，人类最早用来测量质量的工具则和农作物有关。很久以前，人们用种子和石头作为测量质量的单位。

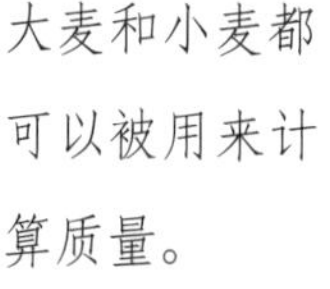

大麦和小麦都可以被用来计算质量。

一粒谷子

中国最早开始用“市制”作为计量单位系统。在市制中1斤等于16两。

在古罗马出现银制钱币后，一种新的测量标准随之出现。1枚银币重70.5格令（1格令相当于1粒谷子那么重）。6枚银币重1盎司，重423格令，72枚银币重5076格令。

铢

中国古代的质量单位，24铢是古时候1两的质量。1累是10粒黄米的质量。1铢相当于10累的质量，或100粒黄米的质量。

常衡

常衡是英美质量制度。这个词首次出现在15世纪，最初意为按质量出售的货物。后来作为质量单位，用于金银、药物以外的一般物品。

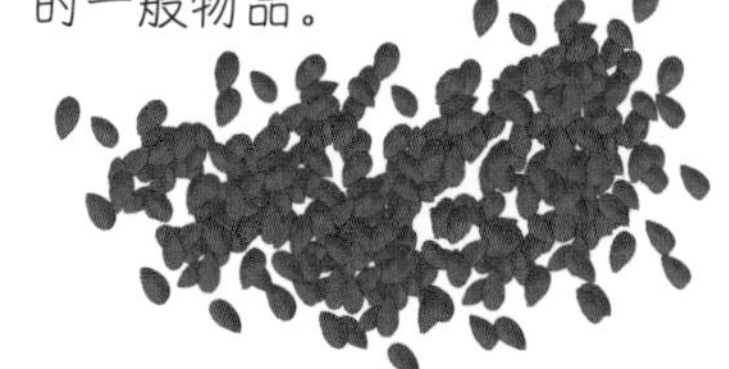

金衡

英国早期的质量制度是金衡，是金、银交易中常用的计量单位。这可能是在800年左右，英国商人在法国特鲁瓦镇进行商品交易时创造的。

1本尼威特重24粒谷子。

1金衡制盎司是20本尼威特，重480粒谷子。

1金衡磅是12金衡制盎司，重5760粒谷子。

最古老的质量单位

“米纳”是人类最早使用的质量单位之一，由古巴比伦人创造，被古埃及人、古希腊人、希伯来人等广泛使用。1米纳约重640克。考古学家还发现5米纳是鸭子形状的，30米纳是天鹅形状的。

助跳器

助跳器是古希腊运动员在跳远比赛中使用的一种道具。他们认为在起跳前双手摇摆重物，重物可以把他们带到更远的地方，以取得更好的成绩。通过现代的试验，我们可以发现，手持助跳器跳远，真的可以使跳跃距离增加17厘米！

测量体积

在过去，人们需要测量某样容器的体积或容量。要怎么测量一个容器能装多少东西呢？他们会把植物的种子装在葫芦、黏土或金属瓶里，直到装满，然后数出种子的数量。中国古时候，人们用棍子敲打容器，通过发出的声音来判断容器有没有装满。

在1200年左右，英国国王下令1便士的质量应该等于32粒干燥谷子的质量。

1克拉相当于200毫克，用于衡量宝石的质量。它是从一种角豆的质量转变来的。

举重

当我们需要用自身的力量举起或推拉一样物品时，就会使用我们的肌肉。你知道吗？人体有超过 600 块肌肉。

大腿肌、臀肌和腹肌是你举重时用到的肌肉哟。

人可以举起多重的东西？

理论上，人可以举起与自身相同质量的物体，而经过训练的举重运动员可以举起自身质量两倍的物体。举重运动员的肌肉里储存着把物体从地面举起来所需要的能量。

运动消耗能量

在运动的时候我们会消耗能量，比如我们骑自行车会消耗身体的能量，火车开动也会消耗能量。只要运动起来就会消耗能量！

举重运动员举重的时候，会消耗肌肉中的能量，在他完成这些动作后，能量就被用完了。

谁更强壮?

大象搬起的东西比犀牛甲虫搬起的东西重无数倍，但这样东西的质量只是大象质量的四分之一。犀牛甲虫却可以举起是自身质量850倍的东西！这样看来，在这场举重比赛中，犀牛甲虫获得了胜利！

如果一个成年人有像犀牛甲虫一样的力气，那么他可以举起一个55吨重的物体，或大约11头大象！

阿特拉斯

泰坦神族的阿特拉斯和兄弟墨诺提俄斯在与宙斯的战斗中落败。宙斯惩罚阿特拉斯在“世界的最西处”用肩膀撑起天空。

今天，科学家们已经测量出了天空的密度，并根据我们能看到的天空的范围和体积，估算出了天空大约有1万亿万亿万亿万亿吨重！

大象的鼻子有大约40000块肌肉，并且能举起超过317千克的东西。

你需要认识的词语

人和动物体内的一种组织，由许多肌纤维集合构成，可以引起器官运动。

物体做功能力大小的物理量，可分为动能、热能、电能、光能等。

物质的质量跟它的体积的比值。

1万乘1万乘1万等于1万亿。

人或动物的重量。

重量和质量

我们经常说的物体的重量，实际是指物体的质量。重量和质量是有区别的。质量是常量，物体的质量，在任何地方都不会发生改变。质量在与地球的引力相结合后出现了重量，重量是物体受到的重力的大小，在不同的地方，因为引力大小不同，物体的重量会发生变化。

质量

我们的质量和所有物体的质量都跟物体的密度和体积有关。物体的体积越大、密度越大，质量就越大。

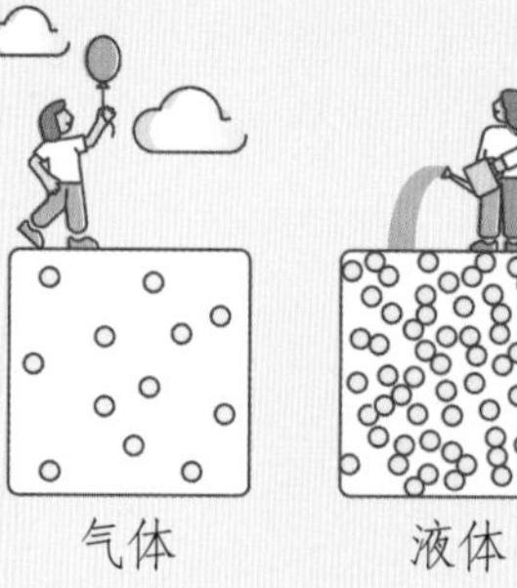

物质的密度跟分子的排列方式和分子间的间距有关。在大多数情况下，气体的密度小，气体中分子的排布非常稀疏；液体的密度大一些，液体中的分子排布会紧密一些；固体的密度比较大，固体中的分子会紧紧地挤在一起。

向下的力

当坐在椅子上时，我们身体的重量会给椅子一个向下的力，而椅子也产生一个向上的支持力撑住我们的身体，两个力保持平衡。

但如果是一头大象往椅子上坐，椅子可能会坏掉，因为大象的体重所产生的重力要远远大于椅子能产生的支持力。

质量遇到地球引力，就会产生重力。在地球上，重力的方向永远朝向地心。

万有引力

万有引力在地球上被称为重力，地球上的所有物体，甚至是地球旁边的月球也会受到这个力的影响。

重力 = 质量 × 重力常数

引力和物体的质量大小与物体之间的距离有关，所有的物体都有引力，只不过因为质量太小，没法直观地展现出来。

在地球引力的作用下，通过质量可以计算出物体的重力。但因为月球的质量比地球的质量小得多得多，所以月球对物体的引力也小得多。同一样物体，在地球上受到的重力是在月球上受到的“重力”的 6 倍。

它的质量是 18 千克

它在地球上受到的重力约是 180 牛。

它的质量是 18 千克

它在月球上受到的“重力”约是 30 牛。

航天员离开地球大气圈飞入太空后，可以飘浮在空中，不会下沉。因为他们离地球太远了，身处遥远的太空，地球对他们的引力大大地减小了，没了这股力的拉拽，他们就可以飘浮起来了。

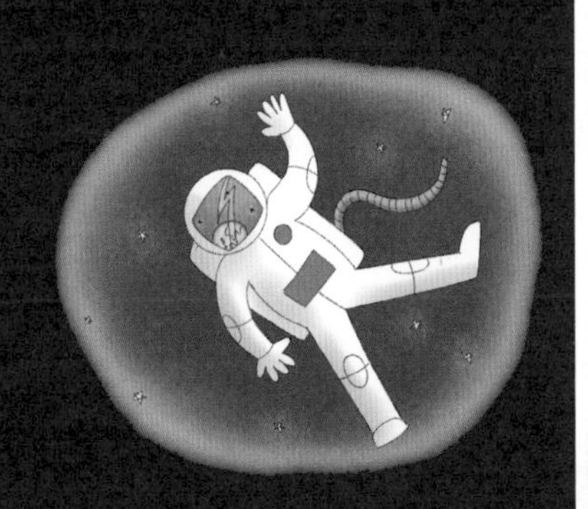

你需要认识的词语

物体所具有的一种物理属性。

地球吸引其他物体的力，力的方向指向地心。

物体之间的相互作用，是使物体获得加速度和发生形变的外因。力的单位是牛顿，简称牛，用 N 表示。

能独立存在，并保持特定物质固有物理、化学性质的最小单位。

地球外面包围着的气体层。

机械

机械可以帮助人们举起重物，比如滑轮和杠杆。我们常见的塔吊是把滑轮和杠杆结合在一起的机械。液压机，通过挤压液体后产生动力，移动物体。

升起来

人们在工厂、商店和仓库里使用机器提升和装载货物，就是运用了机械的力量来张合、提升。

人们用起重机移动码头上沉重的货物。

液压剪刀式升降机是由发动机驱动的液压系统提供动力的。机器中液压油受到的压力发生变化，使工作台上下移动。

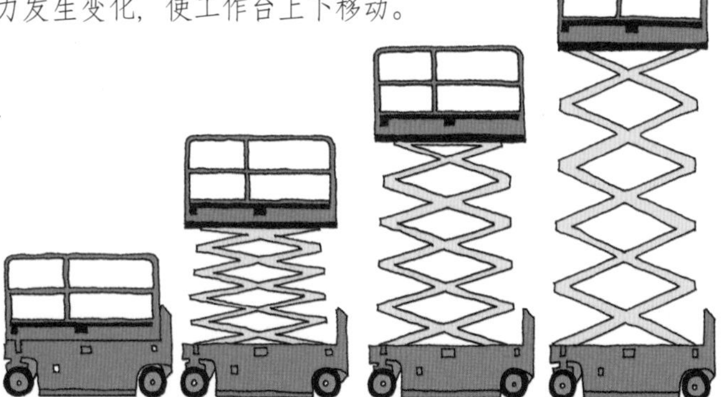

叉车也使用液压系统哟！

滑轮

滑轮是一种简单机械，它利用带槽的轮子和绳索改变力的方向和大小，从而提起沉重的物体。

由定滑轮和动滑轮共同工作的机械叫作滑轮组。滑轮组的动滑轮越多，我们在操作机械时就越省力。

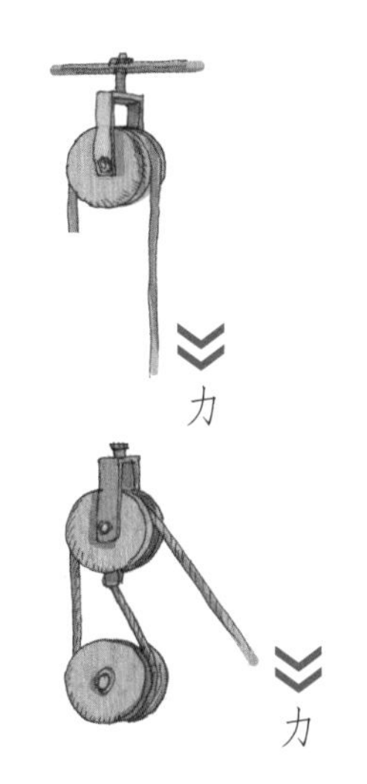

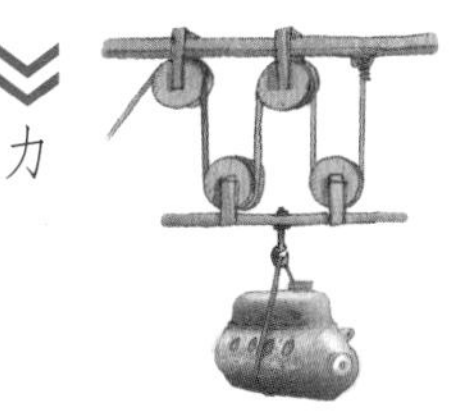

杠杆

在杠杆中一定要有一根杆和一个固定点，这根杆可以绕着固定点旋转。通过抬起或压低杠杆的一端，使得另一端降低或升起。

挖掘机那条强壮有力的“手臂”，就像人的手臂一样，离车近的、有弧度的部分叫作“大臂”，另一部分叫作“小臂”，它们就是一种杠杆。

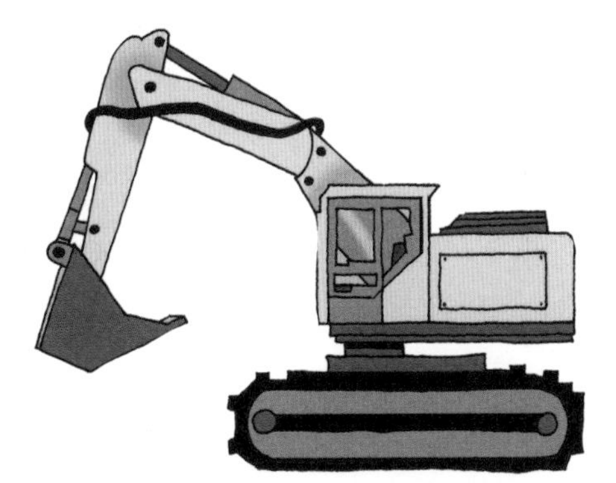

你需要认识的词语

简单机械，是一个装在架子上的周缘有槽的轮子，能穿上绳子或链条，多用来提起重物。

由定滑轮和动滑轮组成的滑轮装置。

简单机械，是一个在力的作用下能绕着固定点转动的杆。

利用液体传递压力的机器，包括水压机和油压机。

特指粗的绳子。

重心

一样东西最多能倾斜到什么角度？有的时候，我们看着一大摞东西觉得特别不安全。那是因为，堆叠在一起的东西看起来重心偏向一侧，随时可能翻倒。但只要重心在支撑面上，即使看起来摇摇欲坠，实际上也是非常安全的。

调整重心

重心是看不见的，它像是重力作用在物体上的一点。你的身体也有重心。如果你想要稳稳地站在地面上，就得调整自己的重心。

如果这条线在身体外，你的重心就偏了，有可能会摔倒哟！

三轮车和小船上都装满了蔬菜和水果，显然这些蔬菜和水果是经过了精心放置的，三轮车和小船都稳稳当当地不会倾倒。

超载

车辆超载：超越自身负荷的质量会让车辆稳定性降低，对转向、刹车等指令的反应都会变慢。

许多国家都规定了车辆荷载标准，超载就是违法行为。

当然，就算是没有超载，如果车上货物的重心偏了，也有可能把车的重心带偏。

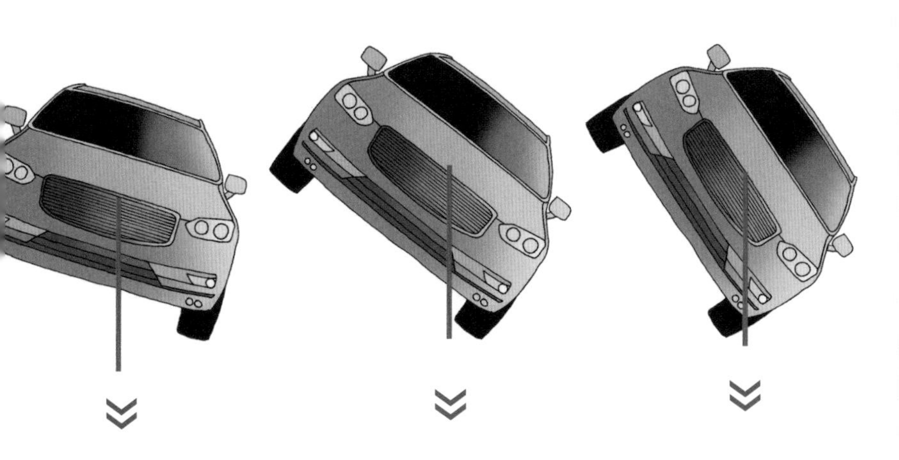

就算重心偏离，只要重心还在汽车内部，汽车就仍然是稳定的。

汽车的重心一旦落在底盘之外，汽车就会侧翻。

你需要认识的词语

物体内各点所受的重力产生合力，这个合力的作用点叫作这个物体的重心。

超过运输工具规定的载重量或载客限额。

物体稳固安定不摇晃。

不平衡且可能翻倒。

杠杆上起支撑作用，绕着转动的固定点。

推和拉

推和拉是两个不同的用力方向，它们对物体运动产生影响。和举重一样，这两个动作的大小和被移动物体的体积、重量和形状有关。

摩擦

当推动或拉动物体时，你实际上是在和摩擦力进行对抗。两个相互接触并挤压的物体，当它们开始相对运动或有了相对运动的趋势时，就会产生摩擦力。

产生的摩擦力的大小取决于相互摩擦的物体之间的压力大小和它们接触表面的粗糙程度。摩擦力阻碍物体运动，因为它的方向与使物体运动的力的方向相反。

在拔河比赛中，两队试图用比对方更大的力量，把绳索拉向自己这一边。

力的平衡

当同时作用在物体上的两个力方向相反，力量相等时，物体不会移动。只有一个力比另一个力大时，才会产生运动。

当你推动物体时，推力的方向如果是斜向下的，那么你可能给物体施加了新的压力，物体对地面的压力除了自身的重力外还有你给的压力，于是物体和地面的摩擦力变大了。

当你拉动物体时，拉力的方向如果是斜向上的，那么物体对地面的压力就会减小，物体与地面的摩擦力也会因此而减小。

你需要认识的词语

两个互相接触的物体，当有相对运动或有相对运动趋势时，在接触面上产生阻碍运动的作用力。

向外用力使物体或物体的某一部分顺着力的方向移动。

用力朝自己所在的方向或跟着自己移动。

现为一种在日本流行的摔跤运动。

相扑

日本相扑选手会食用一种含特殊蛋白质的食物，他们的体重可以达到 200 千克。

相扑选手稳稳地蹲下，然后恶狠狠地盯着对手。如果被推出比赛场地，或除脚底以外的任何身体部位接触到了地面，那他就输了！

平衡

当人们说起“平衡”，通常想到的是物体的质量，两个或多个物体的质量是否相同，秤两边物体的质量是否相等。

一组砝码。

质量相等

我们可以很容易地找出哪些东西是平衡的——只要物体两侧的质量相等。平衡就像我们学习过的数学等式，左边的等于右边的，可以用“=”来表示平衡。

对称

对称也是一种平衡状态，对称图形就像是把一边复制后贴到另一边一样。对称图形至少有一条“对称轴”，把对称图形沿着对称轴折叠，左右两边可以完全重合哟。

放在秤两边托盘里的物体，可以质量相等，也可以质量不等。

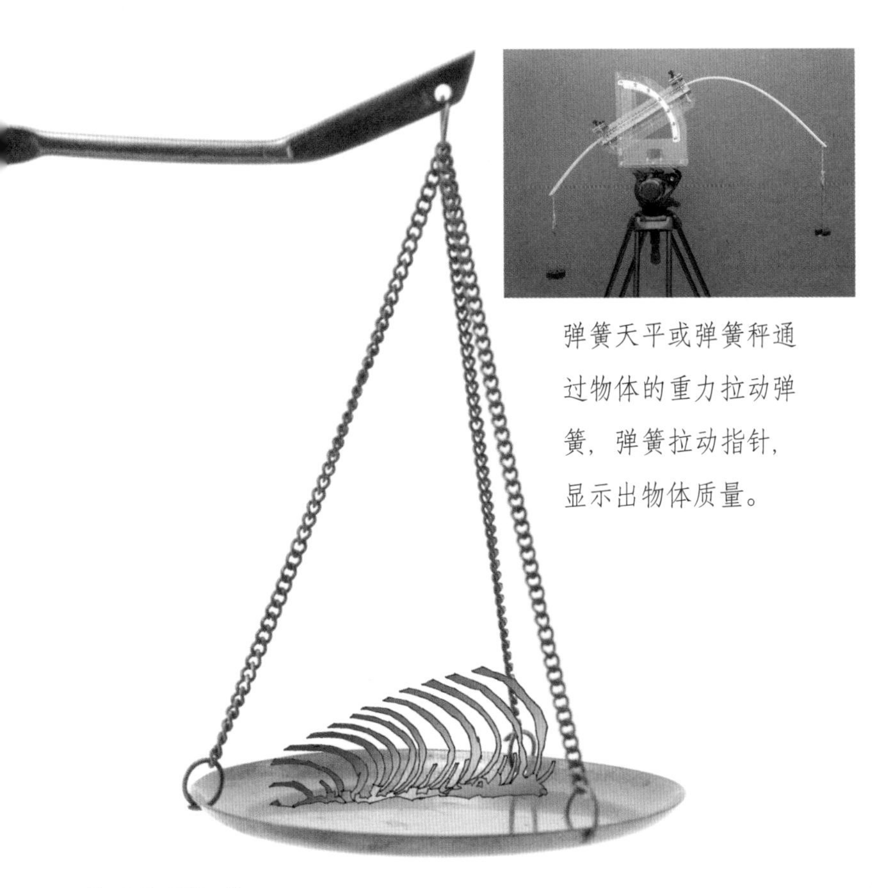

弹簧天平或弹簧秤通过物体的重力拉动弹簧，弹簧拉动指针，显示出物体质量。

在天平上

为了让交易更加公平，人们使用天平称量商品的质量。天平就像一架跷跷板，只不过一边“坐着的”是商品，另一边“坐着的”是砝码，它们得让跷跷板保持水平。

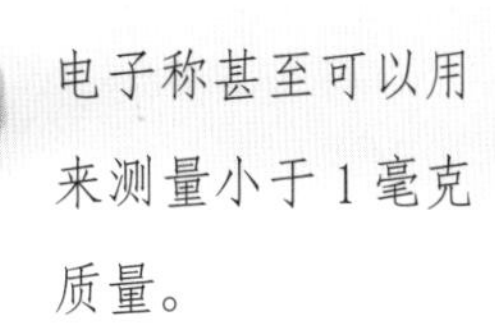

电子称甚至可以用来测量小于 1 毫克质量。

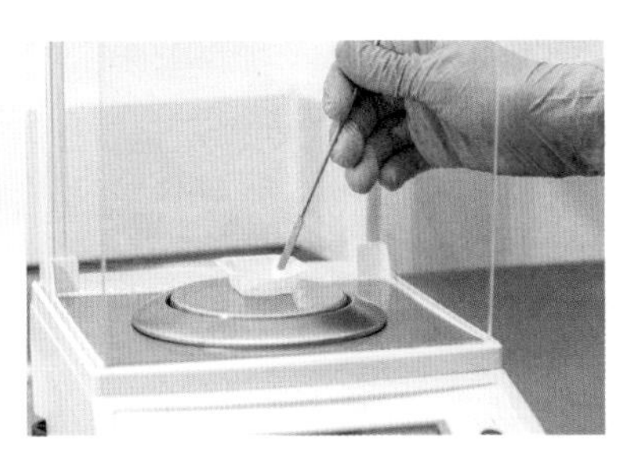

你需要认识的词语

对立的各方面在数量上和质量上相等或相抵。

指图形或物体对某个点、直线或平面而言，在大小、形状和排列上具有一一对应关系。

表示两个数或两个代数式的相等关系的符号（=）。

使用仪器测量精确数值。

容积

当我们想知道一个容器中有多少液体时，我们可以测量容器的容量，也就是容器内部的空间有多大。当然，同一个容器可以装得下非常非常多的液体，也可以只装一点点液体。

我们购买的大瓶饮料，它们的容积单位通常是升。大瓶瓶装饮料的容积通常是1升或1.5升。

在实验室中，我们通常选择小一些的毫升作为容积单位。

1毫升大约有20滴水。

升

有的容器需要容纳大量东西，它们的容积非常大。

你家汽车的油箱能容纳40到60升汽油。

像这样的工业储油罐可以容纳约10000升汽油。

哪个更能装？

这是两个容积都是1升的玻璃容器，一个又矮又宽，一个又高又细。那么，哪个装水装得多呢？

答案很明显，它们两个的容量相同，都容纳1升水。

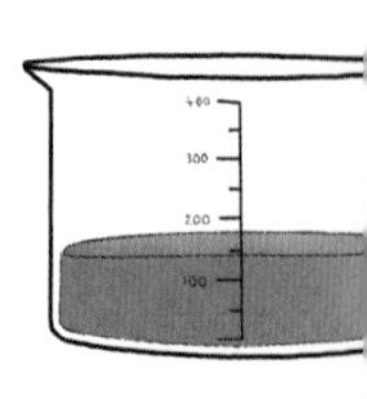

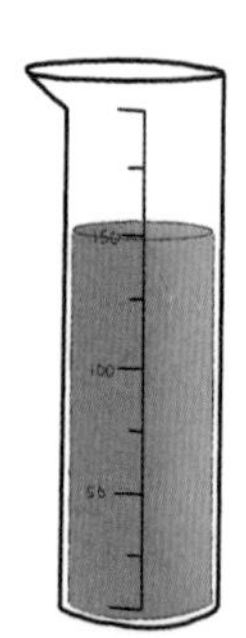

你需要认识的词语

测量容量

我们找出各种各样能倒进瓶子里的东西，这可都是不同的测量方法。在测量液体体积或容器的容积时，我们选择“升”这个容量单位。

“升”这个单位一般用于测量容积比较大的容器，如较大的饮料瓶、牛奶盒、水桶甚至浴缸。

1 升 =1 立方分米 =1000 毫升 =1000 立方厘米

“毫升”用于测量容积小一些的容器，比如小饮料瓶、勺子、小罐子或杯子。

生活中很少使用千升、万升这样的大单位，除非是测量很大很大的容积。一个标准游泳池的容积是 189 万升。

0.3 升

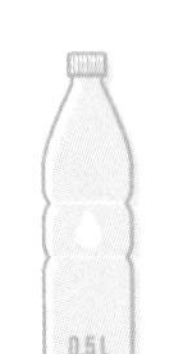

0.5 升

1.5 升

5 升

量杯上的刻度线，可以帮你读出杯中液体的体积。

容器或其他能容纳物质的物体的内部体积。

容积的大小叫作容量。

容量单位，符号 L，1 升 =1000 毫升。

容量单位，符号 mL，1000 毫升 =1 升。

体积单位，1 立方分米 =1 升，常用于体积和容积的换算。

浮力

你可能会认为个头儿大的东西在水中会下沉，而个头儿小的东西则会浮在水面上，但事实可不一定是这样哟！

物体在水中是上浮、下沉还是悬浮，其实跟物体的密度与水的密度谁大谁小有关。

什么是漂浮？

如果你把一块冰完全按进一杯水里，只要一松手冰块就会浮上来。冰的密度比水的密度小，所以冰块可以漂浮在水面上。这时，冰块有一部分浸泡在水里，一部分在水面上。如果你仔细观察就会发现，这时候的水面比原来要高一些，因为浸泡在水里的那些冰，占据了水的地方，没地方去的水就只好往上涌了。

冰块受到的重力把冰向下拉，而冰块周围和下方的水则给了冰块一种向上的力——浮力。

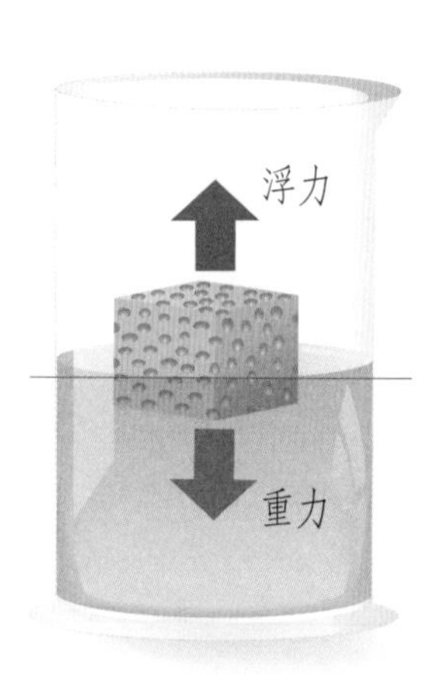

排水量

当一艘船静止在海面上时，船的一部分浸泡在海水中，船的这一部分就占据了原来海水的位置，而被挤出去的那一部分海水的质量，就是“排水量”。我们通过计算一艘船的排水量来得到一艘船的质量，这两个数值是相等的。当船装载货物或乘客时，整艘船的质量都会增加，它的排水量也随之增加。

浮力

在 2200 多年前，古希腊物理学家阿基米德的实验让人们理解了浮力是怎么一回事。他发现用不同的材料打造出的两样东西可以保持相同质量，但这两样东西的体积是不同的。

相传他在洗澡时注意到了溢出的水，从而开始思考。最后，他得出了浸在流体中的物体受到竖直向上的浮力，其大小等于物体所排开流体的重力。

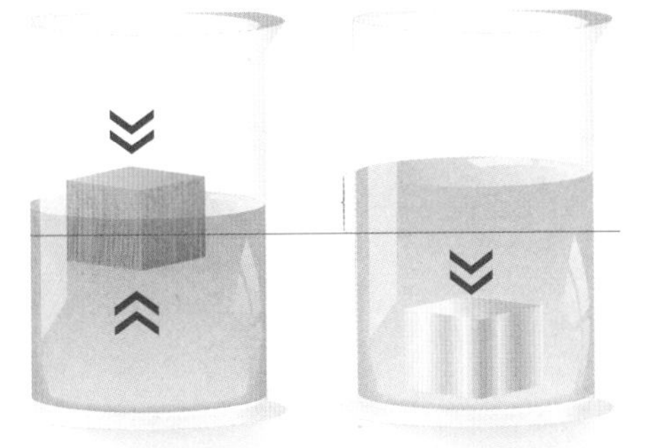

浸没在液体中的物体，如果物体的密度小于液体的密度，它就会漂浮。

如果物体的密度大于液体的密度，它就会下沉。

你需要认识的词语

物体在流体中受到的向上托的力。

船舶在水中所排开的水的质量，分为空船排水量和满载排水量。

船身入水的深度。

载重线标志

在船体中部有一个圆圈与横线组成的标志，被称为载重线标志。它标志着船舶最大载重吃水线的位置，以保证船舶的安全。

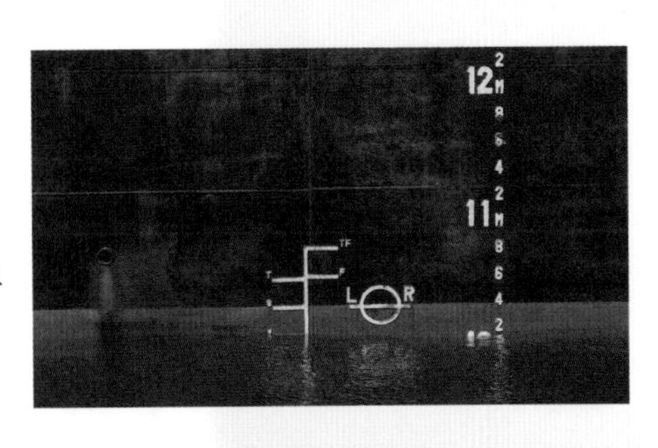

地球上的水

再没有比地球更大的容器了。地球上承载着 1386000000 立方千米的水！这个数听起来大到无法想象，但我们有且只有这么多的水，不会有新的水来到地球上了。这些水不停地变换自己的形态，一圈一圈地轮换，我们称之为“水循环”。

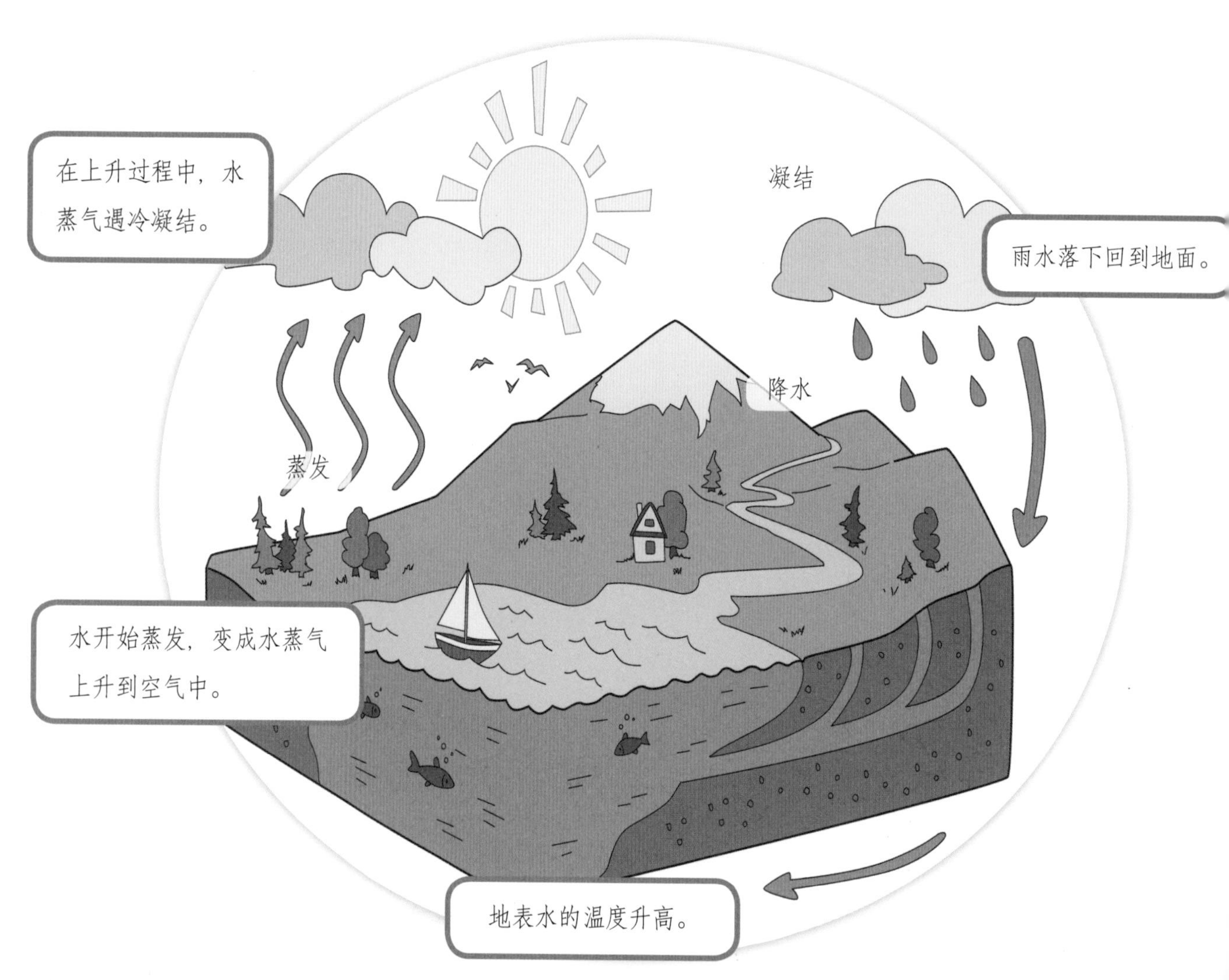
在上升过程中，水蒸气遇冷凝结。
凝结
雨水落下回到地面。
降水
蒸发
水开始蒸发，变成水蒸气上升到空气中。
地表水的温度升高。

这么少的水!

也许你会觉得地球上的水特别多，但其实世界上 60% 的水资源都集中在少数几个国家，地球上约有 40% 的人严重缺水，他们没水喝，没水做饭，更不用说洗衣服、洗澡了。

虽然地球可能永远不会缺水，但我们需要知道的是，不是世界上的每个人都能在最需要用水的时候有干净的淡水。

洗完手后关掉水龙头。

玩水很有趣，但一定要注意水量。

淋浴消耗的水比泡澡消耗的水少。

你需要认识的词语

液体或某些固体受热而变成的气体，例如水变成水蒸气。

液体表面缓慢地转化成气体。

由气体变成液体或由液体变成固体。

从大气中落到地面的液态或固态的水，主要有雨、雪、霰、雹等。

海洋、陆地、大气之间水分大规模交换的现象。

发现体积

体积是物体所占空间的大小。这个物体可能是固体的也可能是液体的，在开始填充一个空间之前，你通常需要知道它的体积。

你可以在洗碗机中放入多少使用过的餐具？

填满

或许你能够猜得出一个空间的体积大小，或许你幸运地把东西都放进去了，但你最好还是先计算出这个空间的体积。

汽车的后备厢里能装多少件行李？

立方

在我们描述物体体积的时候，通常选择立方厘米（cm^3）、立方分米（dm^3）和立方米（m^3）作为单位。字母右上角那个小小的3表示立方，这是因为数值是由三个不同的维度的数值相乘得来的。

长方体

物体的体积是它的长乘宽再乘高得来的，如：5米×3米×1米=15立方米。

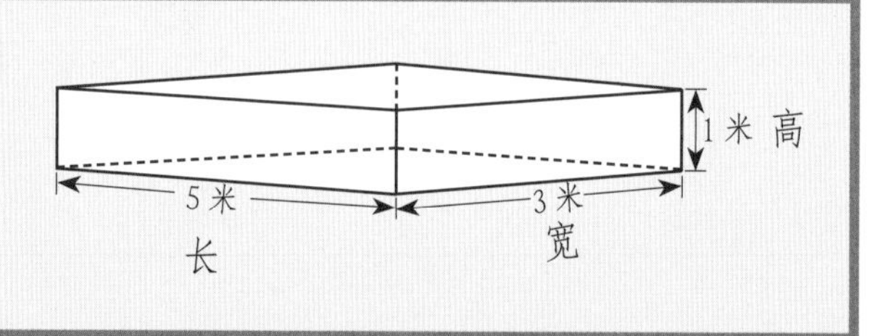

很多升!

一个大饮料瓶可以装 1~2 升水。有的容器可以容纳得更多，如果你选择在浴缸里泡澡，那么一次可以消耗掉 300 升水。如果要填满一个标准游泳池，就会需要更多的水。一个标准游泳池可以容纳上百万升水。

为了测量大容器的容积，可以选择立方米为单位。

体积与容积

体积与容积的计算方法相同，单位也可以进行换算。1 立方米等于 1000 升。

大容积

游泳池的容积是它的长度 × 宽度 × 深度。

一个长 6 米，宽 3 米，深 2 米的游泳池，它的容积是 6×3×2，即 36 立方米。

你需要认识的词语

物体所占空间的大小。

六个面积相等的正方形围成的立体。

六个长方形(有时两个相对的面是正方形）所围成的立体。

和你有关的数量

每个人都不一样，我就是我。我们都可以测量出许多属于自己的数据。

大脑

你的大脑比心脏重得多，大约1400克，但只占全身质量的2%~3%。

身体

7~8岁的男孩儿和女孩儿体重在26~32千克。

心脏

在成年后，你的心脏重约300克。经常运动的人心脏会重一些。

血液

一个成年人的身体内，大约有4~5升血液（你还小，所以你的血液会少一点儿哟）。

液体

总的来说你的身体里大约有18升水！

肺

一个成年人的肺活量在2500~3500毫升。

测量温度

今天世界上大部分地区的人都使用带有刻度的温度计。温度计上的单位大多是摄氏度。它属于公制单位，由瑞典天文学家摄尔修斯制定，并以他的姓氏命名，用“℃”表示。

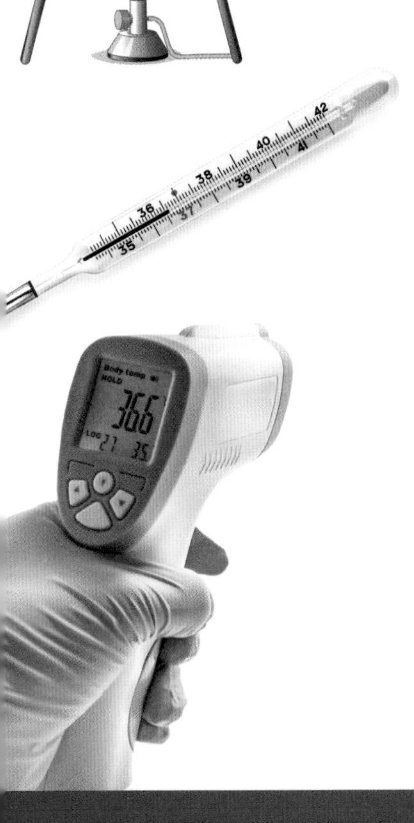

冷

0摄氏度是水的冰点，100摄氏度是水的沸点。

热

与鸟类和其他哺乳动物一样，人类的体温也很高——大约36.5摄氏度。这帮助人们在大多数的天气中保持活力。

你需要认识的词语

测量温度的仪器。

摄氏温标的单位，符号℃。

液体沸腾时的温度。

水凝固时的温度，也就是水和冰可以平衡共存的温度。

晶体物质开始熔化为液体时的温度。

温故知新

1. 1吨有多少千克？
2. 在1200年，1便士有多重？
3. 你的身体有多少块肌肉？
4. 一只犀牛甲虫能举起身体质量多少倍的东西？
5. 为什么航天员可以飘浮在太空中？
6. 一艘船在静止的情况下，排水量是多少？
7. 地球上有多少立方千米的水？
8. 如何计算长方体的体积？
9. 你的身体里有多少升的水？
10. 你的体温是多少？

答案：

1. 1000
2. 32粒干燥谷子的质量
3. 600多块
4. 自身质量的850倍
5. 因为地球的引力大大地减小了
6. 船在水中所排开的水的质量
7. 1386000000立方千米
8. 长×宽×高
9. 大约18升
10. 大约36.5摄氏度

一起探索数学世界吧

越来越少了？

[英] 费利西娅 · 劳 著
[英] 戴维 · 莫斯廷 [英] 克丽 · 格林 绘
郑玲 译

童趣出版有限公司编译 人民邮电出版社出版
北 京

前 言

当我们想让一些东西变少时，就需要拿走一些，这就是我们常说的减法。减法和加法是相反的运算。当然，我们可能需要拿走很多东西。有时拿走的比我们已有的还要多！这些都用减法算出结果。

从一个数中拿走一部分，或者说减去一个数之后，剩下的部分叫差。这个差通常会比原来的数小。

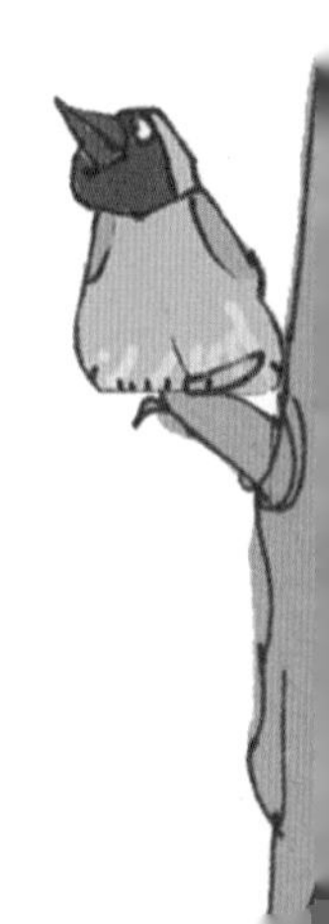

怎么减少？

减法和除法是怎么回事？

目 录

2 减法
4 减法的乐趣
6 比较小
8 减少的总量
10 一起算一算
12 分配出去
14 比零还小
16 越来越少
18 测量减少的量
20 每天减少一点儿
22 减去的部分
24 变小！变少！变轻！
26 自然界的减法
28 温故知新

减法

减法是基础运算方法之一，是“拿走”的算术表达方式。当我们从一个数中拿走一个数，得到剩下的数，这个过程就是减法。

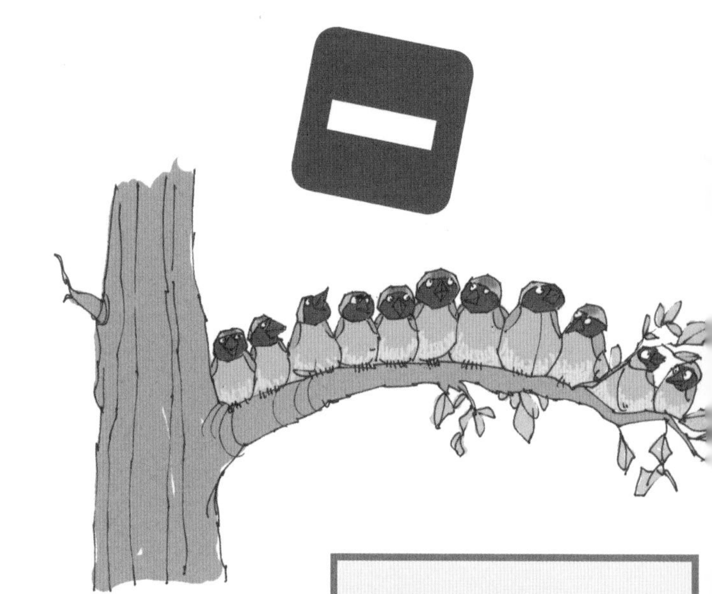

倒着数

减法算得快，你要会倒着数数。从 10 数到 1，你能试着数快一点儿吗？

10 9 8 7 6 5 4 3 2 1

每次都减 1。

你可以用算盘做减法。

我们使用的运算符号

我们做减法时，使用了一个特殊的符号。我们称之为减号，写作：“-”。

右侧就是从 10 开始逐个减 1 的列表。

10 - 1

9 - 1

8 - 1

7 - 1

6 - 1

5 - 1

4 - 1

3 - 1

2 - 1

减法列表

你可以用相同的方式，写出其他类似的列表。

从 10 开始逐个减 2：

10-2

8-2

6-2

4-2

2-2

减得越多，列表就越短。

从 10 开始逐个减 5：

10-5

5-5

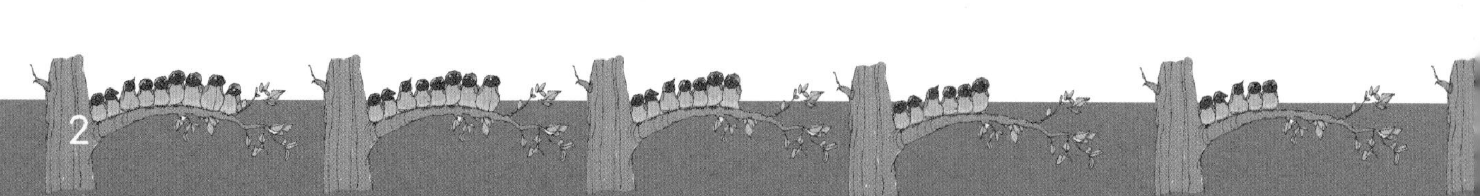

变得更小

减法做完后，你会把数变小。你可以每次减去一点儿，多减几次，使数变得更小。比如：

10-1 只剩下 9；

9-1 只剩下 8；

以此类推。

或者你还可以用这个数减去另一个较大的数，剩下的数就会很小。

10-9 只剩下 1。

你可能要减去很多，才能得到想要的结果。

我们使用符号“=”表示剩下的差。

画出来!

用右边这样的图，我们就能很简单地看懂减法的原理。13-4 剩下 9，我们可以写成 13-4=9。

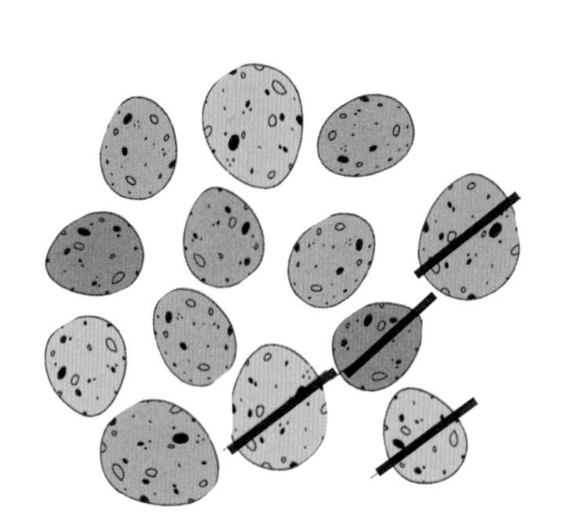

你需要认识的词语

为了让较大的数变小，而从中拿去一个较小的数。

从一个数中减去另一个数的计算方法。

减去一部分。

一个数减去另一个数所得的数。

一种计算数目的用具。

减法的乐趣

很多童谣和歌曲可以帮助我们理解减法的原理。最简单的减法是移走一项或者一个数。

10 只绿鹦鹉

10 只绿鹦鹉排成排，1 只飞走了，剩 **9** 只。

9 只绿鹦鹉站门上，1 只去度假，剩 **8** 只。

8 只绿鹦鹉去德文郡度假，1 只停下晒太阳，剩 **7** 只。

7 只绿鹦鹉在树枝上觅食，1 只吃到了小虫，剩 **6** 只。

6 只绿鹦鹉去跳伞，1 只没有降落伞，剩 **5** 只。

5 只绿鹦鹉地上站，1 只睡着了，剩 **4** 只。

4 只绿鹦鹉洗海水澡，1 只去冲浪，剩 **3** 只。

3 只绿鹦鹉去动物园，1 只去看鸵鸟，剩 **2** 只。

2 只绿鹦鹉要出去玩，1 只加入马戏团，剩 **1** 只。（这首歌也快唱完了）

最后 **1** 只飞进了森林，现在没有绿鹦鹉了（**0**）。

倒数（shǔ）

玩飞镖必须更熟练地使用“倒着数数”，它与有规律的正着数数相反。玩家将飞镖投向带有特别编号的靶子上，分数取决于飞镖落在靶子上的位置。之后，玩家再从起始分数中一步一步减去刚刚获得的分数，直到起始分数刚好归零。

最受欢迎的飞镖游戏规则之一叫作“01”。每方选手以相同的分数起算，这个分数的后两位都是“01”，比如501分。然后双方选手轮流投掷飞镖，从总分中减去每支飞镖击中的分值，最先将分数归零的选手就是获胜者。

飞镖选手在比赛的时候，要学习如何快速算减法。

你需要认识的词语

现代体育运动，选手要将飞镖投掷于特制的标靶上，来获取相应的分数。

评定成绩或胜负时所记的分儿的数字。

逆着次序数，从后向前数。

比较小

在减法中，一定会有一个较大的被减数，接着是减号，再接着是一个较小的减数。小的数比大的数小，用小于号，写作“<”，比如6 < 8。

记住箭头所指的方向很容易，因为它总是指向较小的数。

重量更轻

在使用天平称量两侧的物品时，我们也可以用小于号来表示其中一侧的物品比另一侧的轻。

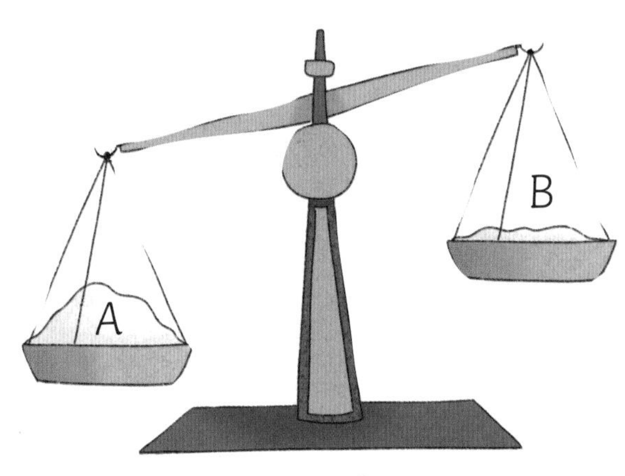

物品B < 物品A

比大小

我们经常对比不相等的事物，比如两件物品的重量，或者是两个数的大小、两笔钱的总数、两根绳索的长度，又或者是同一点到两个地方的距离。

所以小于号非常有用。

找出不同

有时在使用减法时，我们真正感兴趣的只有一件事——结果是什么？如果从一个数中拿走一个数，还剩下什么？

我们总是会需要这样的答案。

你需要认识的词语

表示更大的另一种说法。

比更大的东西小。

以比较的方式，发现两组物品或两个数之间的差异和相同之处。

减法的运算符号。

减少的总量

计算减法的方法有很多。

使用数轴

数轴是一种计算两个数之差的方法，一个较大的数减去一个较小的数。我们来算算这个：134-85。

首先，你需要一条没有任何标记的线。

在这条线上标记你需要的数。

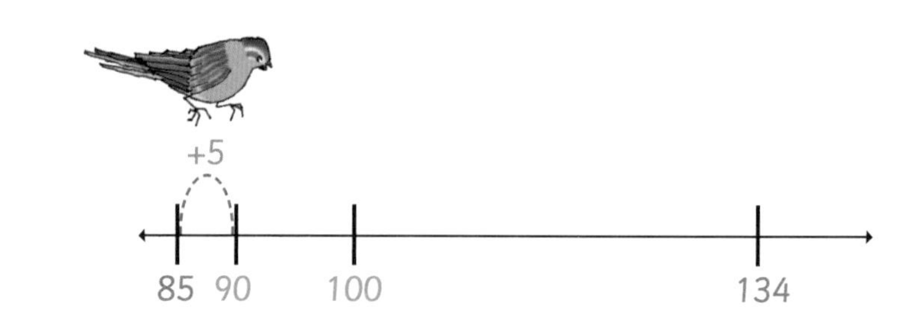

在它们之间找出一些正整数，并把它们标记出来。

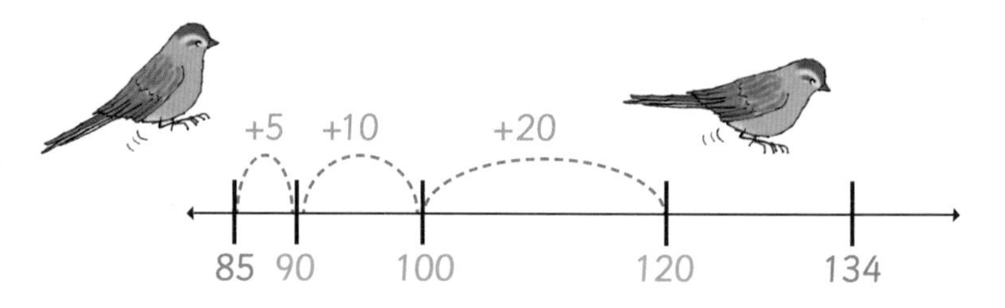

在这条线上标记数字之间的距离。

5+10+20+14=49

这个距离就是我们要的答案。

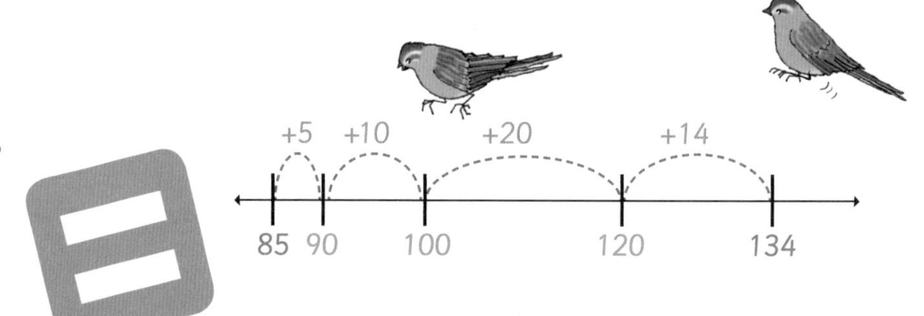

使用数值

当我们说134这个数时，我们知道它是由1个一百、3个十（或者30）和4个一组成。32则是由3个十和2个一组成的。

我们可以使用竖式来完成减法运算。

	百	十	个
	1	3	4
-		3	2

然后，每列的数从上向下相减。

	百	十	个
	1	3	4
-		3	2
	1	0	2

所以：

4-2=2

3-3=0

1-0=1

借位

	百	十	个
	1	3	4
-		8	5
		4	9

但是如果我们计算134-85，就会觉得没那么容易了。在“个位”这一列中，我们需要4减5，这个无法做到，所以我们需要向前一位借一些数（借位）。

如果我们从十位中借1个十，就可以完成减法。10加上个位上的4就是14，再减5就等于9。

现在十位上是2，它不能减8，这时我们需要向百位借1位，就是12。12减去8等于4。

最后从百位上的0减去0，结果还是0。

一起算一算

你第一次计算数的总和，就会学到加法和减法的运算方法。加法和减法像两个非常亲密，但性格完全相反的朋友。它们会抵消掉对方的成果。

剩下的羽毛 + 掉落的羽毛 = 所有羽毛

加减之家

我们看看这种互为相反的运算是如何工作的吧。

如果 1+1，你得到 2。这是加法。

如果从 2 中减去 1，你就抵消了刚才的加法，得到的答案是 1。

下面看看这三个数的关系：

$1+2=3$

$2+1=3$

现在，用减法抵消加法：

$3-2=1$

$3-1=2$

所以减法与加法互为逆运算。当你把 9 和 5 相加，就能得到这个结果：

$9+5=14$

如果你验算 14 减去 5 的差，结果就是 9：

$14-5=9$

所有羽毛 − 掉落的羽毛 = 剩下的羽毛

你需要认识的词语

数学中将两个或两个以上的数合成一个数的运算方法。

减法运算中，被减数的某一位不够减时向前一位借一，化成本位的数量，然后再减。

由某种运算的结果，反过来求参与运算的量的运算。

两种事物的作用因相反而相互消除。

人、事物之间相互作用、相互影响的状态。

分配出去

减法和除法也是一对好朋友，它们协同工作的方式有很多。它们虽然计算方式有所不同，但都可以将一个较大的数变小。

除法通常是较大和较小的数之间的分配关系。被除的较大的数叫作被除数，而较小的数，也就是除数是你要除以的数。计算得出的答案叫作商。

被除数 ÷ 除数 = 商

被除数 48

除数 12

$$\frac{48}{12} = 4 \quad 商$$

所以除法是尽可能多次地从一个较大的数中减去一个较小的数。我们用符号“÷”表示除法。

余数

当用较大的数除以较小的数时，你所得到的每一份结果都相等。比如：

8÷4=2

每一份结果，也就是商，等于2。

但有时被除数会除不尽，这就会出现余数。在运算中，这个余数也是一个整数。

9÷4=2 余 1

拆分

减法和除法常常被当作“拆分”，因为它们实际上都是反复分解一个总数的算法。

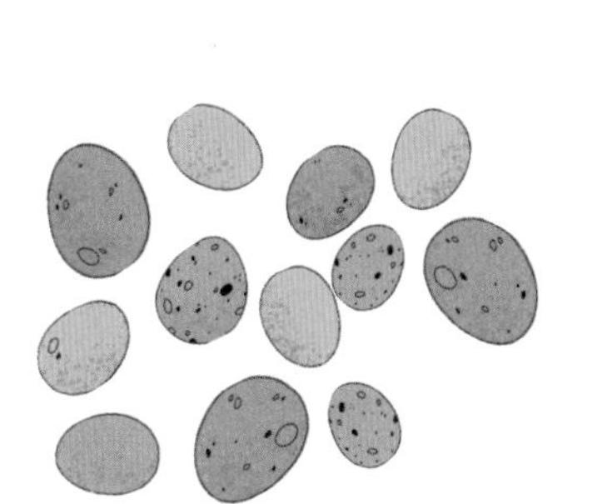

等待拆分的 12 件物品。

例如：12 除以 3，或者 12÷3。

我们可以从 12 中减去 3，一共减 4 次。

12-3=9　第一次

9-3=6　第二次

6-3=3　第三次

3-3=0　第四次

所以，12 ÷ 3 = 4

因此，除法可以看作从较大的数中一次又一次地减去相同的数，直到没有余数，或者剩下小于除数的余数。

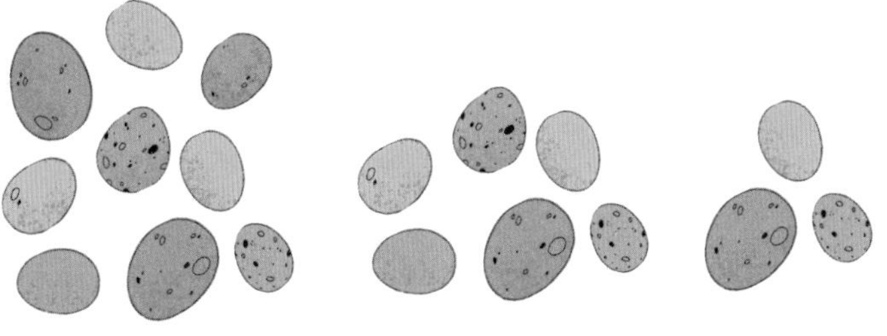

12 - 3　　9 - 3　　6 - 3　　3 - 3

你需要认识的词语

从一个数中连减几个相同数的简便算法。

除法运算中被除的较大的数。

除法运算中，用来除被除数的数。

整数除法中，被除数未被除尽而剩下的数。

将整体的事物拆开分解。

比零还小

如果我们从一个数中减去另一个数，直到结果为零，甚至……比零还小，会得到什么呢？这时我们就需要用到负数了。

超越零点

如这条数轴所示，如果你从零开始倒着数，就需要在数字前面加上一个负号。这些带有负号的数就是负数，它们全都小于零。

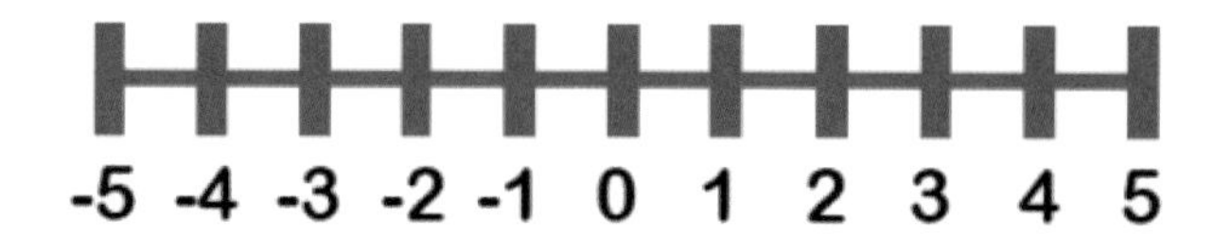

负数加负数，会朝反向移动。

负数加正数，会朝正向移动。

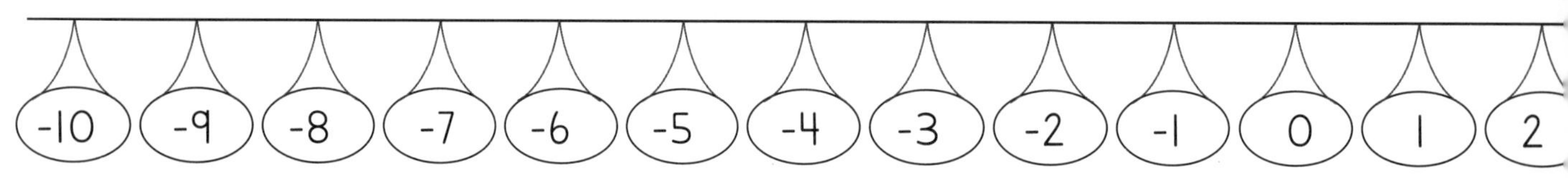

负数减负数，会朝正向移动。

正数减负数，会朝正向移动。

在北极，科学家们对负数了如指掌，因为那里的温度常年低于 0℃。

南极洲的一个气象站记录，有史以来最低的温度约为 -89.2℃。

正数加正数，会朝正向移动。

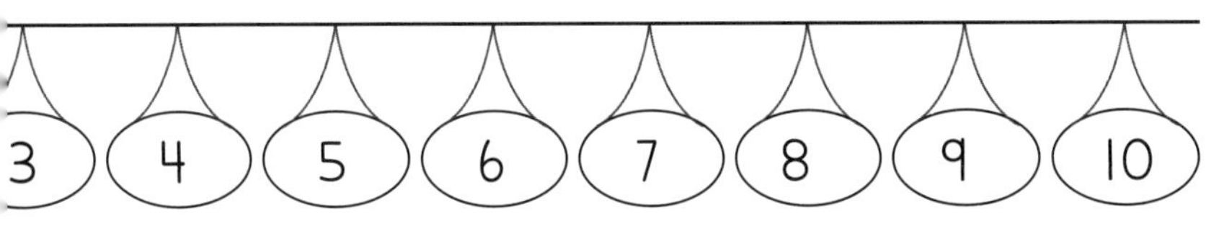

正数减正数，会朝反向移动。

你需要认识的词语

小于零的数。

表示没有数量。

大于零的数。

表示物体冷热程度的物理量。

一种测量温度的装置。

越来越少

最近科学家宣布这种美丽的鸟——斯比克斯金刚鹦鹉已在野外灭绝，这意味着这种鸟只剩下人工饲养的个体了。

斯比克斯金刚鹦鹉是一种原产于巴西的中型鹦鹉。

IUCN（世界自然保护联盟）每年都会公布濒危物种红色名录，即所有可能灭绝的生物名单，其中包括动物和植物。

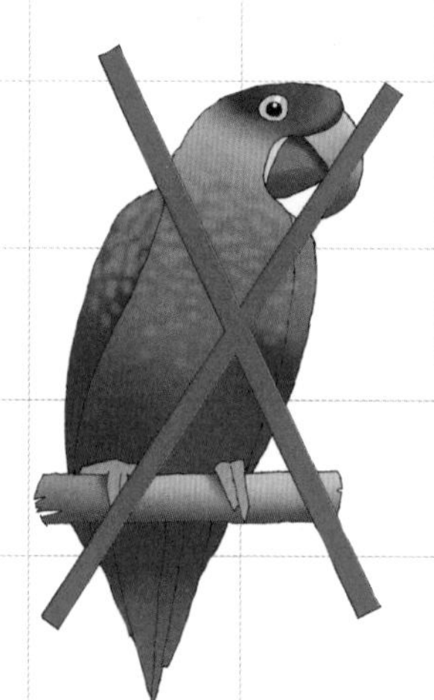

物种灭绝

右侧的图表描绘了一个故事——物种是如何越来越少的。向上倾斜的线显示出了物种减少的趋势。

这张图表显示动物的灭绝速度。现如今，动物正在以每年约 1 到 5 个物种的速度灭绝。但科学家们估计，物种的灭绝速度可能是观测到的 1000 到 10000 倍，也就是说实际上每天都有几十个物种灭绝。

消失了！

渡渡鸟已成为被人类灭绝的典型动物之一。它们生活在印度洋毛里求斯岛上。由于不会飞翔，它们很容易成为岛上饥饿的水手们的猎物。很快，在大约 400 年前，这个物种就彻底消失了。

IUCN 估测的各类动物中已灭绝物种累计占比（%）

哺乳类

鸟类

所有脊椎动物

除哺乳动物、鸟类外的脊椎动物

1600–1700　1700–1800　1800–1900　1900–2000

你需要认识的词语

完全灭亡。

“世界自然保护联盟”的英文缩写。

能进行相互杂交繁殖的自然种群。

生活在毛里求斯岛的一种不会飞的鸟，大约在 400 年前灭绝。

用图形展示信息的方式。

测量减少的量

减法并不总是用来比较两个数。它还可以用来衡量时间，也就是事情发展的快慢差异。

这些形状神奇的大岩石，是经过几千年的风雨慢慢侵蚀而成的。

自然侵蚀

在自然界中，景观的缓慢变化，是我们能感受到最慢的减法之一。右图是风雨侵蚀的结果，一点儿一点儿地慢慢削减或重塑岩石，这就是"侵蚀的力量"。

减法也可以用来测量物体的质量。原来很重，现在却很轻的物体发生了什么变化？

洒出

袋子里剩余谷子的质量，等于一整袋谷子的质量减去洒出的谷子的质量。

减法也用来比较尺寸的大小。

褪毛

有些动物在换季时会换掉自己的“大衣”。为了在炎热的夏天保持凉爽，小猫咪会慢慢地褪掉厚厚的毛。

减法还用来比较价格的高低。

定价

这双鞋半价出售。如果把原价看作 100%，那它现在只要一半的价钱。

当然，减法也经常用来比较数的大小。

你需要认识的词语

某件物体所有长度的测量值。

表示物体惯性大小的物理量。

在自然环境中，陆地表面由于水、雪、冰、风等外营力的作用不断受到侵蚀的现象。

二分之一。

每天减少一点儿

我们每天的生活里几乎都会用到减法，有时只是意识不到它。

这位女士瘦了多少？

想算出这位女士最终的减肥成果，就要用她开始减肥的体重减去现在的体重。

你的话费余额是多少？

当你使用手机时，需要预先支付一笔钱作为通话费用，这样才有可以扣除的余额。

比较

在所有这些例子里，人们会比较两条信息，找出其中的差异。

这个女孩儿比她弟弟高多少？

她需要测量两人之间的身高差。

比赛还剩多少时间？

裁判必须用比赛的总时长减去目前的比赛用时。

在这场赛车比赛中，第二名落后多远？

一级方程式赛车队员会把这个时间精确到百分之一秒！

必须剪掉多少头发，才能达到顾客想要的长度？

理发师需要非常小心翼翼地剪去合适长度的头发。

付完款后，顾客的钱包里还剩下多少钱？

她需要用钱包里的总金额减去账单金额。

谁在班上得了最高分？

每个学生试卷上的分数会不同。

你的减法

一天当中，什么时候你会用到减法？

是父母提醒你赶紧去坐校车？或者吃完盘子里的所有早餐？还是出门时，不要把门摔得那么响？

减去的部分

数字 1 是我们能数到的最小的数，但它不是我们用到的最小的数。我们可以把数字 1 分解成更小的部分，称为分数。

一分为二！

你可以把数字1分成两部分，称为二分之一。这两个部分完全相同，每个部分都可以写成数字$\frac{1}{2}$。

$$1-\frac{1}{2}=\frac{1}{2}$$

真分数

真分数是大于0小于1的数，分母比分子大。

分数

常用的分数一般有专门的写法。

$\frac{1}{2}$	二分之一
$\frac{1}{4}$	四分之一
$\frac{3}{4}$	四分之三
$\frac{1}{5}$	五分之一
$\frac{1}{10}$	十分之一

继续分！

你能把数字1分解成大小不同的分数，可以分成$\frac{1}{4}$，和三个$\frac{1}{4}$（也就是$\frac{3}{4}$）。

还可以分成：$\frac{1}{3}$和$\frac{2}{3}$；

也可以分成：$\frac{1}{5}$和$\frac{4}{5}$；$\frac{3}{5}$和$\frac{2}{5}$；

等等。

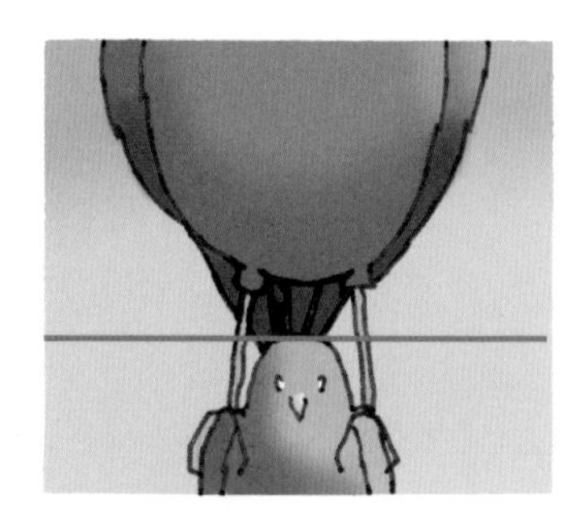

假分数

假分数就像是头重脚轻，分子和分母相等，甚至比分母大。

小数

分数的另一种形式被称为小数。这种方式会在零和小数点后面写上数字，第一位数字代表几个十分之一，第二位数字代表几个百分之一，以此类推。比如 0.5 是 5 个十分之一，或者$\frac{5}{10}$。

我们可以看到大约$\frac{1}{2}$的太阳。

我们可以看到大约$\frac{1}{4}$的太阳。

分数和小数

分数		小数
$\frac{1}{2}$	等于	0.5
$\frac{1}{4}$	等于	0.25
$\frac{3}{4}$	等于	0.75
$\frac{1}{5}$	等于	0.2
$\frac{1}{10}$	等于	0.1

百分数

百分数是分数的一种特殊写法，表示一个数被分成一百份，用符号“%”表示。这样“百分之五十”意味着 50 个百分之一，可以写成 50%。

我们可以看到大约 50% 的太阳。

我们可以看到大约 25% 的太阳。

你需要认识的词语

把一个单位分成若干等份，表示这样一份或者几份的数。

分子比分母小的分数。

数值等于或大于 1 的分数。

分母为 100 的分数。

表示小数部分开始的小圆点。

变小！变少！变轻！

生活中，我们经常需要一些比实际尺寸小的物体。也许是因为它太重或者太大，以至于无法被完整地看到，或者在某个空间里放不下。我们就需要对其进行等比例压缩，或者剪裁到合适的大小。

微缩模型

把某些物体变小的一种方法是做成它的微缩模型，即按照原件的百分比复制成副本。新的小模型可能是原物体大小的 50%、10%，甚至 1%。

莫斯科圣瓦西里大教堂的等比例模型，位于深圳的世界之窗公园。

比例尺

比例尺可以帮我们理解体积或尺寸的缩小程度。一个小版本可能是原件的$\frac{1}{10}$，所以使用的比例尺是 1:10。地图是比例尺的一种应用形式。1:500000 的比例尺表示地图上的 1 厘米代表实际 5 千米。

一位建筑师正在搭建他设计的建筑模型。

按照比例打造的小镇模型。

等比例模型

建筑师经常在建筑物建成之前制作一个小型建筑物模型。模型的每个部分无论多小，都符合实际建筑物的真实比例。

每两只相邻的鸟模型，左边的尺寸都是右边的150%。

你需要认识的词语

某样物品正在或已经被变得更小。

根据某样很大的物品制作的更小的副本或者模型。

制图的一种工具，上面有几种不同比例的刻度。

仿照实物的形状按比例制成的样品。

自然界的减法

在数学世界之外，我们也能看到一些减法的例子。例如潮水的涨落，既是减法也是加法，两种状态反复转换。

我们地球上发生的其他变化也可以作为例子。科学家警告称，人类如果要继续生存下去，必须立刻放缓使用地球资源的速度。

潮汐

坐在沙滩上，当潮水涨起来时，你就知道要挪地方了。

海水涨潮时，上升的部分覆盖了部分海岸线。退潮时海平面下降，露出海滩和海岸。潮水的涨落是万有引力引起的。月球的引力牵引着地球上的水。太阳的引力也会牵引海水。

变小的北极熊

科学家研究了80多个物种后发现，其中有一半的物种体型正一代代地稳步缩小，这种现象主要是由全球变暖导致的。例如乌龟、蟾蜍、鬣蜥、马鹿和苏格兰绵羊，它们的体型都在缩小。

由于冰川融化，北极熊不得不耗费更多的能量去捕猎。

迷你变色龙

随着时间的推移，许多动物的体形越来越小，这可能是出于生存的需要。在马达加斯加岛上，人们发现微小的迷你变色龙的体长不足3厘米。一般的变色龙通常要大得多。

迷你变色龙很小。

一只正常尺寸的变色龙。

你需要认识的词语

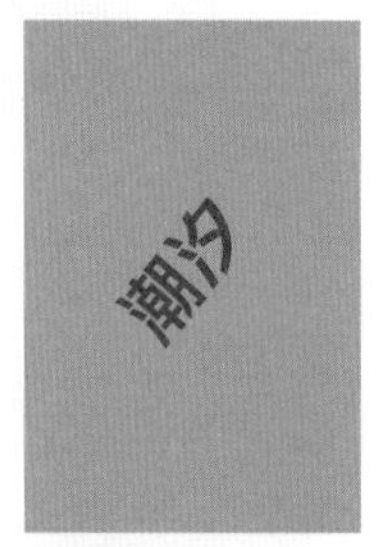

潮汐 由于月球和太阳的引力而产生的水位定时涨落的现象。

万有引力 存在于任何物体之间的相互吸引的力。

自然资源 自然环境中人类可用于生活和生产的物质。

全球变暖 在温室效应影响下产生的全球气温升高的反常现象。

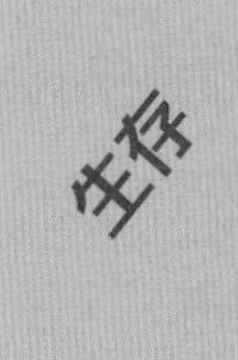

生存 在自己选择的环境中，成功活下去的能力。

温故知新

1. 负号怎么写？

2. 什么时候你需要从总数中借位？

3. 书中提到的“拆分”，可以类比为把木头砍碎，还是一遍又一遍地拿走等量的东西？

4. 自然侵蚀的速度是快还是慢？

5. “假分数”是什么意思？

6. 引起潮汐的力量是什么？

7. 100% 的一半是多少？

8. 负数比 0 大还是比 0 小？

9. 书中提到的，被人类灭绝的典型动物之一叫什么名字？

10. 如何用小数表示“一半”？

答案：

1. -
2. 竖式中某一列的数小于你需要减去的数时
3. 拿走等量的东西
4. 慢
5. 数值等于或大于 1 的分数
6. 太阳和月球的引力
7. 50%
8. 比 0 小
9. 渡渡鸟
10. 0.5

一起探索数学世界吧

试试分一分？

[英] 费利西娅·劳 著
[英] 戴维·莫斯廷 [英] 克丽·格林 绘
李瑛 译

童趣出版有限公司编译　　人民邮电出版社出版
北　　京

前言

当我们数1、2、3、4、5…时，最小的数是“1”。但有时候我们会用到很多比“1”还小的数。其实，“1”是可以继续拆分的，分成更小的数——分数。

分数在我们的生活中随处可见。例如，你有没有试着把一块三明治或一个苹果切成两半，甚至分成四份呢？

一分为二，二分为四……

分数有什么用途？

目 录

2 你的分享
4 分享出去
6 找到分数
8 分数家族
10 数学中的分数
12 十分之一
14 百分之一
16 “部分”合为“整体”
18 分数的加法
20 展示分数
22 最小有多小
24 冰山一角
26 各种各样的“分数”
28 温故知新

你的分享

分享是生活中重要的组成部分。比如，我们和其他家庭成员共享一个家，和朋友、家人共享美好时光，在餐桌上分享我们的食物。

你也许会和某人共享一间卧室。你还可能会和家人共享美食。

得到一部分

也许你是某个大家庭中的一员，和自己的兄弟姐妹共享着一个家。你也许会和他们共享一间卧室，这间卧室的一部分空间属于你，其余部分属于他们。或许属于你的那部分空间是最大的，因为生活中的“共享”往往不会平均分配。

或许有时候你一点儿也不愿意和别人分享！

分数

我们有很多词汇能描述事物是如何被分割成几份，以及表达每个人得到了多少份。这些词汇都和分数有关，了解这些词汇的作用和意义是理解“共享”的重要环节。

分数词汇

一个整体可以分成 2 等份，每一部分都是二分之一。

当然也可以分成 4 等份，每一部分都是四分之一。四分之三指的是这四份中的三份。

微小的部分

任何物品都可以被分割成更小的部分之后再分享给大家。这些物品可以分成几份，上百份，甚至更多。事实上，你可以把某个东西分割成上千份，上百万份……而这些很小很小的分数还能再继续分下去。

你需要认识的词语

和别人共同享受欢乐、幸福、好处等美好的事物。

把一个单位分成若干等份，表示其中的一份或几份的数。

整个集体或整个事物的全部。

一个整体平均分成2份后的任意一份。

一个整体平均分成4份后的任意一份。

更多的分数词汇

一个整体可以被分成很多微小的相等的部分。

分成 5 等份时，每份叫作五分之一。

分成 10 等份时，每份叫作十分之一。

分成 100 等份时，每份叫作百分之一。

一分为多

当你把一件物品分割成小份时，你必须清楚每一份的作用是什么。比如，一张图片被分成了 100 块拼图，每一块单独来看都没有什么用，它必须和其他 99 块拼在一起。

一块块的拼图合在一起才能形成一张完整的图片。

分享出去

把一个整体分享出去，就意味着首先要把它分成若干份，而分数能够确保每一部分都是相等的。把一个水果派分给六个人，大家都希望它被切成六等份，每人拿到其中的六分之一。

一个整体

若干部分能组成一个物体，意味着“部分构成整体”。

需要注意的是，这里的“整体”未必只是一个物体，比如“整体”可以是你的书包，而书包里面也许有很多不同的东西。

分数的符号

分数非常有用，在数学中，它们常被写成数字的形式。首先有一条横线——分数线，分数线上面有一个数，下面也有一个数。

上面的数叫分子。

$\frac{1}{6}$

下面的数叫分母。

六个六分之一，或写作$\frac{6}{6}$，其实就是整体1。

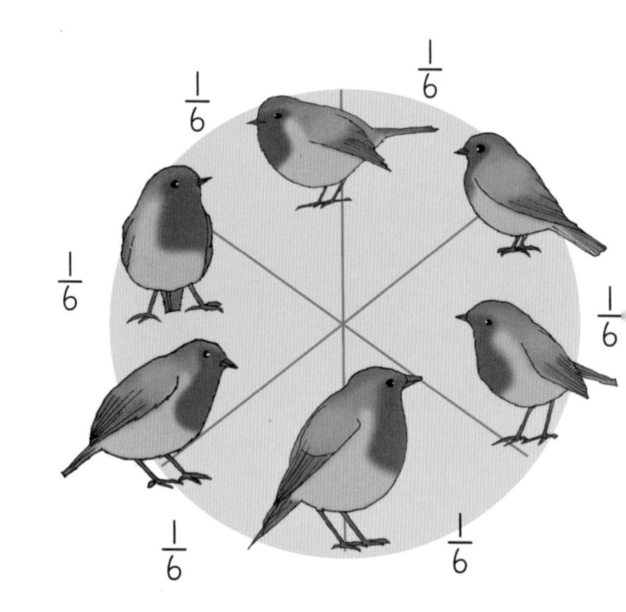

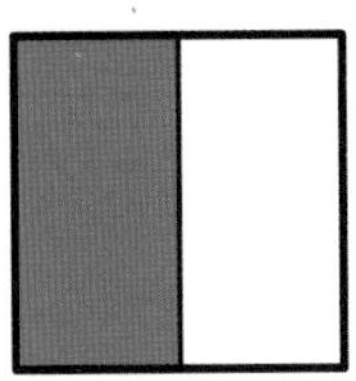

二分之一

如果我们把一个水果派切成相等的两块，每一块就是二
分之一。“二分之一”和“二分之二”用下面的分数表示：
一、$\frac{2}{2}$。

$\frac{2}{2}$，其实就相当于整体1。

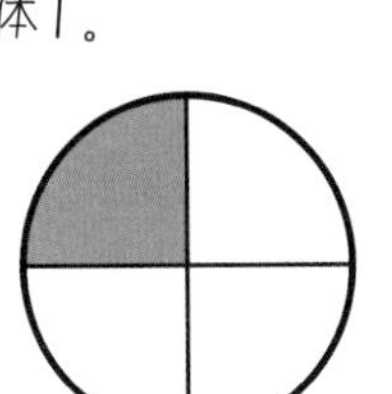

四分之一

如果我们把一个水果派切成相等的四块，每一块就是四分之一。
其中的“一块”“两块”“三块”“四块”依次用这样的分数表示：

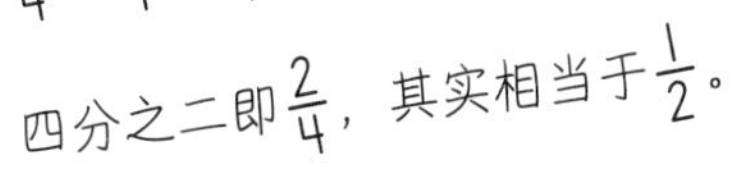

$\frac{1}{4}$、$\frac{2}{4}$、$\frac{3}{4}$、$\frac{4}{4}$。

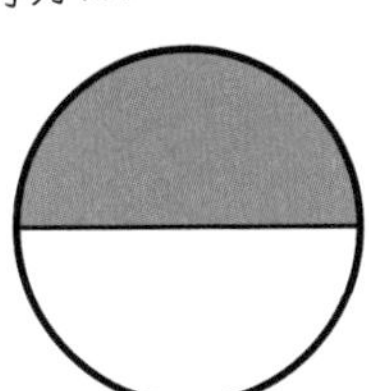

四分之二即$\frac{2}{4}$，其实相当于$\frac{1}{2}$。

四分之四即$\frac{4}{4}$，就相当于整体1。

分数的数字线

很多分数看上去不同，其实表示的大小完全一样，甚至表示的都是整体1。

1 1 $\frac{1}{2}$ 1 1 $\frac{1}{3}$ $\frac{2}{3}$ 1

$\frac{1}{2}$ $\frac{2}{2}$ $\frac{1}{3}$ $\frac{2}{3}$ $\frac{3}{3}$ $\frac{1}{4}$ $\frac{2}{4}$ $\frac{3}{4}$ $\frac{4}{4}$ $\frac{1}{5}$ $\frac{2}{5}$ $\frac{3}{5}$ $\frac{4}{5}$ $\frac{5}{5}$ $\frac{1}{6}$ $\frac{2}{6}$ $\frac{3}{6}$ $\frac{4}{6}$ $\frac{5}{6}$ $\frac{6}{6}$

你需要认识的词语

分数线上面的数。

分数线下面的数。

平均分配。

把一个整体平均分成6份后的任意一份。

找到分数

整体可以通过多种形状来表示。当把这些形状均分成若干部分来表示分数时，你会发现对于同一个分数而言，阴影部分在整体中所占的比例是相同的。

还记得分数线上面的数叫什么吗？它叫分子，它可以告诉我们阴影占了几份。那分数线下面的数叫什么呢？它叫分母，它能告诉我们整体被分成多少等份。

在英语中，分子用基数词 one、two、three……来表示。

分母用序数词 thirds、fourths、fifths……来表示。

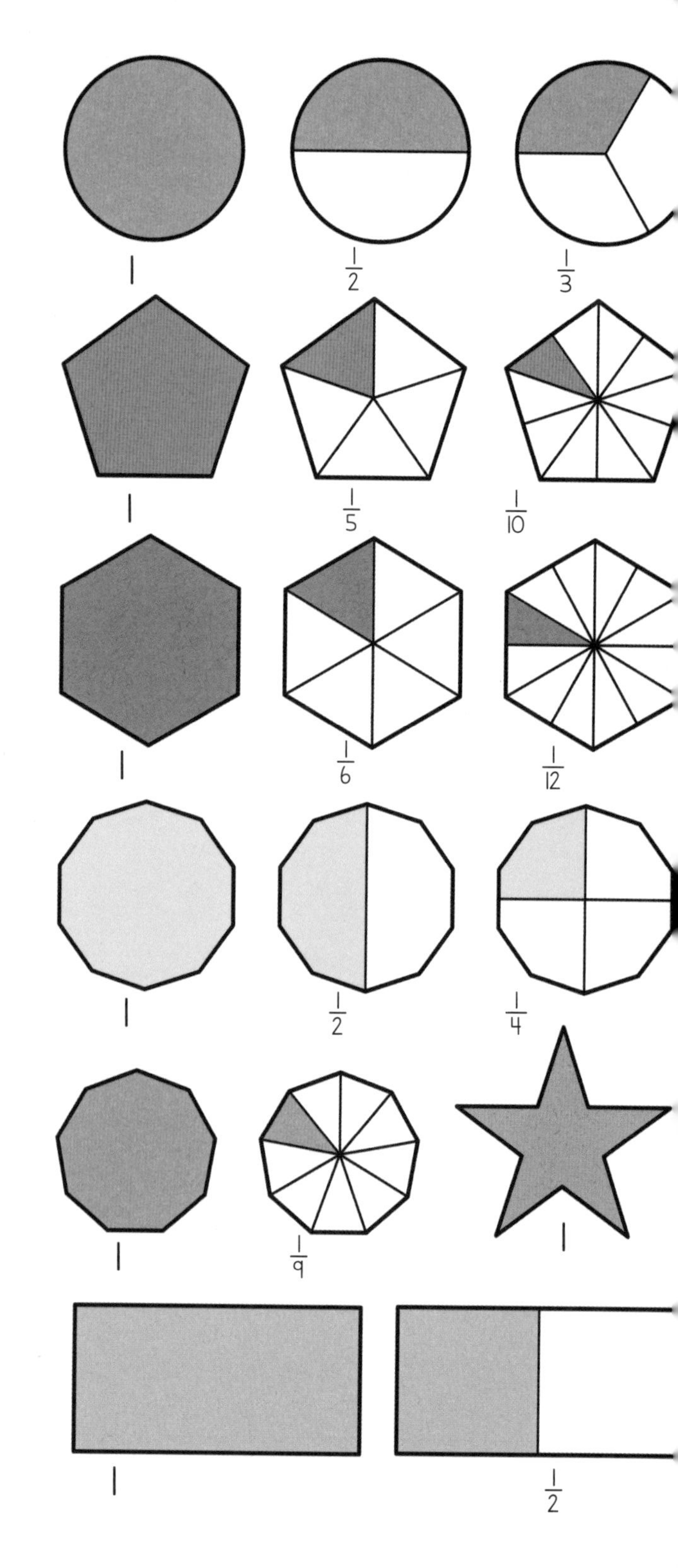

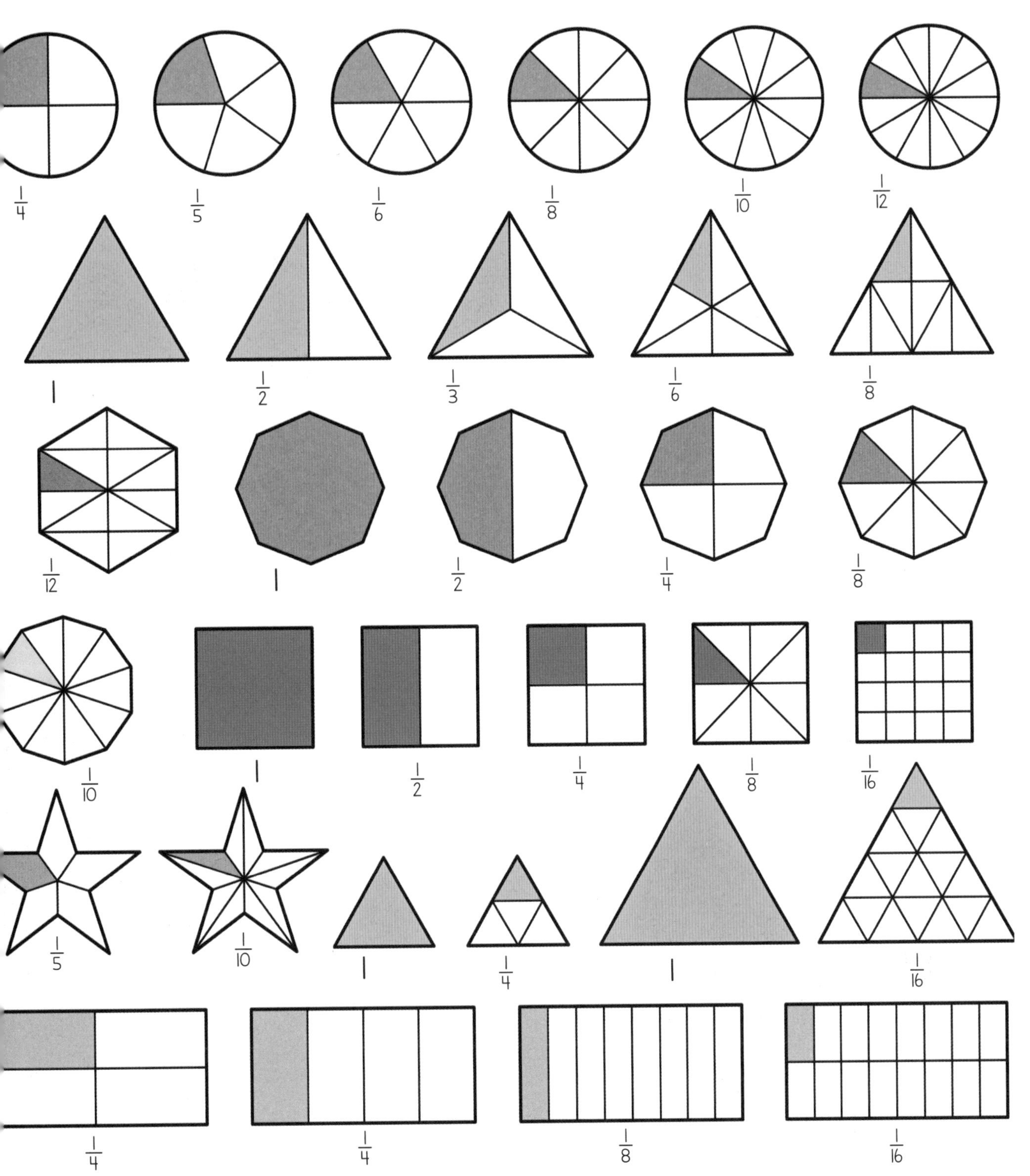

1/4
1/5
1/6
1/8
1/10
1/12
1
1/2
1/3
1/6
1/8
1/12
1
1/2
1/4
1/8
1/10
1
1/2
1/4
1/8
1/16
1/5
1/10
1
1/4
1
1/16
1/4
1/4
1/8
1/16

分数家族

当我们分享一些东西时，比如钱或饮料，我们需要把分享的方法记录下来，从而判断这么做是否公平。比如我们一共发出去了多少，这么分能否满足我们的需要。

假分数

假分数指的是分子大于或等于分母的分数。请你仔细观察下图，你会发现上面的三个人依靠下面的两个人保持平衡，这就像假分数一样。

真分数

真分数指的是比1小的分数，也就是分子小于分母的分数。真分数表示整体中的一部分。

而类似于

$\frac{3}{2}$、$\frac{5}{4}$、$\frac{7}{6}$

之类的分数都是头重脚轻的，它们都是假分数。

两名杂技演员支撑着上面三位杂技演员。

带分数

假分数是可以变形的。例如 $\frac{5}{4}$，相当于4个“四分之一”（即整体1），再加上1个“四分之一”。

因此，$\frac{5}{4}$ 也可以写成 $1\frac{1}{4}$。

如果一个分数既有整数部分又有分数部分，该分数叫带分数。

等值分数

等值分数指的是大小相等的分数。比如，$\frac{1}{2}$、$\frac{3}{6}$和 $\frac{4}{8}$代表的数值相同，它们互为等值分数。

你需要认识的词语

真分数：分子小于分母的分数。

假分数：数值等于或大于1的分数。

带分数：整数后面带着分数的数。

等值分数：大小相等的分数。

数学中的分数

分数不仅可以用于表示从整体中分出的部分，它们还可以表示很多不同类型的量的“部分”。

尺码中的分数

很多物品都有尺寸，从你穿的鞋子，到你盛放早餐的饭盒。有时候一件衬衣对于你可能尺码太大了，而你所需要的尺码只有这件衬衣的一半大。

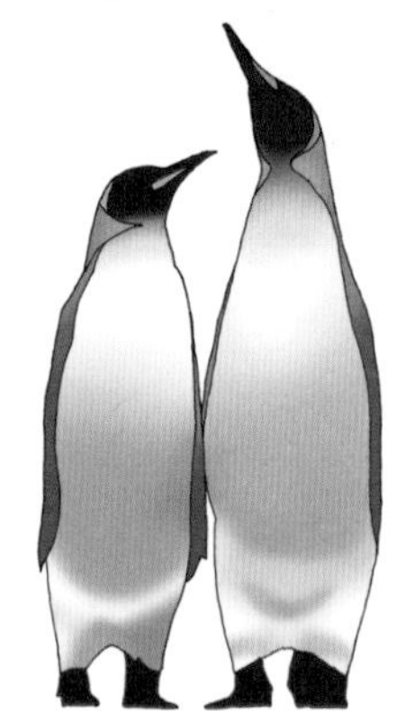

总量里的分数

如果你每周都能从父母那里得到一笔零花钱，你可能更希望把它全部花掉，而不只是花一少部分。然而有时候比如我们的钱足够买1升的果汁，但这么多拿着很吃力，还喝不完。只买半升的果汁就好一些。

物品中的分数

有时候很多个物品构成一个集合，此时这个集合很容易分成“部分”。在国际象棋中，一半棋子是白色，另一半则是黑色。在一盒巧克力中，每一种口味有很多块，不同口味的巧克力也都构成了这盒巧克力的“部分”。

体重上的分数

如果你暴饮暴食或缺乏锻炼，就很容易发胖。很多人都想减肥，但是减掉体重的一半太难了……不过减掉体重的一小部分，比如十分之一还是有可能的。

转身时的分数

当士兵在操练时，他们经常会接到向后转（转体半圈），向左转或向右转（转体四分之一圈）的指令。

时间里的分数

你知道你花在睡觉上的时间有多少吗？大概会占生命的三分之一。你知道你放松的时间占多少？做作业的时间占多少？当你长大后，在你的一生中，你工作的时间又会占多少？

你的一生中有一少半的时间都在睡觉。

工作大概会占去你全部时间的$\frac{1}{6}$。

很小的一部分时间用来吃饭。

数字中的分数

在学校的数学课上，你学会了分数的使用方法。分数的加法运算有时也不简单。我们在体育赛事中分组时也会用到分数。

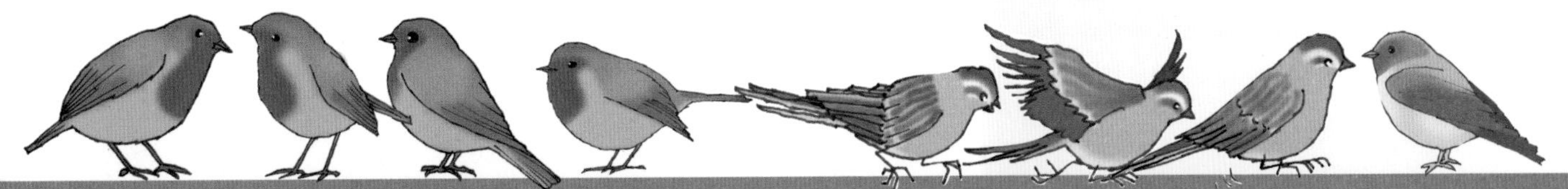

你需要认识的词语

不能被 2 整除的整数。

可以被 2 整除的整数。

十分之一

以 10 为分母的分数是一种常用的记录分数的方式。这种除以 10 的模式，是根据数的十进制体系形成的。

分成十份

任何一个集合都可以被分成十份。10 人小组中的每一名成员就是该组的十分之一，这个小组的一半，也就是 5 名成员，就是十分之五。

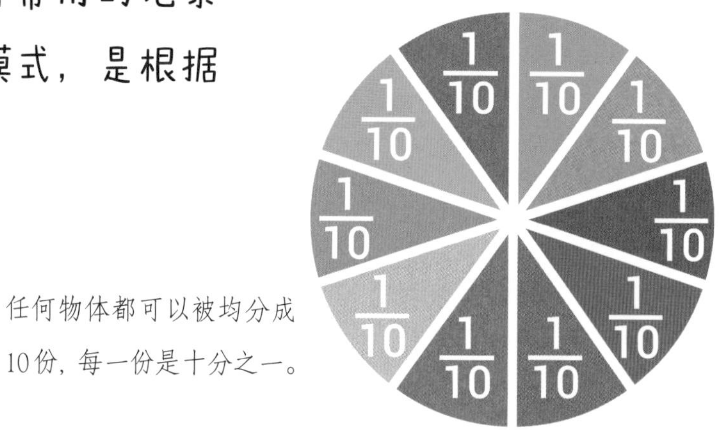

任何物体都可以被均分成 10份，每一份是十分之一。

$\frac{1}{10}$ $\frac{2}{10}$ $\frac{3}{10}$ $\frac{4}{10}$ $\frac{5}{10}$ $\frac{6}{10}$ $\frac{7}{10}$ $\frac{8}{10}$ $\frac{9}{10}$ $\frac{10}{10}$

10 个蛋中的 5 个已经被孵化。就是指这些蛋中的 $\frac{5}{10}$ 或说 0.5 孵化成功了。

我们很熟悉用 10 来数数的方法了，因为我们有 10 根手指。当我们第一次学数数的时候，可能就在扳着手指头数。

十进制小数

十进制小数是一种用数表示“十分之几”的方法。这些数的大小介于两个整数之间，比前一个整数大，又比后一个整数小。这些数往往是小数点后面的数。

4.2 指的是 4 加上十分之二。

十进制的分数

在十进制中，如果把 10 当作整体“1”，那么，所有比 10 小的整数都可以视为小数。

比如 9 就是十分之九，或 $\frac{9}{10}$。

5 就是十分之五，或 $\frac{5}{10}$，等等。

每一个小数都表示整体的某个部分。

小数点

当我们把一个 10 这样的大数分成几部分后，其中的某些部分就可以用这样的分数来表示，如 $\frac{4}{10}$。

当然，我们也可以把它写成小数的形式。

小数的写法是在小数点后面再写数字。例如 0.5 就是指十分之五，或 $\frac{5}{10}$。

小数

用小数表示十的一部分时，往往如下图所示：

$\frac{1}{2}$ 等同于 0.5

$\frac{1}{4}$ 等同于 0.25

$\frac{3}{4}$ 等同于 0.75

$\frac{1}{5}$ 等同于 0.2

$\frac{5}{10}$ 等同于 0.5

十进制的钱

世界上大多数国家使用的钱币都采用十进制计数。因此他们使用的硬币和纸币的面值都是 10 或 10 的倍数，比如 100，1000。

你需要认识的词语

当某物体被均分成 10 份后的任意一份。

一种计数方法，逢 10 进位。

基于十进制的数字系统，由 0、1、2、3、4、5、6、7、8、9 十个基本数字组成。

形式上不带分母的十进制分数。

表示小数部分开始的符号。

百分之一

我们可以用衡量十分之一的方法来衡量百分之一。把物体平均分成100份，这意味着我们需要的每份都更微小。注意，现在多了一个“0”！也可以用分数“$\frac{1}{100}$”或小数0.01来表示。

数的大小

1个单位，即表示数字1。

一个十，就是一个1带着一个0，即10。

一个百，就是一个1带着两个0，即100。

一个千，就是一个1带着三个0，即1000。

一个数由四个一千、三个一百、二个十和一个一组成，我们把它写到一起，用4321来表示。

赛马比赛时不分上下，胜负可能在百分之一秒间。

生活中的百分之几

时间、长度、质量的计量结果常常会被精确到百分之一。降水量往往以百分之一厘米为单位，而你的考试成绩也会用百分制的分数来表示。

赛车手能凭借百分之一秒的优势夺冠。

你的考试成绩可能也是百分制的分数。

降水量的测量单位是0.01厘米。

千分尺是精确测量物体尺寸的工具。它可以达到0.01毫米的精度。

百分数

百分数指的是一个数除以 100 的结果，通常用符号“%”来表示。一个表示除以 100 后得数的简单的方法，就是把该数的小数点向左移动两位。比如 1.25 除以 100 后得到的结果是 0.0125，写成百分数就是 1.25%。

一个整体就是 100%
二分之一可以写成：
分数形式$\frac{1}{2}$
小数形式 0.5
百分数形式 50%
四分之一可以写成：
分数形式$\frac{1}{4}$
小数形式 0.25
百分数形式 25%

越来越大的除数

当我们除以一个很大的数时（即均分成很多份），每份的得数比较小，我们需要用百分之几或 a% 来表示；如果还是太小，也许就需要用千分数，即 a‰来表示。你可能已经发现，每份的数越小，符号中斜线下方的“0”就越多。所以，如果是万分之几，那就要用万分号 ‱ 来表示了。

你需要认识的词语

这里表示整体“1”。

把物体均分成 100 份后的其中任意一份。

分母为 100 的分数。

把物体均分成 1000 份后的其中任意一份。

表示分数的分母是 100 的符号，即 %。

“部分”合为“整体”

许多东西都是由很多部分构成的。例如，一位工人可能会用工具箱中各种各样的工具去完成一项工作。这里的工具箱就是一个装有很多不同工具的整体。

分工合作

一项工程会有许多不同的要求与步骤，每一项都需要工人付出一小部分的时间。

分配工具

有的工具箱中只配备一种类型的工具。但实际上，工人常常需要各种各样的工具。他们在工作过程中，有时这个工具用得多一些，那个工具用得少一些。

当一位建筑工人准备用混凝土建造一堵墙时，他需要先把几种原料按照不同的用量混合在一起，比如：

$\frac{1}{6}$的水泥；$\frac{1}{3}$，也就是$\frac{2}{6}$的沙子；$\frac{1}{2}$，也就是$\frac{3}{6}$的沙砾；

这些原料混合后就是完整的混凝土。

所以在制作混凝土时，需要1份水泥、2份沙子和3份沙砾。我们把这些原料的用量写成比例的形式，就变成了1 ∶ 2 ∶ 3。

配方的比

薄饼的原料需要满足黄金比率——每100克面粉搭配两个鸡蛋和300克牛奶。面粉和牛奶的比是100：300，即1：3。面粉和鸡蛋的比是1：2。

比

比是列举一个整体中各成分不同用量的行之有效的方法。它显示了混合物中各种成分之间的关系。以一瓶饮料为例，可能含有1份果汁与3份水，就是1∶3。一块蛋糕的配方也许是10克黄油搭配50克面粉，就是1∶5。

你需要认识的词语

两个同类量之间的倍数关系。

药品、化学制品、冶金产品等的配制方法。

两个同类量之间的倍数关系。

长得不同，意思一样

下面这些分数虽然长得不一样，但是表示的比例相等。

$\frac{1}{2}$和$\frac{2}{4}$一样。

$\frac{2}{4}$表示的比例就是$\frac{1}{2}$。

$\frac{3}{6}$表示的比例也是$\frac{1}{2}$。

$\frac{4}{8}$表示的比例还是$\frac{1}{2}$。

$\frac{5}{10}$表示的比例仍然是$\frac{1}{2}$。

比例

比例表示两个同类量之间的倍数关系。它可以保证两个分数的数值相等，即使在两个分数中的各个数是不相等的。

比如，5是10的$\frac{1}{2}$，6是12的$\frac{1}{2}$。

虽然5和6不相等，但5与10的比例和6与12的比例是一样的。

分数的加法

有时候你发现你有 A 物品其中的一部分，还有 B 物品其中的一部分，那么这两部分的和是多少呢？为了解答这个问题，你需要把这两个分数相加。

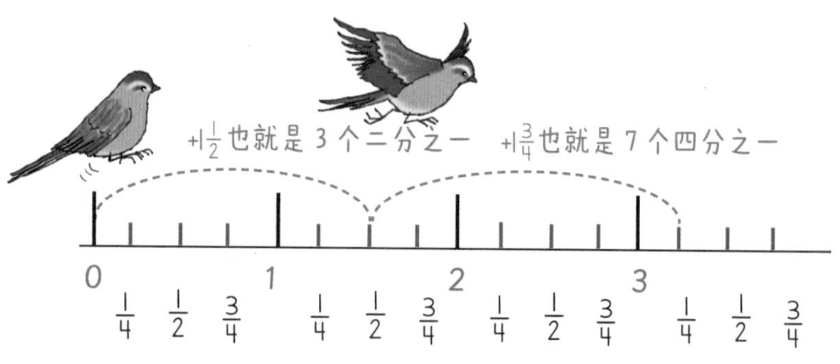

数轴

你可以用数轴标注出整数和分数，而这条线的长度由你来定。

比如把两个分数 $1\frac{1}{2}$ 和 $1\frac{3}{4}$ 相加，你只需沿着数轴连续标出这两个分数，就可以得到最后的结果 $3\frac{1}{4}$ 了。

你还可以用同样的方式来计算乘法。比如，计算 $5\times\frac{3}{4}$，那就在数轴上从左到右连续标出 5 个 $\frac{3}{4}$，就能得到最后的答案 $3\frac{3}{4}$！

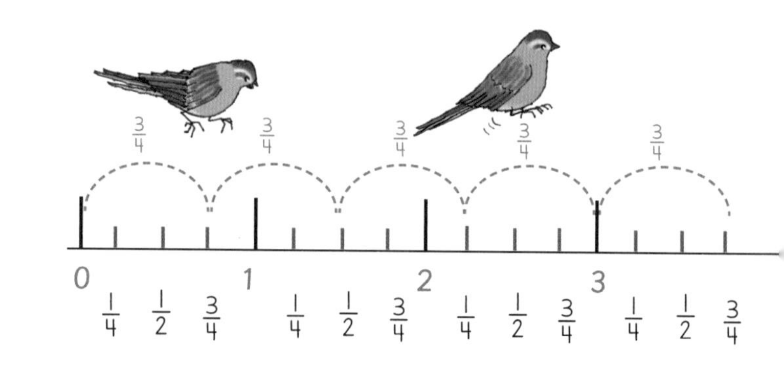

相等但看起来更小

你可以把一个看上去较大的分数变成一个看起来较小的分数，只要把原分数的分子与分母除以同一个因数就可以。

例如$\frac{4}{16}$的分子和分母同时除以 4，就可以变成 $\frac{1}{4}$，但是它和原分数相等！

分数也可以用来表示一个集合。

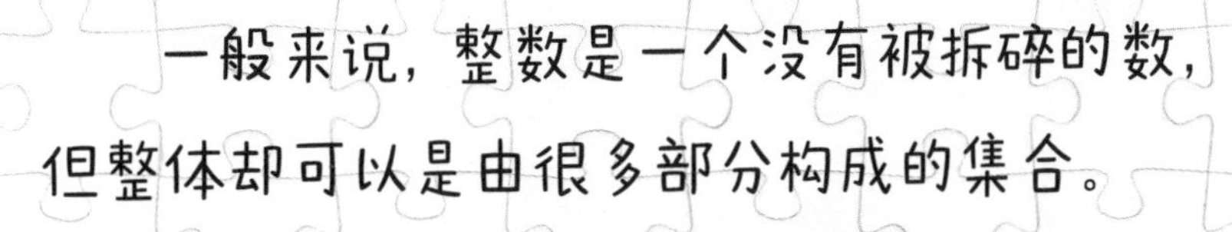

一般来说，整数是一个没有被拆碎的数，但整体却可以是由很多部分构成的集合。

蛋糕的原料有很多种，它们也能组成一个集合。

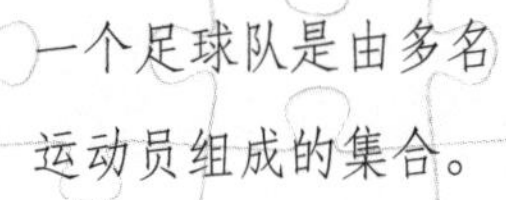

一个足球队是由多名运动员组成的集合。

装满各种工具的工具箱也是一个集合。

玩具箱是一个可以存放很多玩具的集合。

当然，一套国际象棋的棋子也被看作一个集合。

衣柜装有很多物品，它也可以被看成一个集合。

制作一件夹克时的样板也是一个集合。

有时候一个集合可以用一个圆圈来表示，下图是 6 只知更鸟组成的集合。

展示分数

在我们的日常生活中，表示分数、部分的词语也很常用。如果你还是一名儿童，那你乘坐公交车时可能只需买半价票；也许你班里有一半同学正在画画，另一半同学正在制作模型。

童话故事的作者也会用到分数。比如美人鱼，她一半是鱼一半是人；森林精灵半人马，拥有马的下半身和人类的上半身。

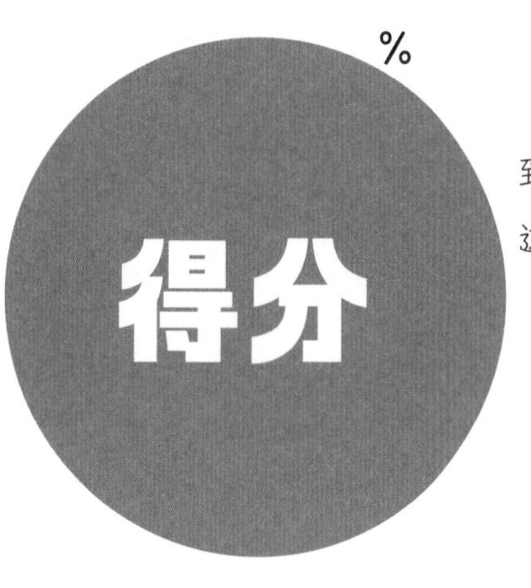

当我们在学校考试时，得到的分数往往会以100为满分，这其实就是一个百分数。

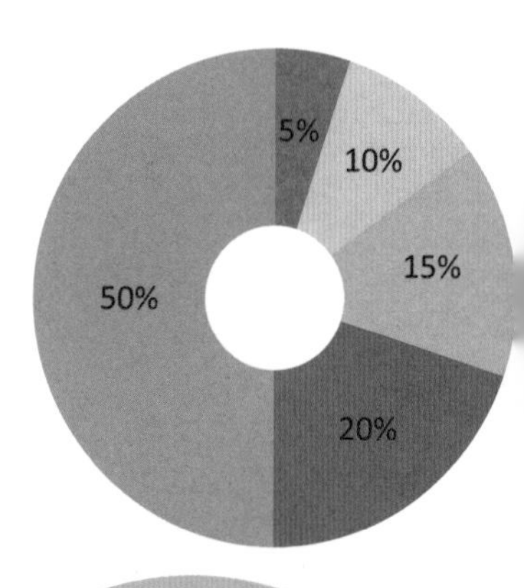

右图里的百分数，能够清晰地比较一组数据与另一组数据的差异。

右图中展示的食物都被切成了很多块，这可以帮助我们理解分数的含义。

扇形统计图

饼状图是描述物体如何分配的一种常用的展示方法。饼状图中的每一片，即每一瓣都表示了整体中的一部分。

表格和图表

表格和图表使用文字、数字或图片来解释部分与整体的关系。它们可以直观地对比各个部分之间的关系。

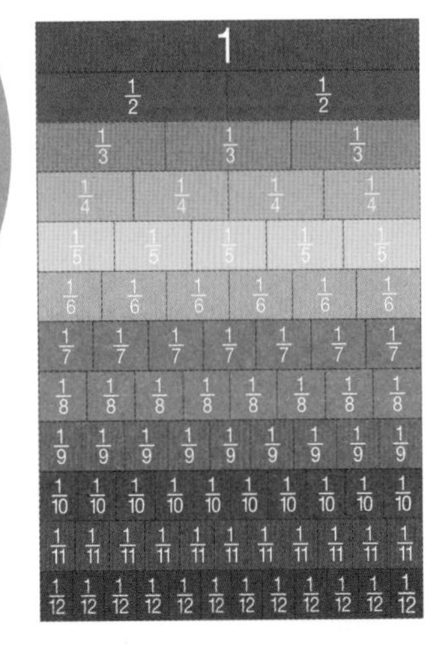

模型

3D 模型能够帮助我们理解立体图形是如何被拆成各个部分的。

右图中的房屋外形，可以看作半球体。

最小有多小

当我们把一件物品分成1000等份，每份就会非常非常小了。如果分成百万份，或分成十亿份，每一份就会更微小。而这些很小的分数、微小的部分就在我们身边。

丝鹟（wēng）属的鸟以散播微小的植物种子和浆果闻名，这些种子和浆果会长成越来越多的植物。

在短跑比赛中，运动员比赛成绩的差距往往只有百分之一秒，甚至千分之一秒。

还可以更小！

科学家一度认为原子是组成生命体的最小单位。

但进一步的研究证明，原子由更小的部分构成，它们是质子、电子和中子。其中质子和中子又能继续分成更微小的部分，也就是夸克。而夸克是人类目前所知道的构成物质的最小单位。

你身体中的“十亿分之一”

你知道吗？你也是由数十亿个微小的部分组成的，这些微小的部分叫作原子。为了保证你的身体能够完美运行，它们一直在坚守自己的岗位。

你不觉得“夸克”是个非常可爱的名字吗？

种更多的树

多年来，人类对地球造成的破坏带来了诸多的麻烦。其中最严重的就是向大气中排放了过量的二氧化碳。更多的绿树可以吸收更多的二氧化碳，并释放出更多我们赖以生存的氧气。

5% 的绿化速度

中国、巴基斯坦和印度等国家近年来大力发展植树造林工程。仅就中国而言，就已种植了 660 亿余棵绿树。植树造林使得我们的星球充满勃勃生机。与 20 年前相比，今天的地球上增长了约 5% 的绿树。

2019 年，中国共完成造林 70670 平方千米。

你需要认识的词语

把整体均分成百万份的其中任意一份。

把整体均分成 10 亿份的其中任意一份。

生物呼吸时产生的一种无色气体，是主要的温室气体之一。

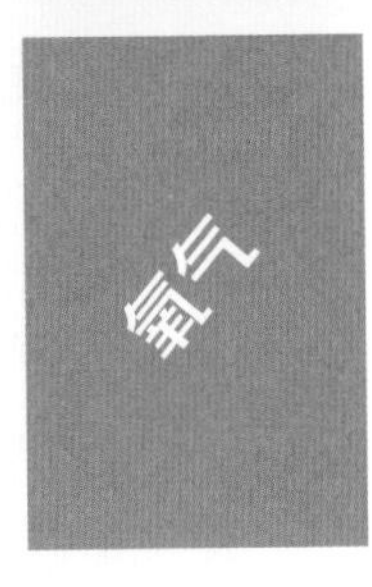

空气的成分之一，机体生命活动的必需物质。

冰山一角

一座冰山大约有90%的部分都藏在水平面以下。

小小的一部分

地球上大约70%淡水被冻结在冰川与冰中，另外近30%的淡分布在江河湖泊与地下只有不足1%的淡水可地球上的人饮用。

冰山

地球的最北端是非常寒冷的，整个北极地区大部分被北冰洋顶端的一大片冰层所覆盖。

在一年中的大部分时间里，极地的冰层都很坚硬，面积也大得望不到边。但是到了夏天，巨型冰块落入海水后漂走，形成庞大的冰山。我们并不能看到冰山究竟有多大，因为我们只是看到10%的顶端，剩下的巨大的部分都隐藏在水平面以下。

地下的根系

当你抬头看一棵长满叶子的树时，你看到的是它的树冠。然而，在地底深处，树的根系远比树冠长得更宽、更深。事实上，有些根系的直径能够达到树冠的5倍。

你需要认识的词语

冰山：浮在海洋中的巨大冰块。

树冠：乔木树干的上部，包括所长的枝叶。

根：高等植物的营养器官，能够将植物固定在土地上，吸收土壤中的水分和养分。

北极：地轴的北端，北半球的顶点。

各种各样的“分数”

时间中的“分数”

1 小时有 60 分，如果把分转换成小时，就需要除以 60。比如，10 分就是 $\frac{10}{60}$ 小时，也就是 $\frac{1}{6}$；20 分也就是 1 小时的 $\frac{20}{60}$，也就是 $\frac{1}{3}$。

一天是一星期的 $\frac{1}{7}$，一星期约为一个月的 $\frac{1}{4}$。

质量中的“分数”

1 千克中有 1000 克，1 克就是 1 千克的 $\frac{1}{1000}$，那么 $\frac{1}{2}$ 千克也就是指 500 克。

长度中的“分数”

长度的单位大都是满十进位的，或说都满足十进制。

1 米等于 100 厘米，所以 1 厘米就等于 1 米的 $\frac{1}{100}$。

1 米相当于 1 千米的 $\frac{1}{1000}$。

分割

“分数”一词的含义，代表把一个整体或一个集合均分后的一部分或几部分。

税收中的分数

分数的首次使用可以追溯到公元前2000年的古埃及，那里的人利用分数来计算税收——个人拥有的土地被分成若干份，每份土地都要征收一定数额的税。

纽带

分子和分母之间的那条线被称为分数线，有时也把它理解为“纽带”。这个词在英文中也用来描述手指骨或脚趾骨之间组织的连接带。

你需要认识的词语

时间单位，1分等于60秒。

时间单位，1小时等于60分。

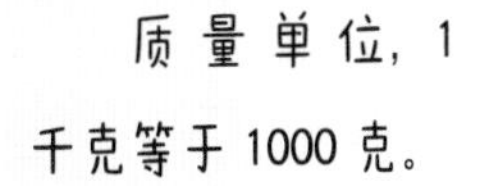

质量单位，1千克等于1000克。

长度单位，1厘米等于10毫米。

长度单位，1米等于100厘米。

温故知新

1. 一个整体中有多少个$\frac{1}{4}$?

2. 在英语中，分数的分母在表达时用基数词还是序数词?

3. 你的一生中有多长的时间用于睡觉?

4. “二分之一”用小数形式如何表示?

5. $\frac{1}{4}$怎样用百分数表达?

6. 书中第17页图上的女孩儿在做什么?

7. 你如何把$\frac{4}{16}$化简成为$\frac{1}{4}$?

8. 绿树把二氧化碳转化成什么?

9. 半人马是什么模样的?

10. 冰山有多少露在水面上?

答案:

1. 4个
2. 序数词
3. 一小半的时间
4. 0.5
5. 25%
6. 制作薄饼
7. 分子和分母同时除以4
8. 氧气
9. 上半部分是人，下半部分是马
10. 大约10%

一起探索数学世界吧

量量有多长？

[英] 费利西娅 · 劳　[英] 萨兰娜 · 泰勒 著
[英] 戴维 · 莫斯廷　[英] 克丽 · 格林 绘
郑玲 译

童趣出版有限公司编译　　人民邮电出版社出版
北　京

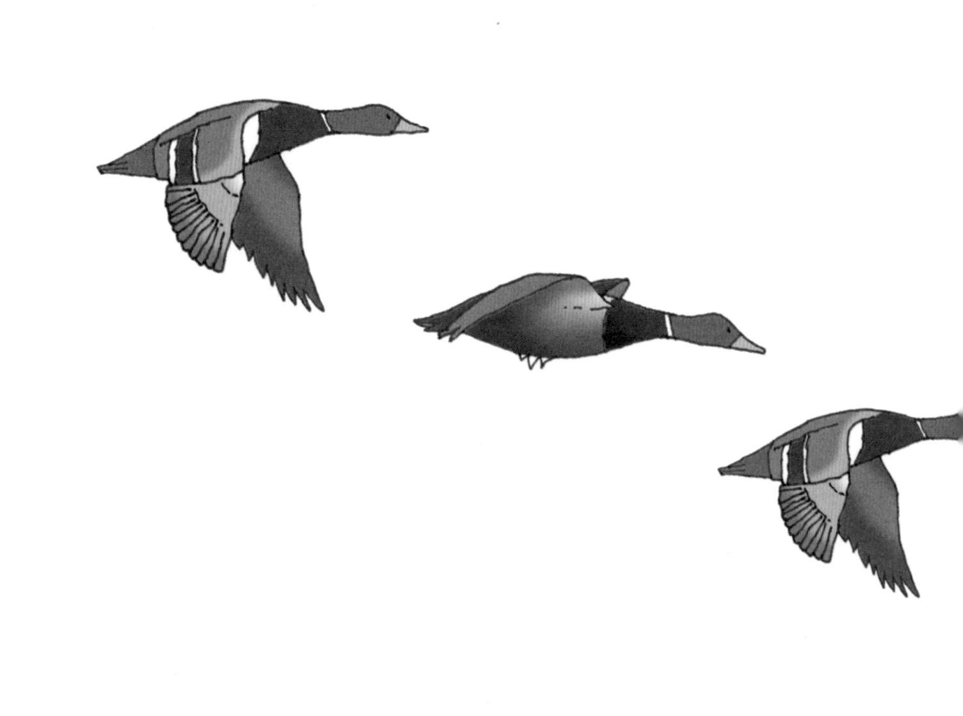

前言

当你问到“有多远？”时，你要寻找的答案是测量出的距离。在测量距离时，你需要得到一个数。这个数可以告诉你有多远、有多高、有多宽或有多深。

你可以问各种各样的问题，比如你跨一大步的距离是多远？你的身高是多少？你跑了多远？绕一圈的距离是多少？一来一回有多长？或星星离我们有多远……

你知道吗？数学知识加上聪明的测量方法，可以帮助你找到所有问题的答案哟！

从这个点到那个点，

它们之间相隔多远？

目录

2 一步接着一步
4 迈一大步
6 测量工具
8 圆的测量
10 去和回
12 我们能到达的最远的地方
14 你能把手伸到多高
16 你的身体数据
18 你能到达多远?
20 什么是顺序?
22 猜一猜
24 最大还是最小?
26 发挥你的想象
28 温故知新

一步接着一步

你应该不记得自己迈出的第一步了吧。但你知道吗？当你走出人生中的第一步时，你就走进了一个可以丈量的世界。现在你的每一个动作，都是在移动和测量距离。

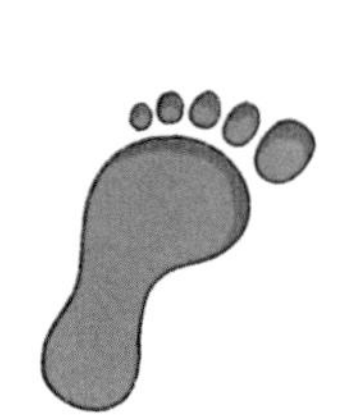

多远?

我们做的每一个动作，比如伸手去拿一本书、打开电视、拿起勺子吃早餐，大脑都会准确地判断出我们与这些物体的距离，让我们可以准确无误地拿到它们。

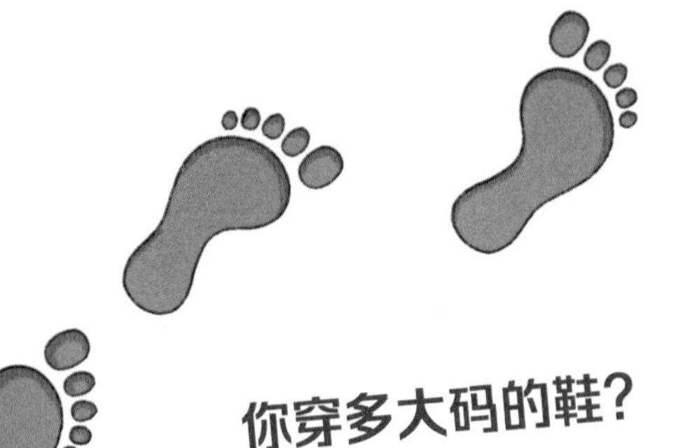

你穿多大码的鞋?

离你最近的公园有多远?

我们在测量很短的距离时，用“厘米”当作单位。但我们要测量一段很长的距离时……

你要长到多高，才能进篮球队

月亮离我们有多远?

你的脚有多长？

当我们知道一个长度后，就可以用它来测量更长的距离了。

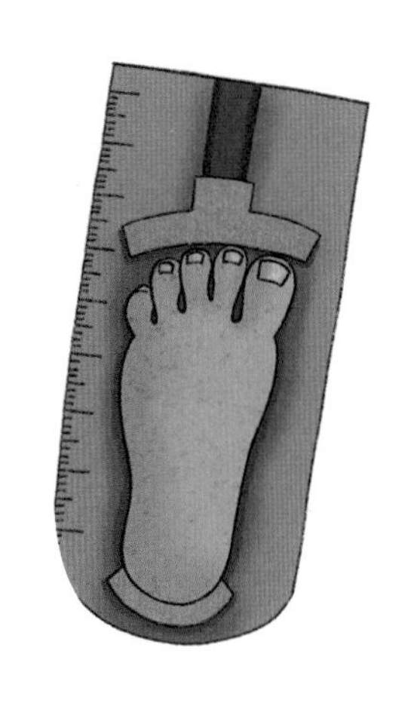

看一看自己的鞋码，你就可以知道脚有多长了。但是不知道也没关系，你可以用尺子量。你得记住，每个人脚的长度是不一样的。但只要知道了脚的长度，一步紧跟着一步地往前走，就可以量出更远的距离了。

你的一步有多长？

测量你一只脚的脚后跟到另一只脚的脚后跟的距离。最简单的方法是在地上标记这两点，然后用卷尺测量两点之间的距离。

有人小步快走。

有人大步流星。

你需要认识的词语

用仪器确定空间、时间、温度、速度、功能等的有关数值。

在空间或时间上相隔；相隔的长度。

两端之间的距离。

1英尺大约有30.48厘米，这个长度来自身体的一部分——脚。

比一英尺长，是另一种古老的长度单位。

迈一大步

当需要测量的距离比一步的长度长得多时，就需要跨一大步了。

很久以前，人们用一大步的距离作为长度单位，后来人们称之为“码”。你现在还小，迈出的一大步比大人的一大步要短，但长大后就没问题了。

现在，世界上的大多数国家都不再使用“码”而用“米”作为通用的长度单位。1米比1码要长一点儿。

我们常用的长度单位

“cm”代表厘米，“m”代表米。

100厘米=1米

1米=100厘米

这些长度单位都带有“米”字，它们都属于公制系统。在这本书中，你会遇见更多公制单位。

你能量出1米有多长吗？

1米是100厘米。

请你量一量自己迈出的一大步有多长。如果测量1米，需要迈出多少步？

有多大?

当你测量出物体上两点之间的距离后，这些距离可以帮助你计算出物体的大小。

一个物体的长度通常是测量这个物体尺寸的最大值。

你也可以从上到下测量它的高。

如果从左到右测量，你就会得到它的长。

如果从前到后测量，你就能测出它的宽。

计数器响了几声?

勘测人员使用测距轮测量距离，轮子每转一圈，计数器会咔嗒响一声。如果这个轮子外沿的周长是1米，那么计数器响5声，就测量了5米；计数器响10声，就测量了10米……以此类推。

你需要认识的词语

长度单位，符号m。1米等于100厘米。

一个物体从顶部到底部，或从底部到顶部的距离。

一个物体的一边到另一边的距离。

一个物体从前面到后面的距离。

一件东西的长短大小。

测量工具

古老的测量工具

在几千年前，古埃及人和古罗马人把自己身体的某些部位当作测量工具。

大跨步

成人跨一大步的距离大约有 1 米。

前臂

从手肘到中指指尖的长度叫作“腕尺”。

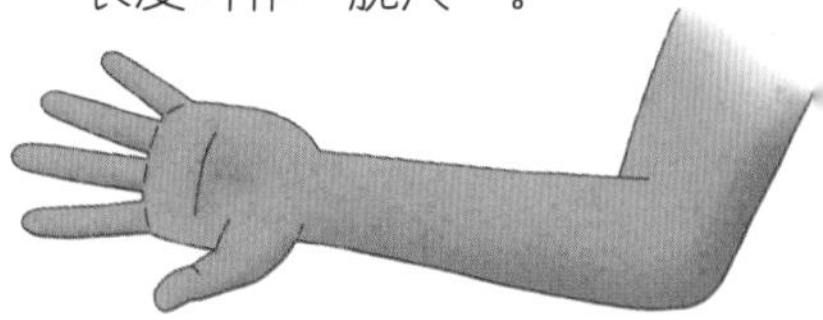

脚

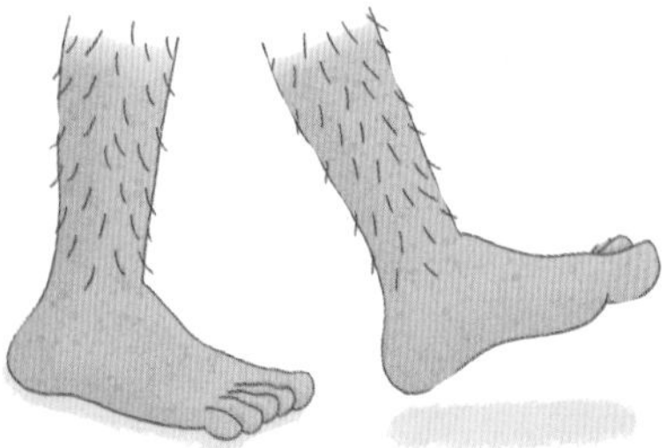

在古罗马，一只脚的长度叫作“罗尺”。跨两步或一大步的距离叫作“罗步”。

手指和手掌

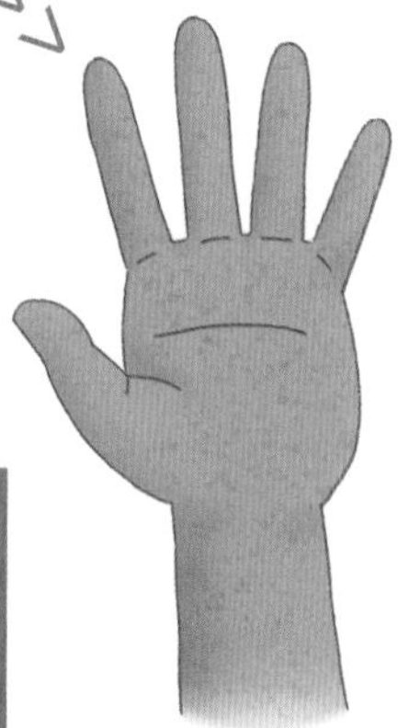

一根手指的宽度叫作“一指宽”。一个手掌的宽度叫作“一掌宽”。

在很久以前的以色列，人们用“一日行程”作为长度单位，相当于今天的 40 千米长。

直尺

直尺是一种直直的、边缘带有刻度的测量工具，通常用塑料、金属或木头制成。我们用它来画直线或测量距离。

新的测量工具

今天，我们拥有各种各样的新的测量工具，帮助我们测量出更精确的数据。

卷尺

卷尺是一种长长的、薄薄的，还能够弯曲的尺子。卷尺的一边刻有“厘米”或“米”这些长度单位。人们用卷尺测量长一些的距离。

测量轮

在使用测量轮时，轮子每转一圈，就会发出一次声响。

卡尺

我们可以使用卡尺完成更精确的测量工作。把需要测量的物品夹在卡爪之间，就可以从直尺上读出该物品的准确尺寸了。

圆的测量

除了会测量直线或曲线，你一定也想知道怎么测量一个物体一周的长度吧！

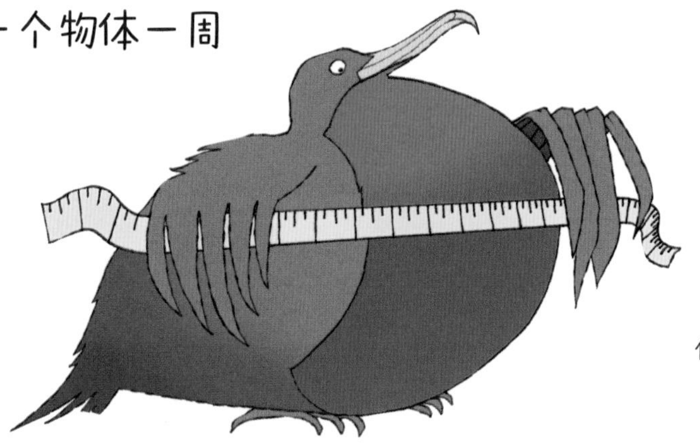

例如，如果你想知道你的胸围，你得用卷尺来测量。

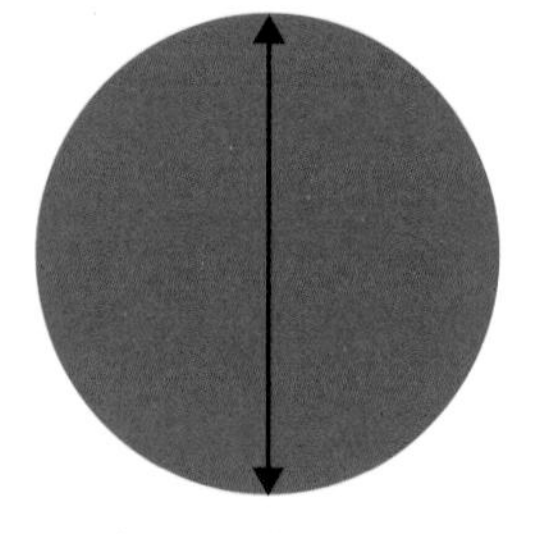

通过圆心并且两端都在圆周上的线段叫作直径。

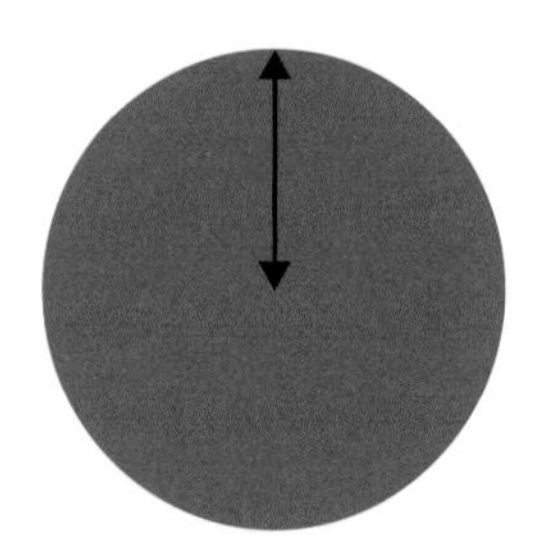

连接圆心和圆周上任意一点的线段叫作半径。

你知道怎么量一个圆圈的周长吗？

如果你在圆上画一条通过圆心的线段，量一量这条线段，你就可以得到圆直径的长度。

如果你从圆的中心到圆的边缘画一条线段，量一量这条线段，你就可以得到圆半径的长度。

但是，如何测量出圆的周长呢？

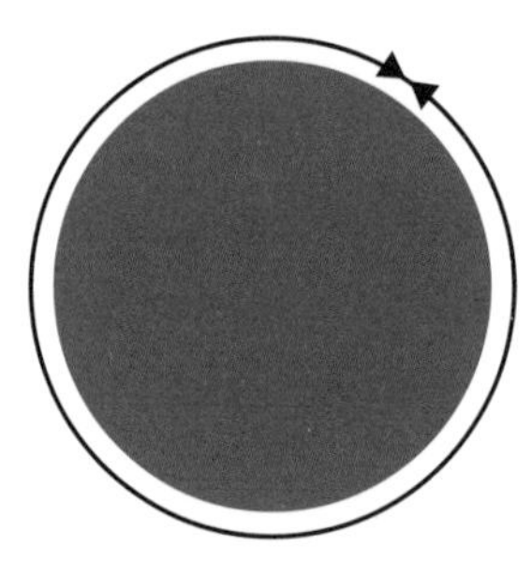

绕圆一周的长度叫作周长。

什么是圆的周长？

如果你想计算圆的周长，只要用圆的直径乘π，就可以得到答案了。

π是圆周率，是一个无限不循环小数，在实际应用中，我们取它的近似值3.14进行计算。在大约4000年前，古巴比伦人就开始计算圆周率了。

古巴比伦人把数学知识雕刻记录在石头或石碑上。

绕一圈有多长？

墨西哥的图勒树是世界上最粗的树。

它是一棵柏树，有几千年的历史了。它的树干周长有58米！

如果你无法想象这棵树有多粗，可以试着迈开大步绕着这棵树走一走。它的周长比一个标准游泳池的长度——50米还要长！真是一棵巨大的树呀！

你需要认识的词语

不是笔直的，而是一条平滑弯曲的线。

平面上一动点以一定点为中心，一定长度为距离运动一周的轨迹。

圆周长度与圆的直径长度的比，圆周率的值约等于3.14，用“π”表示。

圆周所围成的平面。

通过圆心并且两端都在圆上的线段叫作圆的直径。

去和回

两地之间最短的路线是直线，有人会把这种距离称之为直线距离，或从 A 点到 B 点的距离。

A —— B

什么是最短的距离？

如果一条路是弯曲或是七弯八拐的，那么它肯定要比直线路线的距离长，走这条路所花费的时间就会更多。所以当人们去旅行时，都会选择更加笔直的路线。有的人选择高速公路，有的人选择坐飞机去另一座城市。在计算长距离的时候，人们通常会选择“千米”作为长度单位。

A B

我们使用的长度单位

千米用字母“km”表示。

1000 米 =1 千米

1 千米 =1000 米

多少千米？

一次徒步远行或骑行的距离可以从几千米到几十千米不等。开着汽车穿过城市和村庄，则需要行驶几百千米。搭乘飞机的飞行里程可以达到几千千米。

指示牌告诉人们可以走哪条路。

如何计划旅程？

好消息！这个暑假你们一家要去海边玩，可以选择坐飞机或火车。大家肯定不想把时间浪费在路上，所以我们要找出最短的路线。

卫星导航系统给我们展示了地图和抵达目的地的最佳路线。

北极燕鸥每年飞行约 70000 千米，在夏季和冬季往返于栖息地之间。

什么是卫星导航系统？

很久以前，旅行者带着指南针、旧图或行程表寻找从 A 地到 B 地的最佳线。今天，我们有卫星导航系统，告我们目的地的精准位置和抵达目的地最佳路线。

你需要认识的词语

一个明确的地点或位置，通常用字母 A 或 a 来命名。

长度单位，符号 km。1 千米等于 1000 米。

说明地球表面的事物和现象分布情况的图，上面标着符号和文字，有时也着上颜色。

利用磁针制成的指示方向的仪器，针的一头总是指着南方。

一个能告诉人们精准位置的卫星系统。

我们能到达的最远的地方

有些地方距离我们太远了，这让我们很难测量出到那里的距离。但随着时间的推进，探险家和科学家已经找出了能够测量出这些距离的简单方法。

地球的周长有多长？

人们测量出赤道的长度为 40075 千米；根据南极到北极的距离，计算出地球经线的长度为 40009 千米。由此可见，地球并不是一个完美的球体。

谁是第一个？

由探险家麦哲伦所指挥的西班牙船队，从 1519 年 9 月到 1522 年 9 月，用了 3 年的时间，完成了人类首次环球航行。

地球距离火星有多远？

今天，人们在飞往火星的探测器上安装了特殊的计算机，能够记录从地球到火星这一旅程中的每一厘米，为我们揭开了这个距离之谜。

最远的旅途

人类能到达的最远的地方有多远？

人类能够到达的最远距离是由著名的阿波罗 13 号上的航天员们创造的。1970 年 4 月 15 日，他们飞行到了距离地球 400171 千米的外太空。这个纪录由他们保持至今！

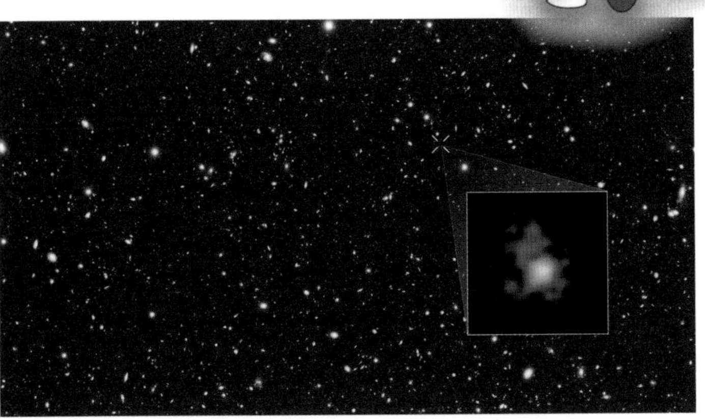

这些星星离我们有多远？

在人类已观测到的星系中，银河系中 GN-z11 是离人类最遥远的星系。天文学家们认为它离地球大约有 130 亿光年。

所以，能够观测到最远的星系距离我们约有：

1229900000000000000000000 千米！

你需要认识的词语

一个固体或三维的物体，从任何方向看都是大小一样的圆。

大气层以外的宇宙空间。

目前载人到达距离地球最远距离的飞船。

宇宙中一个大的恒星系。

1 后面有 12 个零的数，或 10 的 12 次幂。

你能把手伸到多高

不是所有的测量都和长度、两点之间的距离有关，有时我们需要测量高度——我们向上能到多高？或我们向下能到多低？

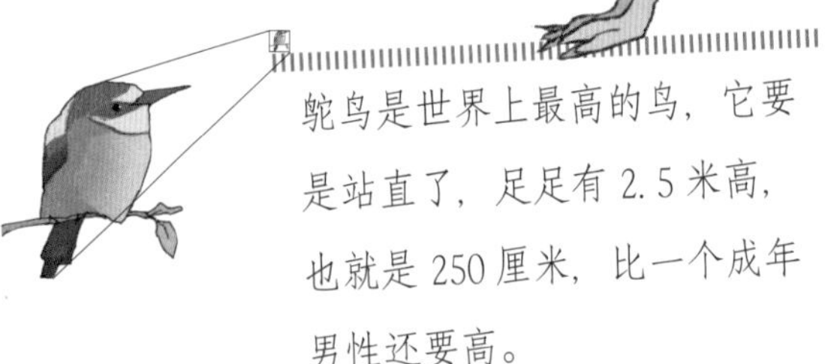

蜂鸟是世界上最小的鸟，它只有6厘米高。

鸵鸟是世界上最高的鸟，它要是站直了，足足有2.5米高，也就是250厘米，比一个成年男性还要高。

有多高？

为了知道物体的高度，我们需要测量它从顶部到底部的距离，或是底部到顶部的距离。如果一个物体的高度比别的物体的高度都高，那么就可以说它很高。

高、更高还是最高？

每个城市都想拥有高耸的建筑物。建筑师们建造出越来越高的建筑物，想要刷新世界纪录。如果想要测量一座建筑物的高度，从最底层一直量到建筑物的最高点，就可以了。

有多矮？

同样地，我们比较两个较小的物体时，如果一个物体的高度比别的物体的高度都低，那么就可以说它很矮。

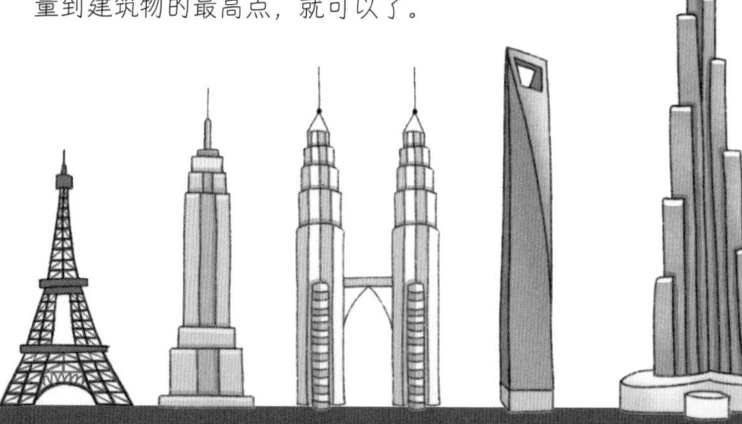

黑白兀鹫是世界上飞得最高的鸟，它曾与飞行高度超过 11 千米的飞机相撞。

地球上最高的山峰在哪里？

我们在陆地上测量山的高度，是测量从海平面到山顶的距离。如果站在中国的珠穆朗玛峰峰顶，你就站在了比海平面高出 8848.86 米的地方。那你是世界上最高的人啦！

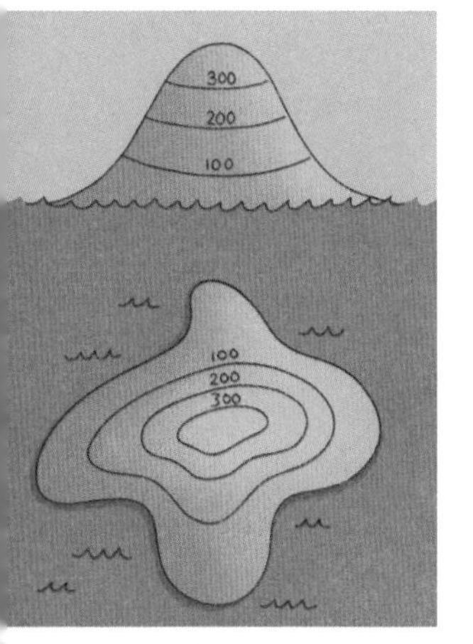

等高线，在地图上表示一个地区的高度情况。这条线上的所有点都处于同一高度。

太空里最高的山峰在哪里？

火星上有一座山比珠穆朗玛峰高多了。它叫奥林匹斯山，高 25 千米！

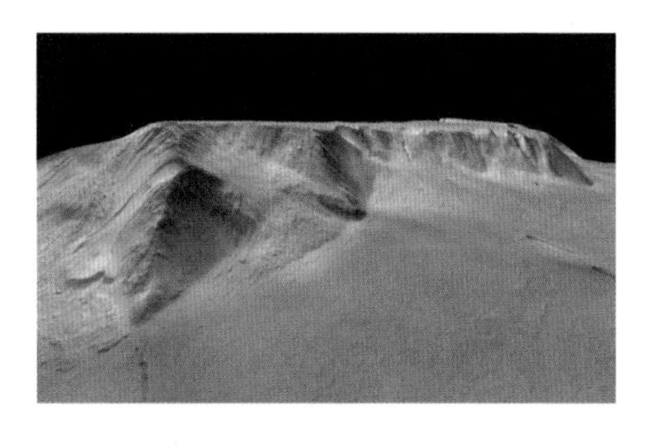

你需要认识的词语

形容能跟天接触，很高的楼。

山的突出的尖顶。

从平均海平面起算的高度。

海水所保持的海平面。

地图上地面高程相等的相邻各点所连成的曲线。

你的身体数据

有多少次买新衣服是因为你长高了，旧衣服穿不了了？也许一年就会有好几次。你知道身上穿的衣服是什么尺码吗？

小非洲水雉的脚和身体比起来，真的是太大了。

什么是身体的尺寸？

你刚出生的时候，身体有45厘米到60厘米长。在你出生的第一年里，你的身体每个月大约要长3厘米，所以衣服很快就不合身了。

现在，你长得还是很快，一年可能要长高10厘米。所以，在买新衣服的时候，可以根据年龄或身高来挑选。当然，因为你长得快，也可以购买尺码大一点儿的衣服。

你有多高？

想要测量出准确的身高，你要光着脚、背靠墙站直，请人用一把尺子或一本书平放在你的头顶，再在墙上做个记号。然后你就可以量一下，从地面到这个记号的距离了，这就是你的身高。

你穿多少码的鞋？

在买新鞋的时候，你需要量一量脚的长度和宽度。这把专门量脚的尺子，能准确地量出脚的尺寸，告诉你需要穿多少码的鞋。

信天翁的翼展可达 3.63 米。

你需要认识的词语

物体展开后从一端到另一端的完整距离。

手臂向两侧水平展开，两中指指尖之间的距离。

形式或内容上的不同。

一个人的臂展与身高的比。

按项目画成格子，分别填写文字或数字的书面材料。

什么是臂展?

臂展也就是你两臂向两侧最大限度地伸展，两中指指尖之间的直线距离。人们有时会称臂展与身高的比为“指距指数”。你知道你的臂展和身高有什么关系吗?

你的臂展长度通常跟你的身高一样长。

你长得有多快?

做一张表格，记录身体成长的过程。在表格里，记录下你每个月的身高、头围、腰围、脚长和臂展数值吧。

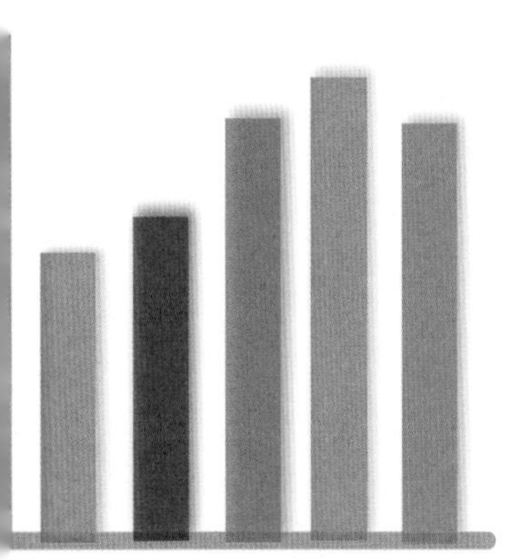

你能到达多远?

挑战自我!

看看你能到达多远的地方?你可以用走、跳、慢跑、全速冲刺、骑车等方式。除了这些方式,你还能用什么方式到达更远的地方?

30 秒内,你能走多远?

5 分内,你能走多远?

走路

跑步

在标准跑道上跑一圈,是 400 米。5 分内,你能跑几圈?

30 秒内,你最多能跑多远?

跳跃

2 分内,你可以连续跳到多远?

上还是下?

方向不同,会给你跑的速度和距离带来不同的结果吗?

如果你在下坡路上跑,会更快一点儿吗?

骑行

10分内，你能骑行多远？

你可以用游泳、攀爬、滑旱冰、滑雪、滑冰、滑雪橇等各种方式运动同样的时间，并记录下自己运动的距离。你还能想到什么运动呢？

跳

你能跳多高？

你能跳多远？

扔或踢

你能把网球扔到多远？

你能把足球踢到多远？

做一个有关距离的表格！

在表格里记录下上面那些问题的答案。你还可以邀请你的朋友和你做同样的运动，两个人比试一番。要加油呀，创造你的个人最好纪录吧！

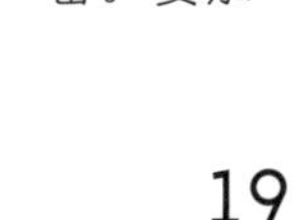

什么是顺序？

当我们把测量的数据按顺序排列，比如把长度、跨度还有间隔距离分别按顺序排好，这样再比较数据大小，就方便多了。

上升？

把数按照从小到大的顺序排列，我们称之为升序。把这些鸟的身高从低到高排序：

70—90—95—110—115—120—125—155

或下降？

如果用另一种顺序排列——从大到小，我们称为降序。把这些鸟的身高从高到低排序：

155—125—120—115—110—95—90—

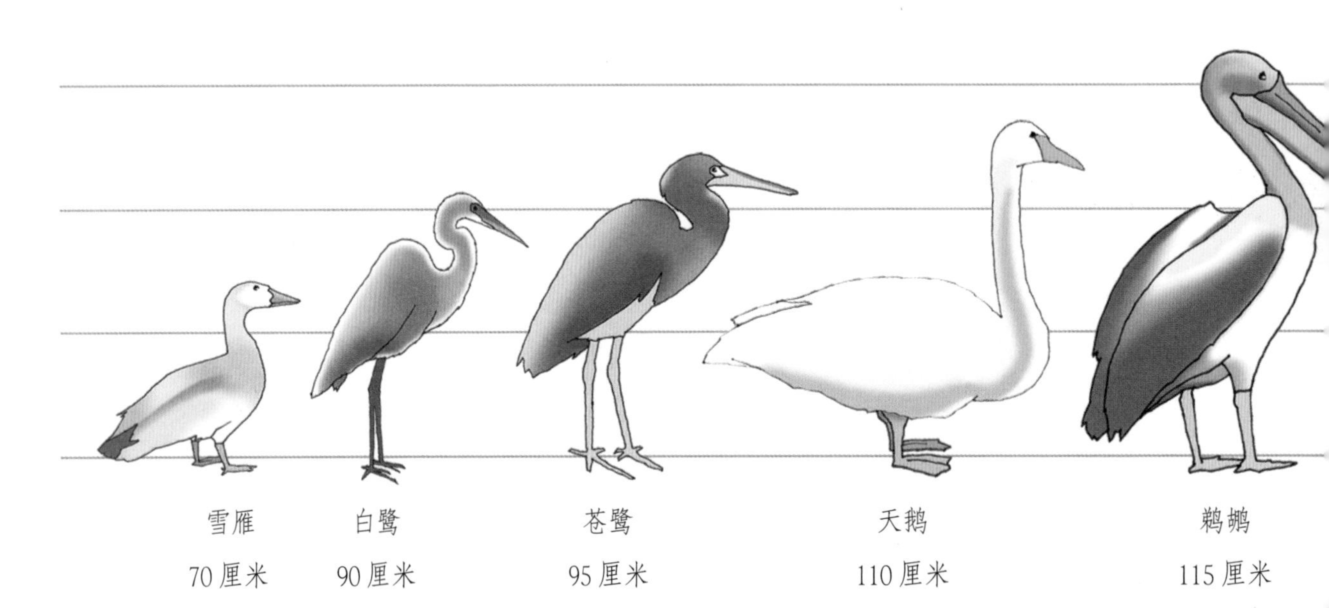

从A点起飞，红色的纸飞机飞得最远，其次是蓝色的、白色的和橙色的。

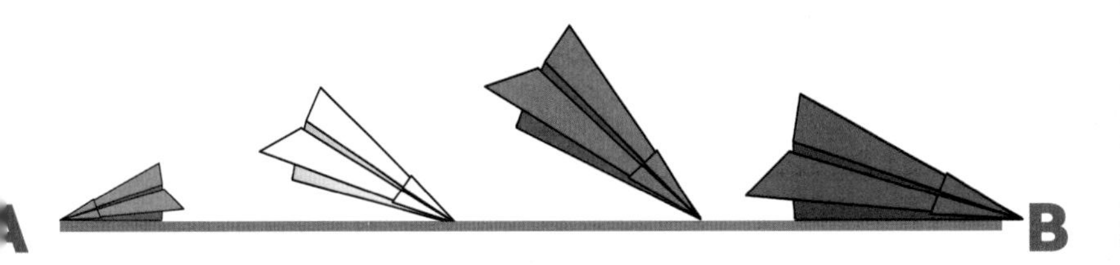

哪个是第一？

基数，如1、2、3、4、5等，告诉我们数量，没有什么其他含义。但当我们说“第一”“第二”“第三”的时候，这些数叫作序数，表示顺序和大小。

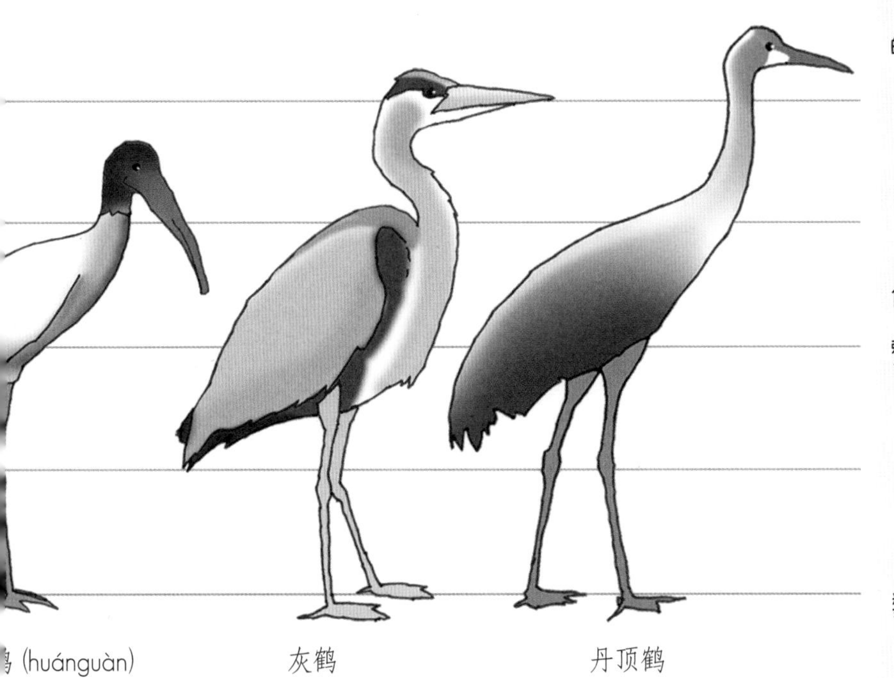

鹮 (huánguàn)　　灰鹤　　丹顶鹤

厘米　　125 厘米　　155 厘米

你需要认识的词语

把东西按规律排列。

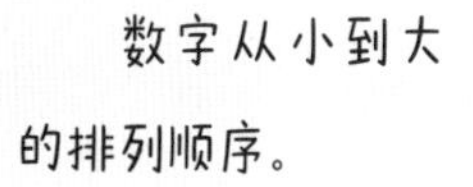

数字从小到大的排列顺序。

数字从大到小的排列顺序。

1、2、3……100、3000 等普通整数。

序数

表示次序的数目。

猜一猜

有时候我们很难准确地测量出某个距离。在这种情况下，我们可以猜想一个接近的数值，这就叫作“估算”。

在估算距离时，我们需要了解相关数值，帮助我们得到最接近准确数值的估值。

例如，你可以从地图上获取信息，估算出候鸟从一个地方迁徙到另一个地方的距离。

大约？

在估算出这个数值后，你可以用“大约”“接近”“多于”或“少于”来限定这个数值。

四舍五入？

有时候我们会把数值写得简洁一些，以便更容易估算出两地的距离。一种常用的估算方法叫作四舍五入。看看一个数的零头有多少，如果零头小于或等于四，就舍去；如果零头大于或等于五，就进上一位。

每年夏天，斑尾塍鹬（chéngyù）一刻不停地从美国的阿拉斯加州飞往新西兰，整个旅程超过 11000 千米。

你需要认识的词语

大致推算。

不十分精确的（数目）。

运算时取近似值的一种方法。如被舍去的头一位满五，就在所取数的末位加一，不满五的就舍去。

迁移，离开原来的所在地而另换地点。

最大还是最小？

“米”是长度单位中大家最为常用的单位。“米”也可以通过乘法或除法换算成其他长度单位。

长度单位

我们已经学了“千米”，它代表1000个“1米”，是一个长度单位。当你得到一个数时，在它后面接上不同的长度单位，就会得到不同的距离。

单位	乘法的计算
十	1×10
百	1×100
千	1×1000
万	1×10000
兆	1×1000000
吉	1×1000000000

什么是最大？

1“千”的意思是1000。如果你想要得到一个更大的数，你可以用更大的计数单位，比如1“百万”，它的意思是1000000。你能看出它们之间的关系吗？

长度单位

以“米”为基本长度单位，用乘法换算出其他长度单位。

太米 =1000000000000 米

吉米 =1000000000 米

兆米 =1000000 米

千米 =1000 米

百米 =100 米

十米 =10 米

什么是最小？

我们已经知道了“厘米”，它是把“1米”平均分成100份取其中一份得来的。所以“厘”表示1除以100。如果想表示更小的数，可以用“毫”作为计数单位，表示“千分之一”，也就是把1平均分成1000份，取其中的一份。你还能想到更小的计数单位吗？

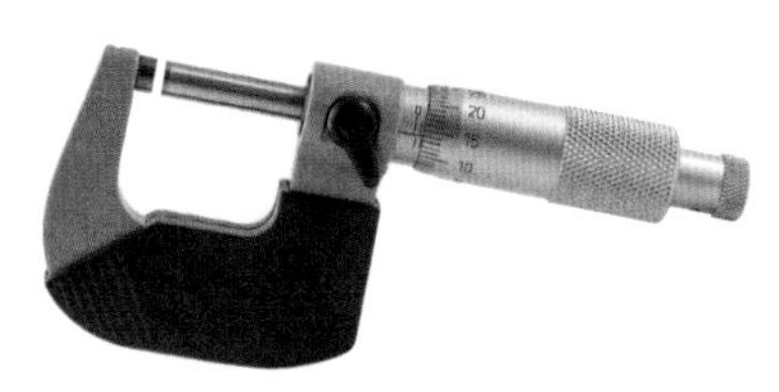

以微米为单位的物体非常非常小，需要用千分尺来测量。

单位	除法的计算
分	1÷10
厘	1÷100
毫	1÷1000
微	1÷1000000
纳	1÷1000000000
皮	1÷1000000000000

长度单位

以“米”为基本长度单位，用除法换算出其他长度单位。

1000000000000 皮米 =1 米

1000000000 纳米 =1 米

1000000 微米 =1 米

1000 毫米 =1 米

100 厘米 =1 米

10 分米 =1 米

你需要认识的词语

几个相同数连加的简便算法。

从一个数连减几个相同数的简便算法。

数的计量单位。

事物之间的内在的本质联系。

利用螺旋原理制成的精度很高的量具。

发挥你的想象

如果你一件测量工具都没有，那么就很难测量出物体的大小。下面有一些例子可以帮助你去想象长度和物体的关系。

1 微米有多长？

1 微米 = 百万分之一米

7 微米 ≈ 一个红细胞的直径

10 微米 ≈ 云朵中一滴水滴的直径

20 微米 ≈ 一根棉花纤维的直径

50 微米 ≈ 一根头发的直径

1 厘米有多长？

1 厘米大约是小朋友一根手指的宽度，你的肚脐眼儿的直径。

1 毫米有多长？

5 毫米 ≈ 一只瓢虫的宽度

10 毫米 = 1 厘米

13 毫米 ≈ 一只雄蜂的长度

40 毫米 = 一只乒乓球的直径

1 米有多长？

1 米大约是一扇门的宽度、半张床的长度，大概是 3 岁孩子的高度。

1 千米有多长？

1 千米 = 2.5 个标准跑道的长度

6893 米 = 世界上最大的火山（奥霍斯 - 德尔萨拉多峰）的高度

11 千米 ≈ 太平洋马里亚纳海沟的深度

48000 千米 = 贯穿整个美洲大陆的公路（泛美公路）的长度

1 光年有多长？

1 光年 ≈ 9460700000000 千米

你需要认识的词语

测量数据的时候所用的器具。

长度单位，等于 1 米的一百分之一。

长度单位，等于 1 米的一千分之一。

长度单位，等于 1 米的一百万分之一。

天文学上的一种距离单位。光在真空中 1 年内走过的路程为 1 光年。

温故知新

1. 物体顶部到底部的距离叫什么？
2. 在古罗马，一只脚的长度叫什么？
3. 由塑料、金属、木头做成的，边缘还标有刻度的测量工具叫什么？
4. 绕圆一周的长度叫什么？
5. 世界上最粗的树叫什么名字？
6. 1 千米是多少米？
7. 地球子午线的长度是多少？
8. 可以用什么词代替“猜测”？
9. 火星上的奥林匹斯山有多高？
10. 数从大到小排序的顺序叫什么？

答案：

1. 高
2. 罗尺
3. 直尺
4. 圆的周长
5. 图勒树
6. 1000
7. 40009 千米
8. 估算
9. 25 千米
10. 降序

一起探索数学世界吧

认认什么形状？

[英] 费利西娅・劳 著
[英] 戴维・莫斯廷 [英] 克丽・格林 绘
林开亮 译

童趣出版有限公司编译　人民邮电出版社出版
北　京

前言

世界上的任何物体都有形状，包括我们自己在内。有的形状是平面的，比如地毯上图案的形状；有的是立体的，比如我们自己。许多物体是不易变形的，比如浴室墙上的瓷砖。还有一些物体可以被弯折、扭曲或拉伸，比如橡皮筋、棉花糖，甚至我们的身体。

我们身边的许多形状都可以被看作简单图形。在日常生活中，我们经常会见到各种各样的简单图形，它们都有特定的名字，比如正方形和立方体。除此之外，还有许多更复杂的图形，比如螺旋线和椭圆，在日常生活中我们可以在海螺和鲜花的身上看到。

正方形，立方体……

还有什么图形？

目 录

2 什么形状?
4 找到那些角
6 直线和曲线
8 立体图
10 多边形
11 多面体
12 正十二面体
14 轴对称
16 找规律
18 大自然中的形状
20 不规则图形
22 灭点
24 一圈又一圈
26 图形的乐趣
28 温故知新

什么形状？

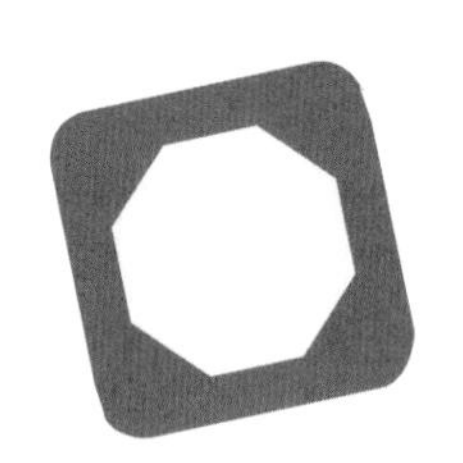

万物皆有形状。通常我们看到一个盒子、一个球或其他熟悉的物体的形状时，可以立刻知道这可以被看作什么图形。反过来，我们也可以通过图形来辨认物体。

有些形状是平面的，比如T恤上印花图案的形状。

有些形状是立体的，比如鸡蛋的形状。我们的身体也是立体的！

圆

三角形

长方形

正方形

平面图形

平面图形被称为二维图形或2D图形。简单图形都很常见，每种图形也有特定的名称，比如正方形和圆。

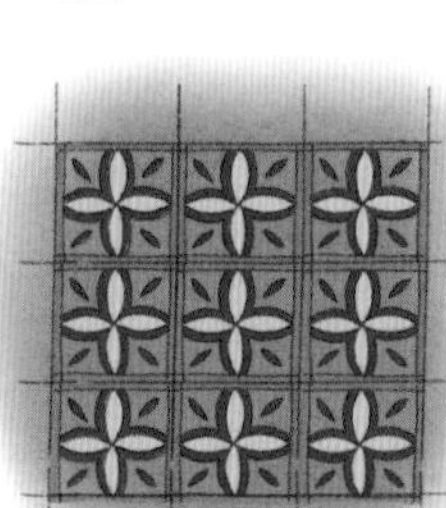

有些物体不易变形，比如带花纹的地砖。

还有些物体的形状可以被扭曲或拉伸，比如橡皮筋、棉花糖和我们的身体。

我们可以通过弯曲、伸展，甚至缩成一团来改变我们身体的形状。

四条边组成的平面图形

具有四条边的平面图形彼此之间看起来各不相同，但它们都属于“四边形”这个大家庭。

四边形

正方形被称为“规则图形”，因为它有许多“特殊”的部分：

4 条等长的边；

4 个直角；

2 对平行的边。

和正方形相比，一般的矩形的规则性就差一些，它有：

2 对等长的边；

4 个直角；

2 对平行的边。

其他图形

还有一些基于简单图形得来的平面图形，这些图形的边可能倾斜了，或被拉伸过。比如椭圆看起来就像被压扁的圆，菱形则像是被拉伸成钻石状的正方形。

梯形

平行四边形

椭圆

菱形

你需要认识的词语

四边相等、四个角都是直角的四边形。

圆周围成的平面。

同一平面上不在同一直线上的三条线段，首尾顺次连接所围成的图形。

四个角都是直角的四边形，也称为矩形。

可以看作被压扁的圆。

找到那些角

角的大小通常用度来表示，也可以用“°”来表示。一个完整的圆，对应的是周角，360°；半圆对应的角是平角，180°；半圆的一半对应的是直角，90°。

角度

两条直线交于一点就会出现角，角是根据大小来命名的。两条直线垂直相交的角是 90° 的直角；角度比直角小的角是锐角，“锐”的意思是锋利、尖的；角度比直角大的角是钝角，“钝”的意思是不锋利的，与“锐”相对。

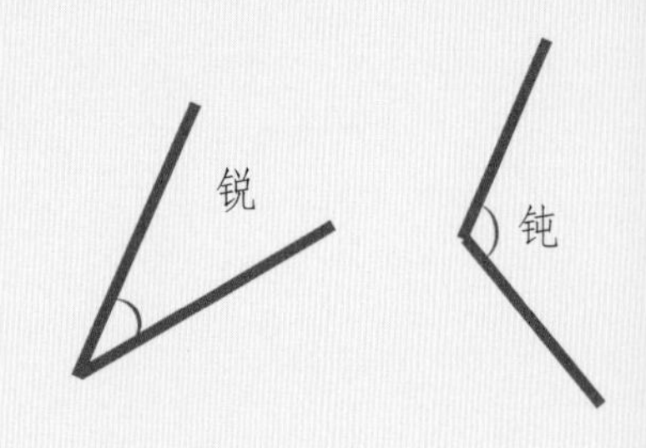

圆形

几千年前的人类，就已经学会利用圆形的物体了。那时的人们造出了圆形的车轮！今天，圆形在我们的生活中随处可见。

皇霸鹟有一个近似半圆形的羽冠。

周角

当我们转身的时候，无论是顺时针还是逆时针，我们都会转过一定的角度。转满一圈就是一个周角，即 360°。

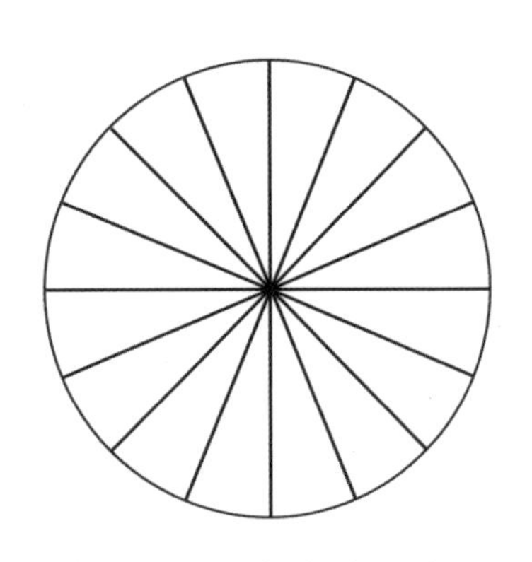

纺轮的形状就是一个以 360° 旋转的圆，英国伦敦的地标“伦敦眼”也类似。

直角

正方形的四个角都是90°的直角，所以一个正方形的内角总和为360°，相当于一个周角。

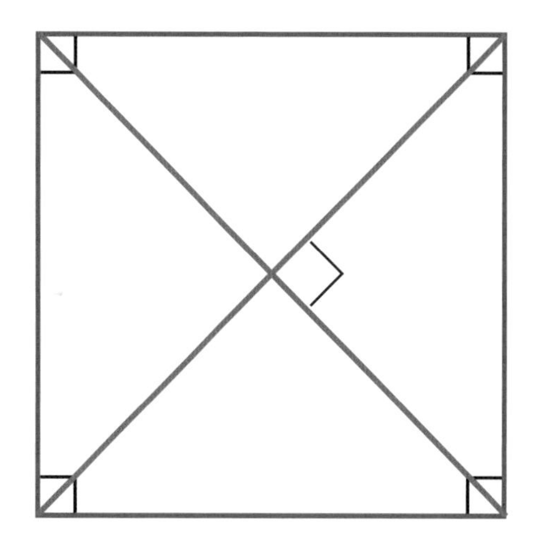

如果把正方形的对角相连，你就得到了两条对角线。这两条对角线相交成90°。

等边三角形

三条边都相等的三角形叫作等边三角形。

等边三角形的三个角都是60°。

等腰三角形

至少有两条边长度相等的三角形叫作等腰三角形。

等腰三角形中，至少有两个角的角度相等。

不规则三角形

不规则就意味着不相等。三条边长度各异，三个角大小也不同。

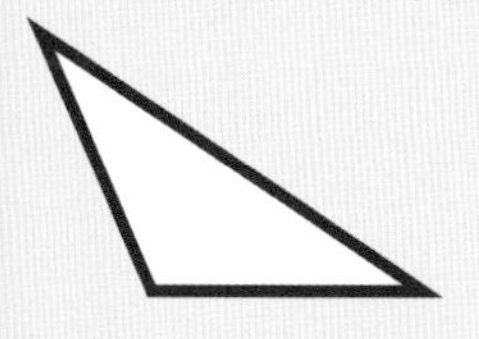

三角形的角

三角形是最实用的形状之一，因为三角形很稳定，是非常牢固的形状。在很久以前，建筑学家就已经在各种建筑中使用三角形了。

埃菲尔铁塔是法国巴黎的地标，建筑师在它的塔身中使用了大量的三角形结构，使它更加牢固。

戴胜有近似三角形的羽冠和喙。

直线和曲线

我们可以画一条直线来联结两个点，这两个点之间的部分被称为线段。线段的长度，是两点之间的最短距离。

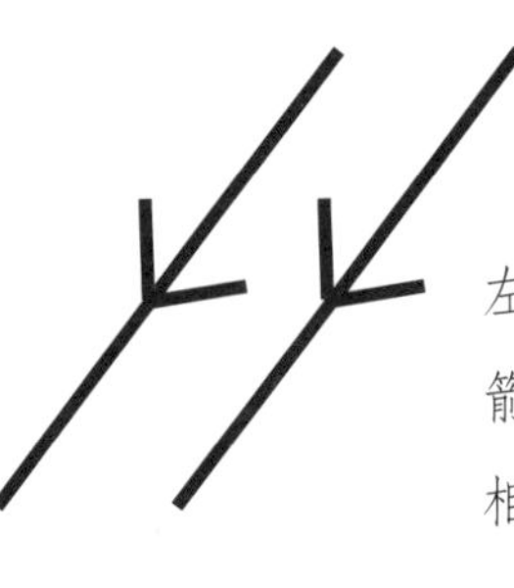

左图中这样带着小箭头的两条直线是相互平行的。

左边这样有端点的、长度有限的线就是线段。
把这些线段组合在一起，我们就可以得到一个图形了。

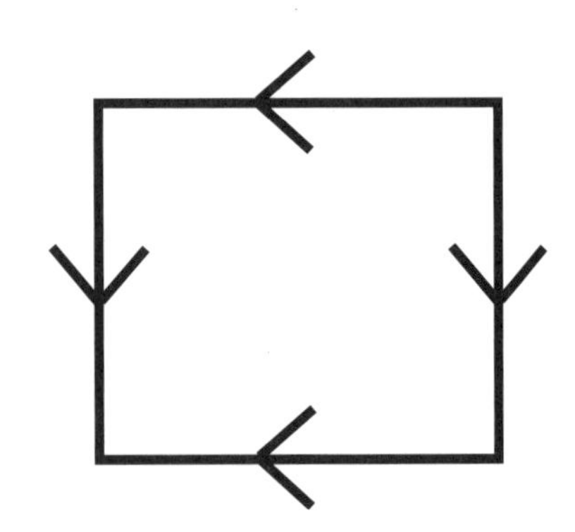

平行线

许多图形由两条或两条以上不相交的直线组成。同一平面内不相交的两条直线被称为一组平行线。

正方形、长方形、平行四边形都是由两组平行线组成的图形。

把一条线弯起来，就可能做出一个圆。

圆

如果你走在一条直线上，那么你只能沿着这条直线越走越远；但如果你沿着一条弧线走下去，它也许会带你回到起点。

圆

绕圆一周的长度就是圆的周长。

连接圆心和圆周上任意一点的线段叫作半径。

通过圆心并且两端都在圆周上的线段叫作直径。

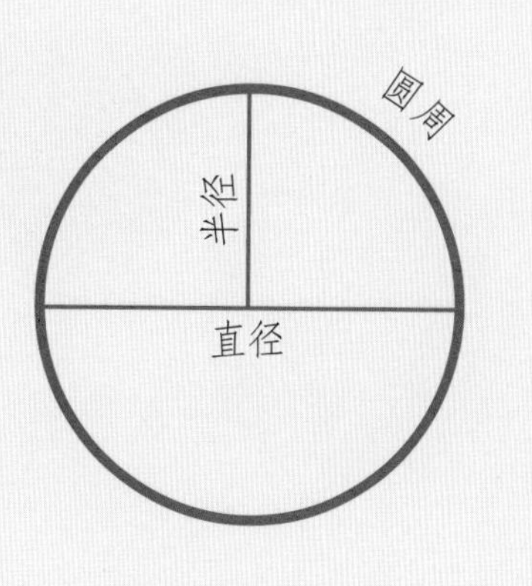

画一个圆

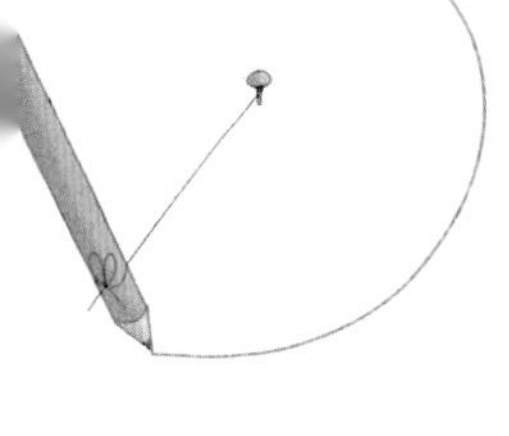

徒手画出一个完美的圆是非常难的。所以，为了保证画出一个完美的圆，我们要学会使用叫作“圆规”的画图工具。

你需要认识的词语

在同一平面内不相交的两条直线。

按一定条件运动的动点的轨迹，如圆、螺旋线。

平面上一动点以一定点为中心，一定长为距离运动一周的轨迹。

连接圆心和圆周上任意一点的线段。

通过圆心并且两端都在圆周上的线段。

立体图

非平面的且具有一定体积的图形称为立体图。这些图形具有一定的长度、宽度和高度。

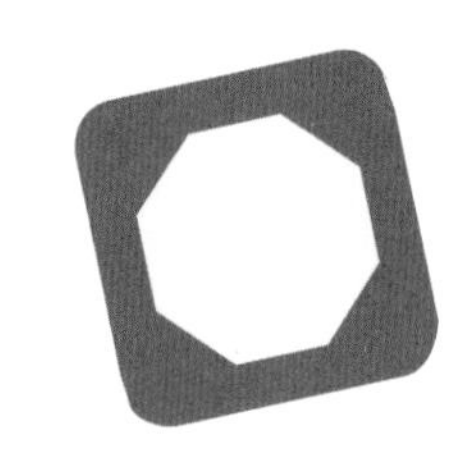

立方体

立方体有6个形状相同、面积相等的面，有12条长度相等的棱。立方体非常适合用来填满空间，并且彼此之间能紧密地贴在一起。

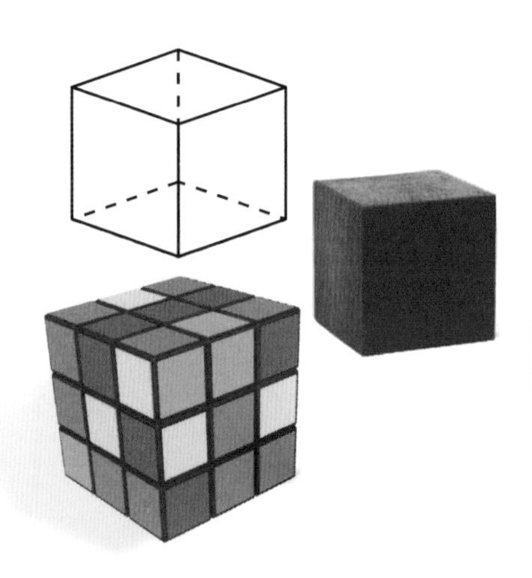

立方体和长方体能够整齐而稳固地堆叠在一起，发现了这一特点的人们，把远洋货船上的集装箱都做成了大小相同的长方体。

长方体

长方体是经过拉伸后的立方体，它的4个长边侧面都是长方形，两端则可能是正方形。

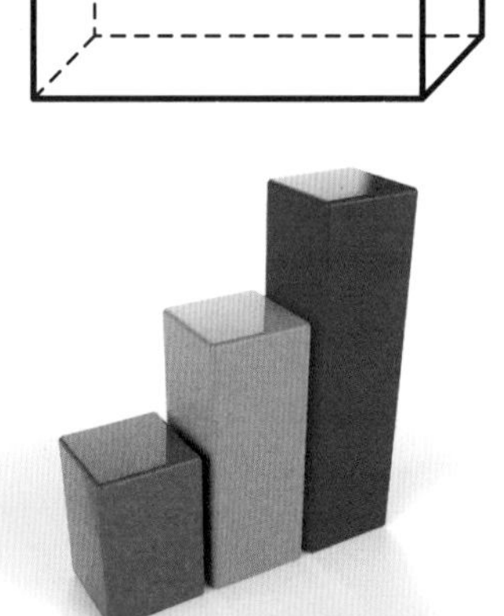

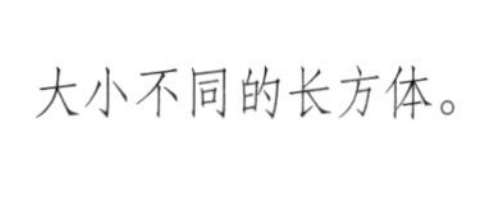

大小不同的长方体。

球体

球体是一种立体形状，不论我们从哪个角度观察它，都只能看到一个圆。它没有角，也没有棱，球体表面上的每个点到球心的距离都相等。

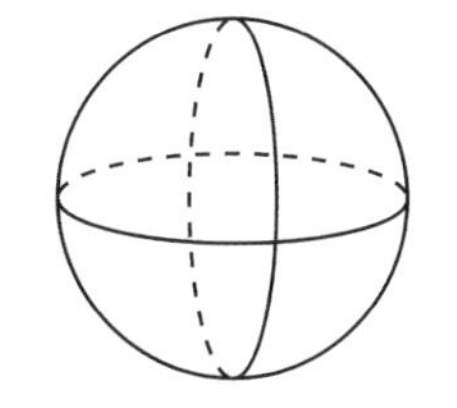

你可以用肥皂水和吸管吹出一个“球体”。因为肥皂在水中起到了一定的强化作用，所以肥皂水可以被你吹成一个球，而且不会立刻破碎。

如果把一个球体从中间切开，我们就会得到圆形的切面。

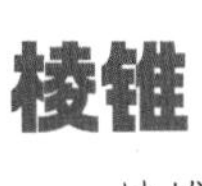

棱锥

棱锥是另一种立体形状。它通常有一个多边形底面，侧面是拥有同一个顶点的许多个三角形。

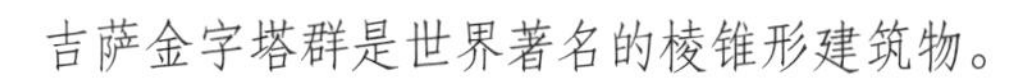

吉萨金字塔群是世界著名的棱锥形建筑物。

你需要认识的词语

6个面积相等的正方形所围成的立体。

球面所围成的立体。

以矩形的一边为轴，旋转一周所围成的立体。

一个多边形和若干个同一顶点的三角形所围成的多面体。

几何学及空间理论的基本概念。

多边形

多边形指的是，同一平面上的三条或三条以上的线段首尾顺次连接所围成的图形。

正多边形

正多边形的各边边长都相等。

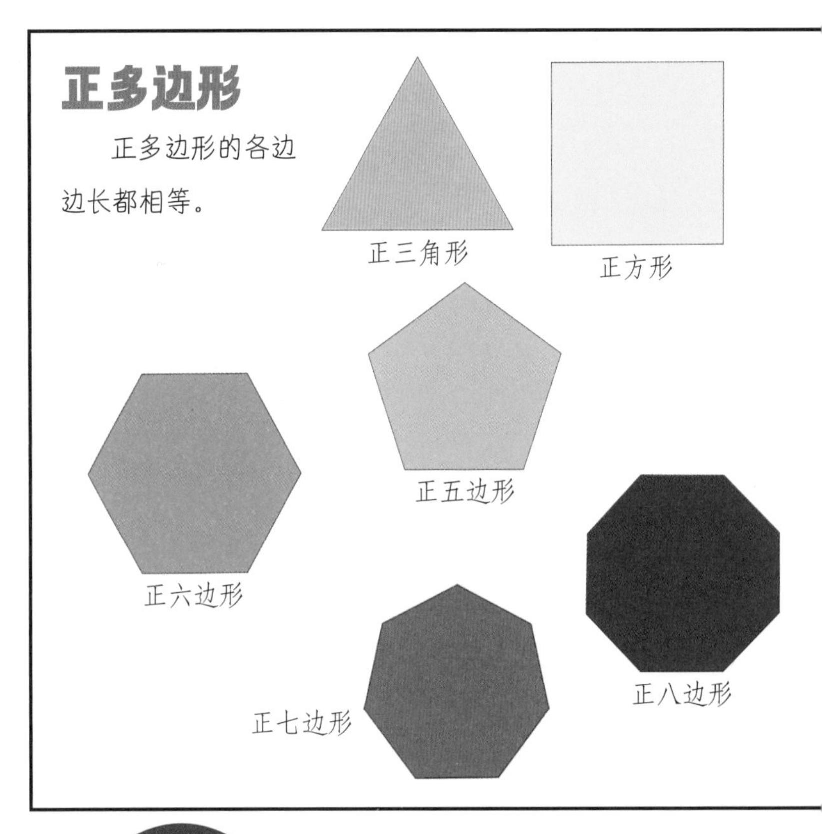

如何辨别正多边形？

多边形可以分为正多边形和非正多边形两大类。正多边形的边长都相等，边之间的角度也相等。任何其他多边形都是非正多边形，它们的边长不一定都相等，边之间的角度也不一定都相等。

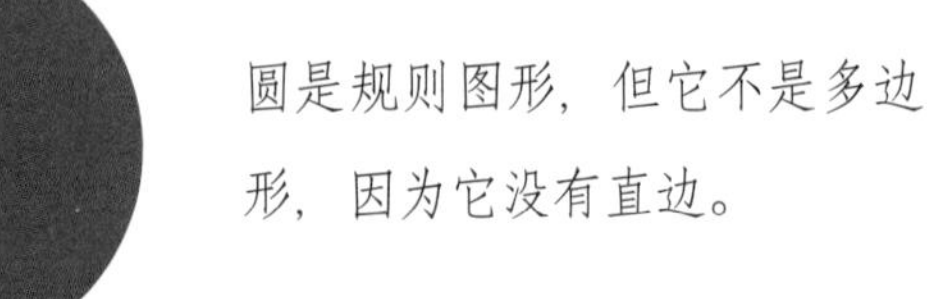

圆是规则图形，但它不是多边形，因为它没有直边。

非正多边形

所有其他多边形的形状都是不规则的。

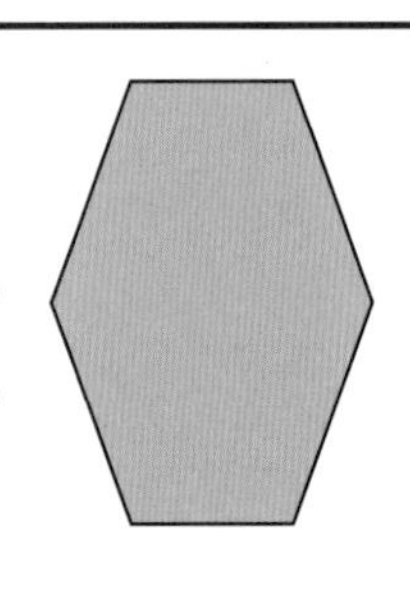

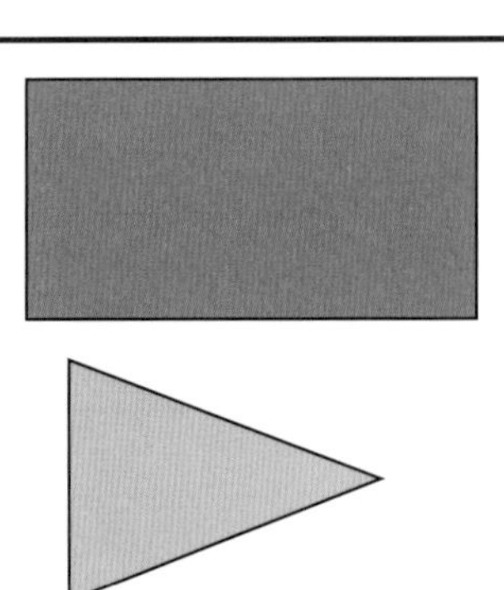

多面体

多面体是立体图形。像多边形一样，它们主要分为两种类型——正多面体和不规则多面体。

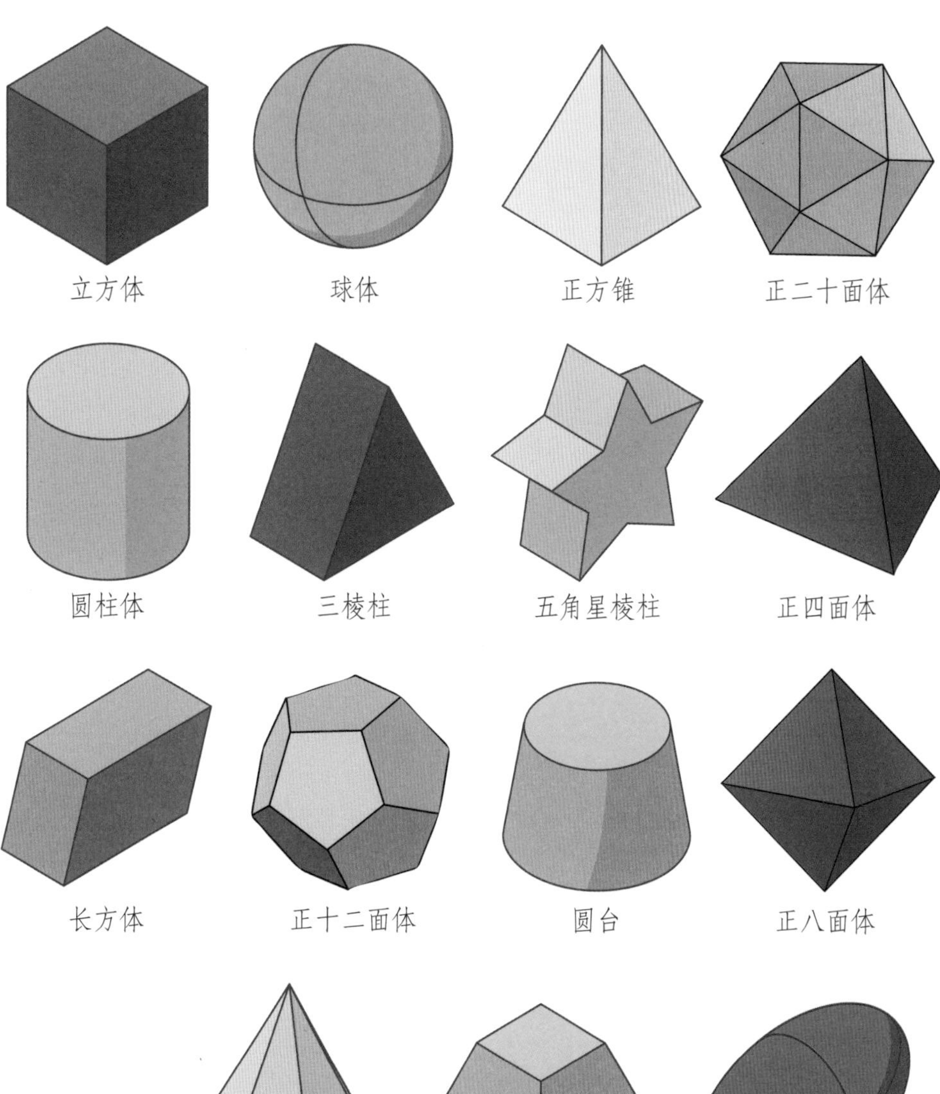

如何辨别正多面体？

立方体一类的正多面体有正多边形的面，各个面大小和形状都一致。正多面体一共有五种，除了正四面体和立方体，还有正八面体、正十二面体和正二十面体。

正十二面体

想象我们自己是一个数学天才，然后发现了这种形状！好吧，几千年前的著名数学家们已经研究过这种形状了，而且如今的艺术家和雕塑家们依然很喜欢它。

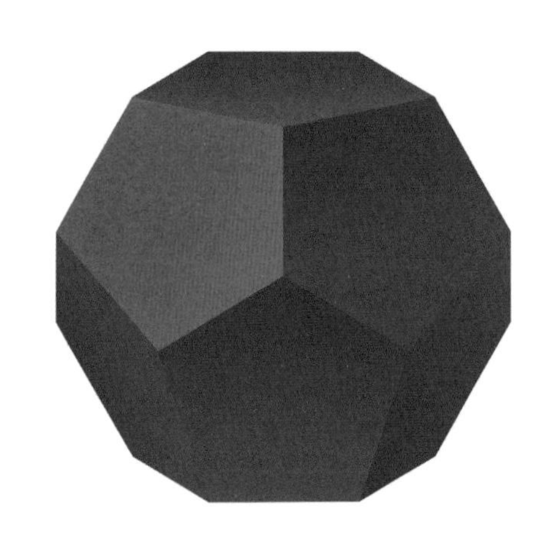

如今的人们认为，罗马人将这种物体当作测量仪。欧洲多地都曾发现过此类物体。

制作正十二面体

这种正十二面体的展开图，看起来像一张网。如果我们照着边把它剪下来粘在一起，能自己制作一件正十二面体。

正十二面体

正十二面体是具有十二个表面的立体图形。它的每个面都是一个正五边形。

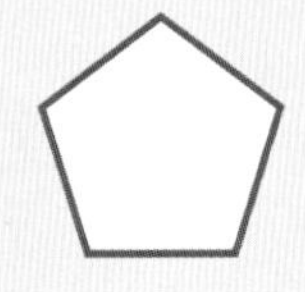

整个正十二面体总共有二十个顶点和三十条棱。

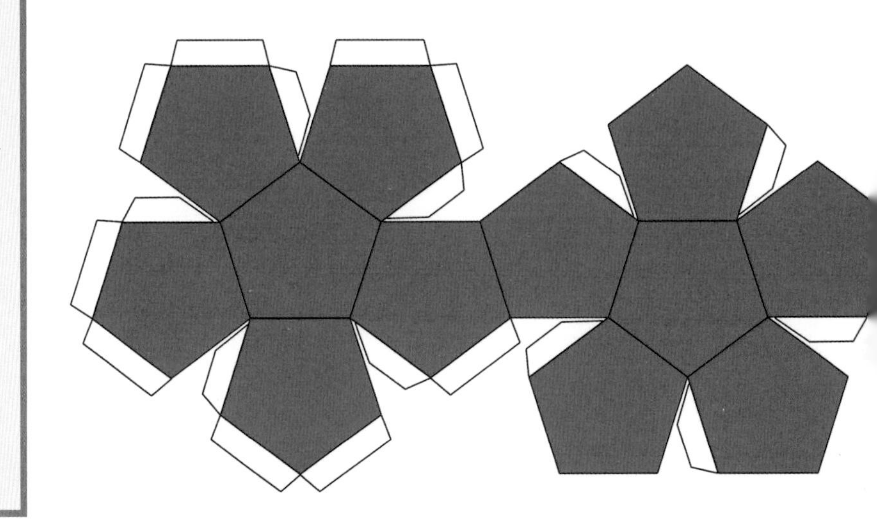

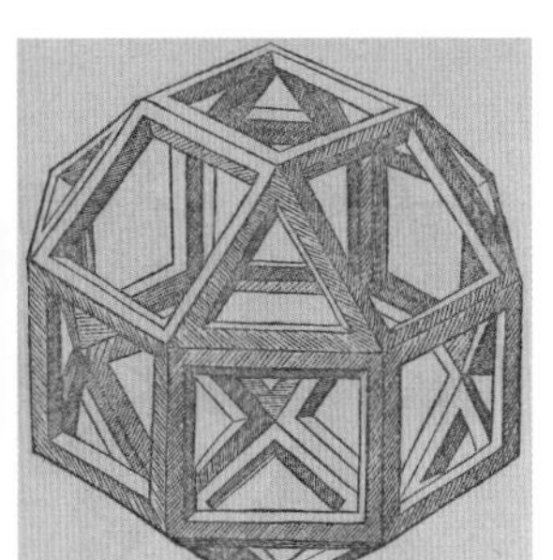

意大利著名发明家达·芬奇反反复复地画过这个立体图。

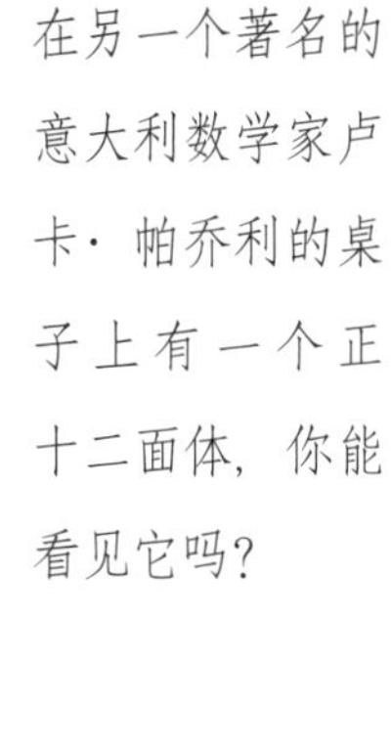

在另一个著名的意大利数学家卢卡·帕乔利的桌子上有一个正十二面体，你能看见它吗？

这幅画描绘了一位大师和他的学生正在研究一个正十二面体的场景。

你需要认识的词语

由 12 个多边形组成的多面体。

由 20 个多边形组成的多面体。

在平面内，由 5 条线段围成的闭合图形。

确定空间、时间、温度、速度、功能等有关数值的仪器。

还有更多吸引人的形状等着我们去发现，比如这个有 20 个面的多面体。如果把它所有的边缘都修圆，让我们看看它变成了什么呢？

轴对称

当一个图形被一条直线切割后，会变成完全相同的两个部分，我们就可以称这个图形是一个轴对称图形，而这条直线就是对称轴。我们并不会规定对称轴的方向，只要它左右两边的部分相同就行。

很多人造物体都是对称的。

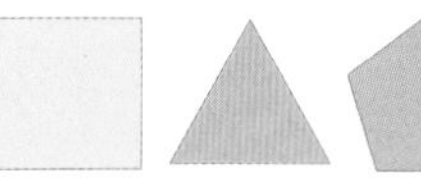

这些规则图形都是对称的。

我们身边的轴对称

自然界中有许多轴对称的物体，比如树叶或蝴蝶的翅膀都是轴对称的。

对称轴

对称轴将一个图形分成两个完全相同的部分。

圆有无数条对称轴。它们都穿过圆心，把圆分成了两个相同的半圆。

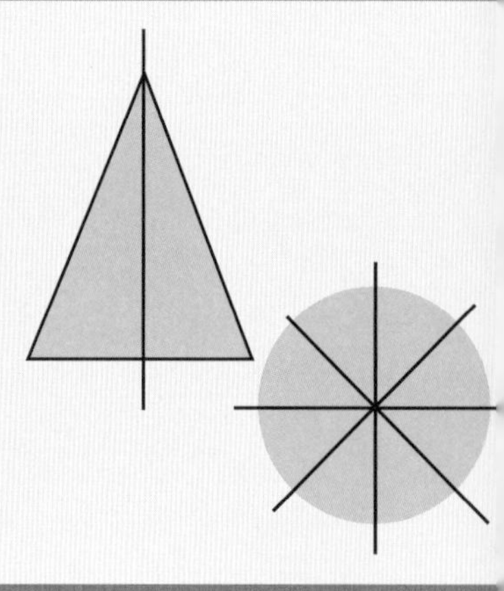

当找不到某个图形的对称轴时，我们就称这种图形是非对称图形。

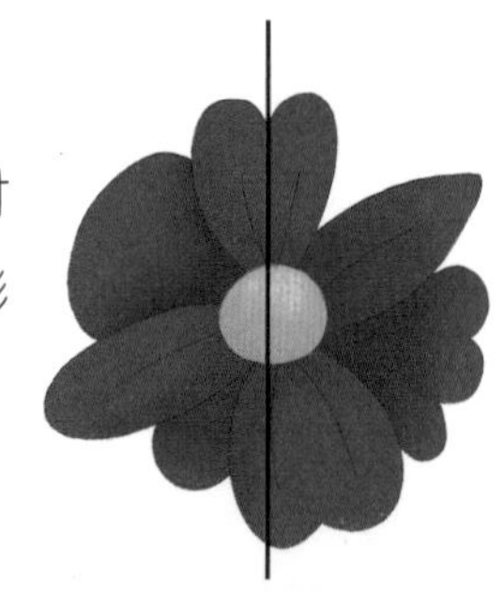

中心对称

有的图形可以在旋转 180°后与原图形完全重合，这种对称我们称之为中心对称。无论它们朝着哪个方向旋转，它们仍然是对称的。很多环状图案以这种方式对称。

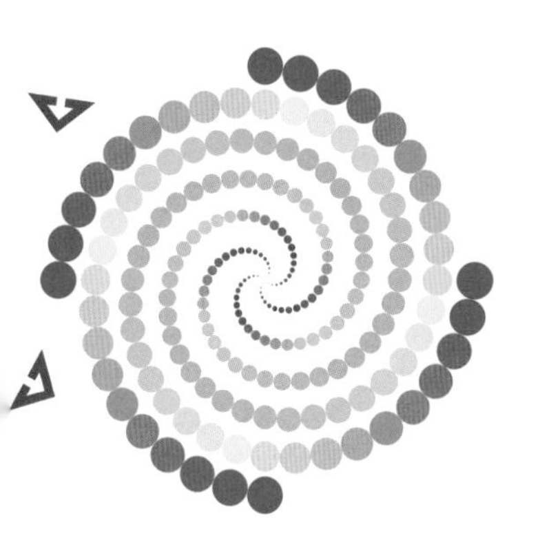

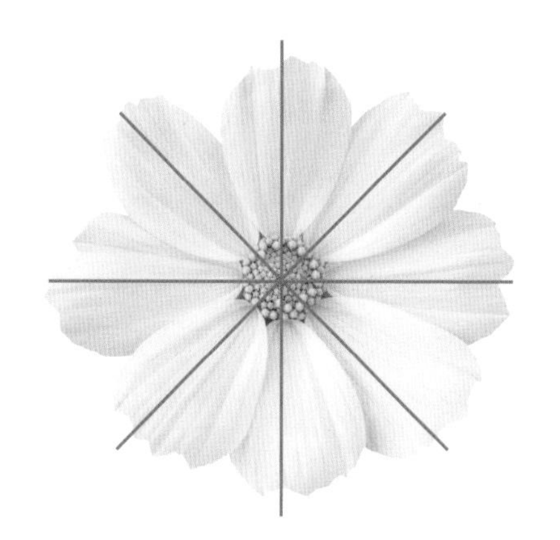

镜像对称

镜像对称也是一种对称形式。如果在图形内部画一条线，线一侧的图形可以看作另一侧的镜像。

照镜子

当你照镜子时，你会看到自己的镜像。这个场景奇妙之处在于，你与镜像是左右颠倒的。如果你抬起右手，镜子中的你就抬起左手。

一个图形被一条直线分为对称的两部分。

轴对称的一种形式，对称轴两侧的图像互为镜像。

图形旋转 180°后可以与原图形重合的对称形式。

在平面上表示出来的物体的形状。

找规律

你能辨认图案中的规律吗？许多人认为，掌握辨认图案的方法，并且能再找出图案排列的规律，比学会计数更重要。这些图案由多种图形组成，还会出现在不平常的地方。

匹配

不同大小和形状，甚至材料都不同的物体也可以排列出规律，因为它们有相同的用途。比如茶盘上的茶具，它们都可以用来喝茶。

排序

当你把事物排成一定序列时，就可能形成一种规律。例如，一排珠子像下图这样排列后，穿在一起就成了项链。

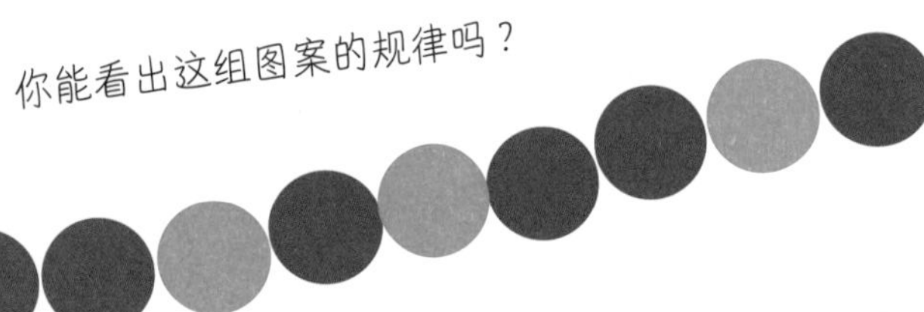
你能看出这组图案的规律吗？

重复

有些规律有利于人们的工作。例如，梯子等距的横档形成了一种规律，攀爬的人就能知道下一个横档的位置。机器中一组不同尺寸的齿轮可以促进彼此的转动。

对称

有的图案在对称轴的两侧的部分完全一致，比如瓢虫身上的斑点。

不规律的图案

有的图案没有特定的组合方式。许多动物皮毛上的花纹图案没有规律，没有特定的排列顺序。身上长满斑点的猎豹躲在灌木丛中很难被发现，所以它能捕捉到更多的猎物。斑马在高高的、摇曳着的草地里移动也不太容易被发现。

平面镶嵌

这是一种有规律的排列模式，可以利用规则的多边形排出图案。这些图案的边缘是直的，边边角角可以紧密地挨在一起。正方形、正三角形和正六边形都能镶嵌。右图中的小路是用正方形和长方形的砖镶嵌而成的。

你的图案

你能在自己的身体里找到这些规律吗？

你需要认识的词语

反反复复地使用同一种东西。

一种将不同图形紧密排列的组合方式。

结构整齐、匀称、调和的装饰性花纹或图形。

一种小型瓷砖，方形或六角形，多用来装饰室内地面或墙面。

按次序排好的行列。

大自然中的形状

如果仔细观察动植物，我们总会发现它们有着精致的形状或图案。在户外，最常见的图形包括球体、六边形和螺旋形等。但还有很多图形也值得我们注意。

响尾蛇的皮肤有许多菱形形状。

苍鹭长着锥形的喙。

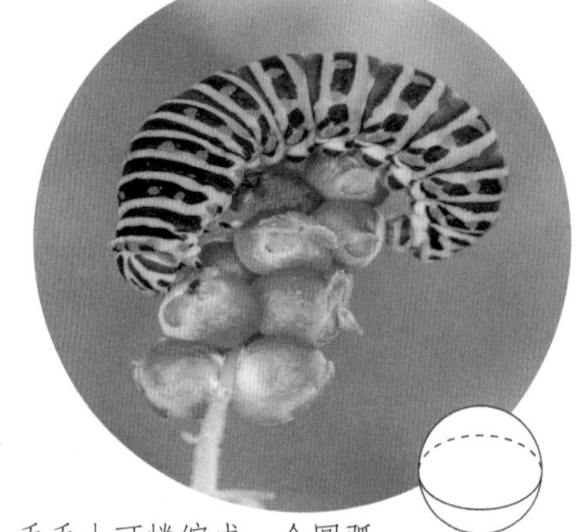

毛毛虫可蜷缩成一个圆弧，可以看作圆的一部分。

蝴蝶的外形是完美的轴对称图形。

杨桃的横切面是五角星。

雪花的平面近似六角星。

蒲公英的种子看起来像一个球形。

向日葵的种子形成一个由内而外的螺旋形。

这只蜗牛的外壳近似锥形。

完美的圆。

鱼群在海里游动时会排成三角形。

海星的平面图形像五角星。

芦荟的对称轴呈放射状分布。

蜂将巢穴的每个房间筑成六边形。

西瓜的剖面呈椭圆形。它的三维形状被称为椭球体。

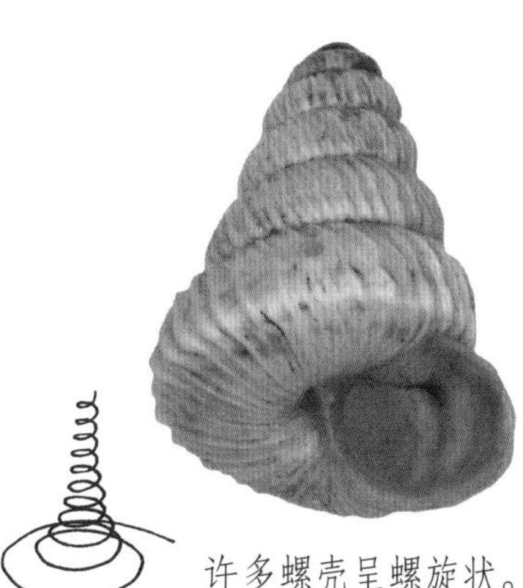

许多螺壳呈螺旋状。

不规则图形

不规则图形的边的长度和角的大小都不是特定的。它们非常有趣。

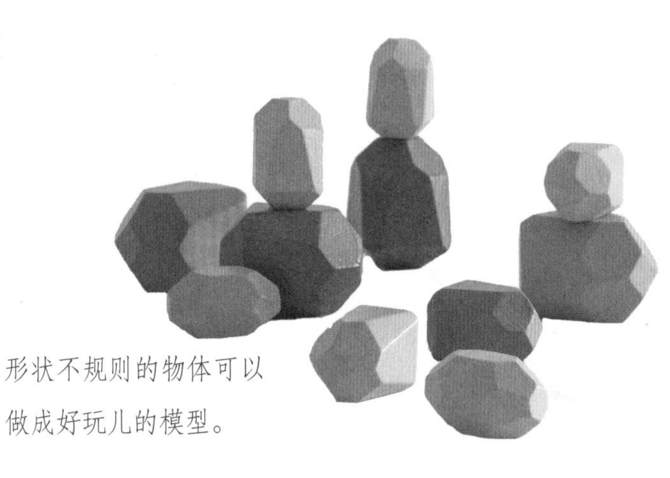

形状不规则的物体可以做成好玩儿的模型。

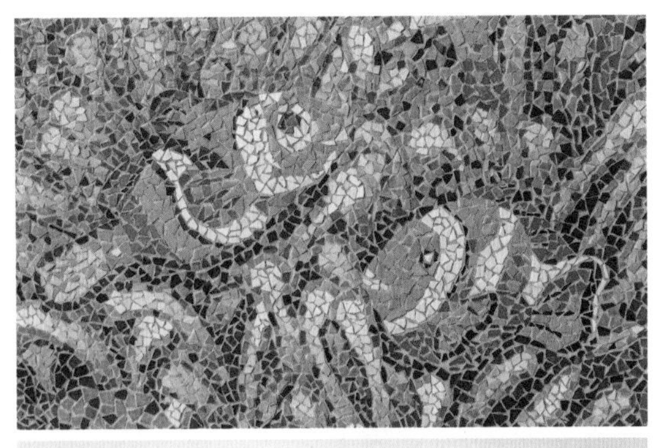

璀璨的艺术

形状并不是要有规律才有趣。艺术家们可以把各种奇特事物做成迷人的艺术品，比如色彩斑斓的玻璃或是石头，或是沙滩上奇形怪状的鹅卵石，甚至是碎木头！

奇异的建筑

建筑师们总想给我们创造惊喜。这排房屋有一部分看起来似乎要塌，它们像是挤在了一起，也好像是在跳舞。你想住在这样一座十分奇特的房子里吗？

歪歪楼（Krzywy Domek）是波兰索波特市的一种奇特建筑。

形状错了?

我们总是习惯性地认为某种物体对应某种形状。当它们的形状发生变化时，我们就会很惊讶，甚至怀疑是不是真的。但方形的苹果的口感几乎和圆形的苹果的一样好。

树的形状不总是遵循定式。

四角磨圆的方形就是圆角方形。

奇形怪状

大多数人喜欢长得规整的胡萝卜。但实际上长相奇特的蔬菜和普通蔬菜的味道是一样好的。农民希望我们可以吃这些长得奇怪的蔬菜，否则就浪费了。

火鸡是一种长相奇怪的大鸟。

你需要认识的词语

四个直角都被磨圆的正方形或长方形。

角都被磨圆的正三角形。

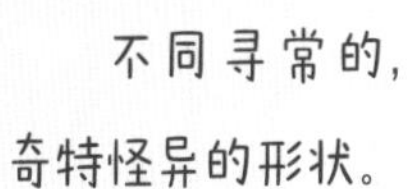

不同寻常的，奇特怪异的形状。

边的长度任意、数量任意，角度大小任意的平面形状。

灭点

离我们很近的东西看起来比远处的要大得多。显然，物体看上去的大小和我们与它们之间的距离有直接关系。如果你正在绘制一个平面图形，你可以用透视的方法使它看起来像一个立体图形。

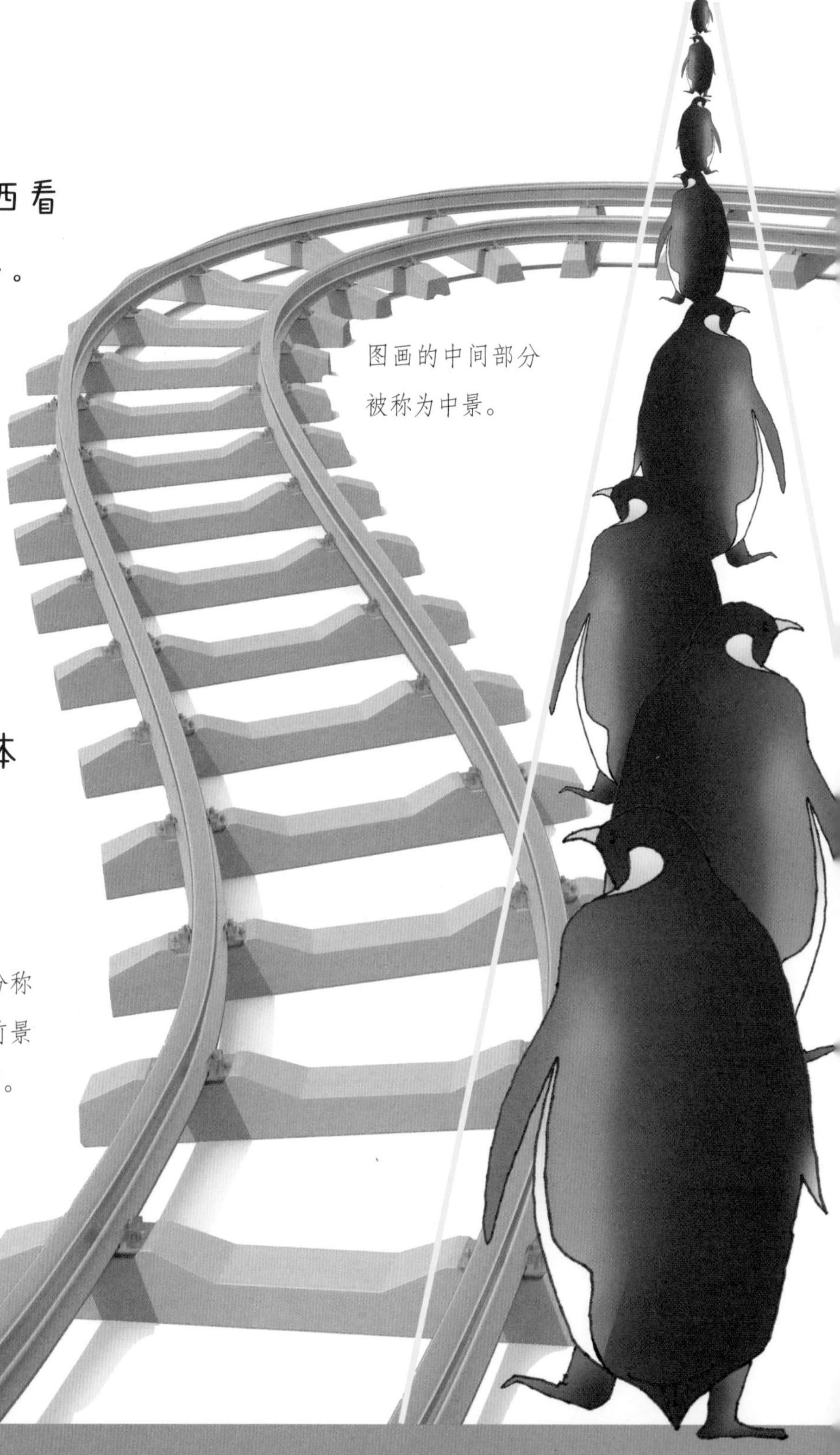

图画的中间部分被称为中景。

最接近我们的那部分称为前景。在图画的前景中可以看到很多细节。

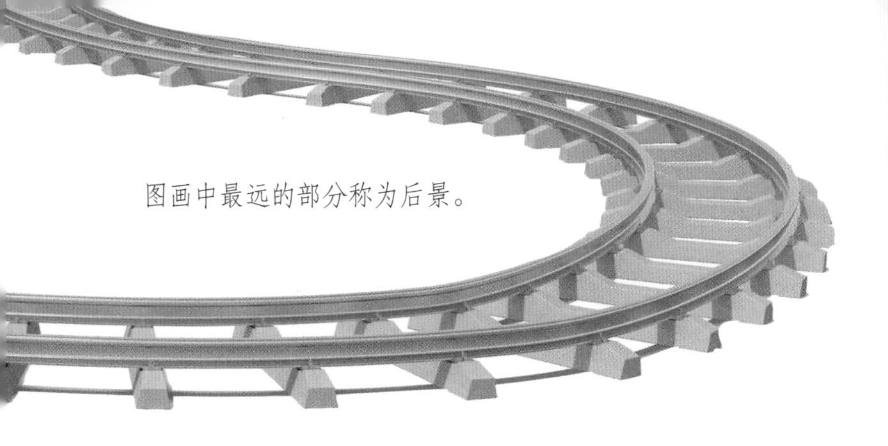

图画中最远的部分称为后景。

透视

透视是指某物体被绘制在平面上时，使其看起来像立体的一种方式。

该物体离我们越远的部分要画得越小，你可以使用灭点来实现。

黄色线条在灭点相交。

灭点

我们会看到这样的画或照片，许多线条似乎都汇集指向远处的一个点。

这个点被称为灭点，是透视中非常重要的部分。这些线条构成一条路，引导我们的视线看向远处。这条路上的一切，随着距离我们越远变得越小，最后汇聚于灭点上。

你需要认识的词语

构图中一些直线的交点，以便在画面中制造出透视的效果。

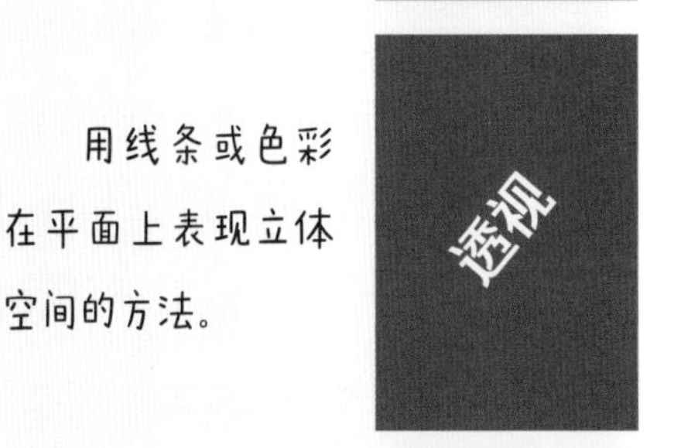

用线条或色彩在平面上表现立体空间的方法。

图画中最接近我们的部分。

图画的中间部分。

图画中距离我们最远的部分。

一圈又一圈

有时，两个或多个不同大小的图形彼此嵌套，或具有相同的中心点。多条相交于同一点的线被称为汇聚线，而多个圆心相同、半径各异的圆则被称为同心圆。

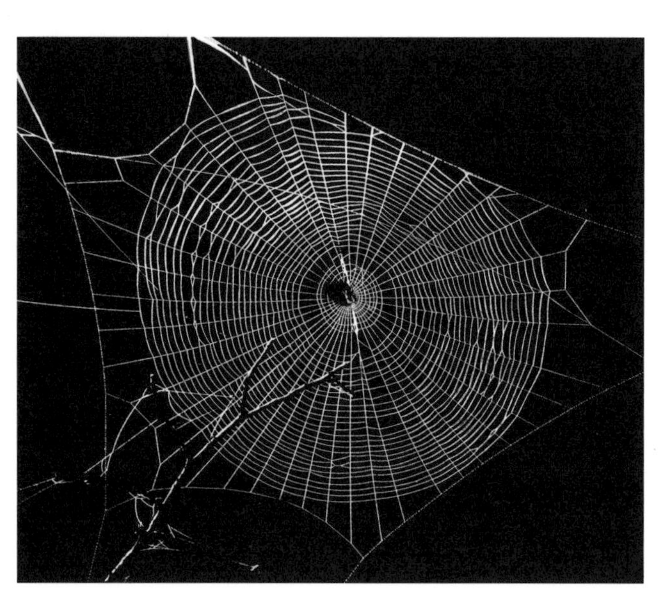

蜘蛛网是由汇聚线和同心圆组成的。

不断扩大的圈子

以同一个点为圆心，一个个相互嵌套的圆就是同心圆。当我们将鹅卵石投入水中时，水中形成的涟漪是同心圆。切开后的洋葱圈也被看作同心圆。

相互嵌套的图形可以多种多样，比如这些著名的俄罗斯套娃。

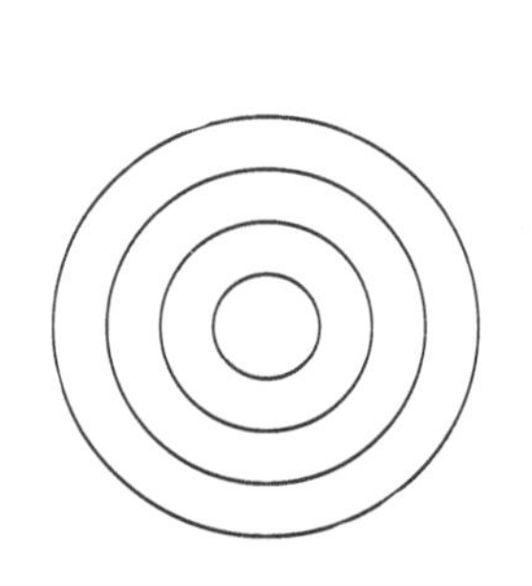

绕着地球飞行

椭圆形看起来像一个被压扁的圆。当航天器绕地球运行时，它们会沿着一条椭圆形的轨道跑。

太阳系中的行星以椭圆形轨道绕太阳运行。

垂直移动

当圆以直立的姿态向左或向右移动，我们称这种姿态为垂直状态。

当圆像陀螺一样以水平的姿态移动时，我们称这个姿态为水平状态。

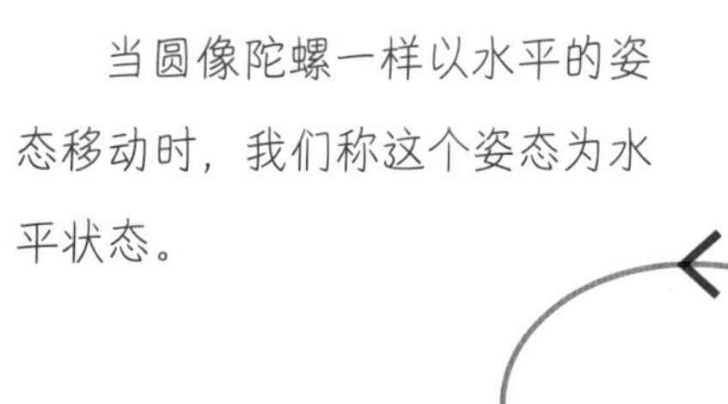

你需要认识的词语

一种曲线，每一点的切线与固定直线的夹角的度数是固定值。

一个接一个，不间断。

在同一点相交的多条直线。

同一平面上圆心重合、半径不同的圆。

图形的乐趣

七巧板

七巧板是一种古老的中国拼图。它用七种图形拼成一个正方形。但不同的图形也可以拼接出许多其他新图形。临摹这些图形，再把它们一片片剪下来，看看你能拼出多少种不同的图形。

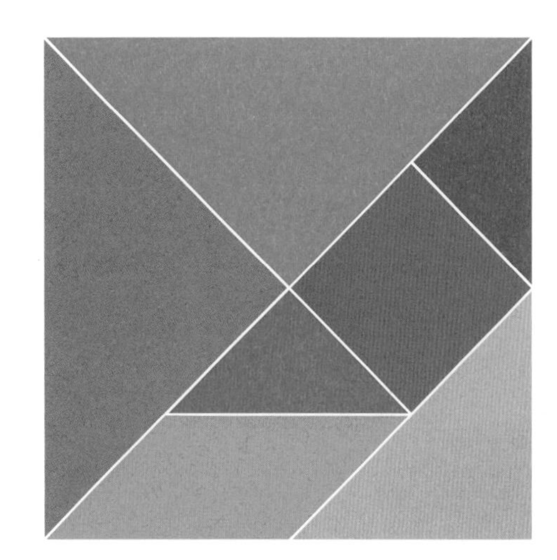

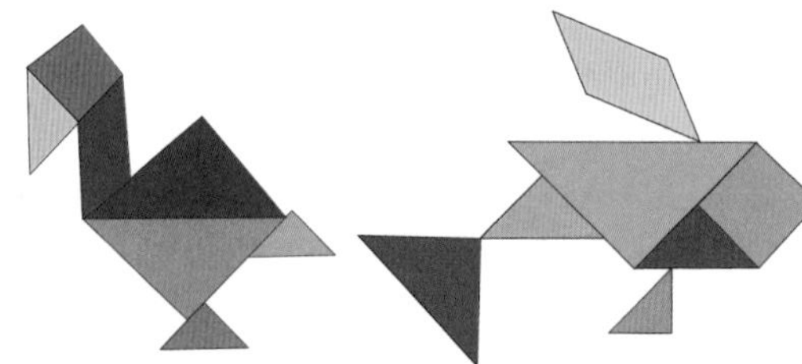

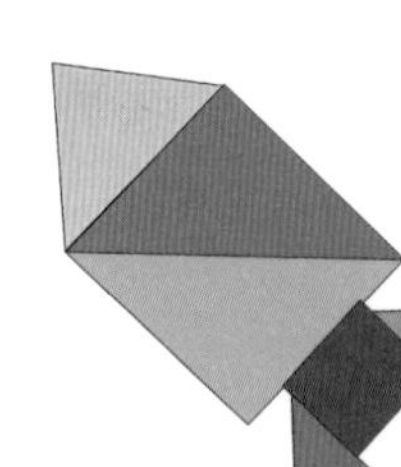

缝合圆

拿出你的圆规，设定好半径的长度，再在卡片上画一个圆。然后将圆规的点放在圆的边缘，标记出等分点及序号。

用彩色羊毛线或厚棉线穿针，穿好后打个结。再把卡片上的点1与点7相连，点2与点8相连，点3与点9相连，以此类推。

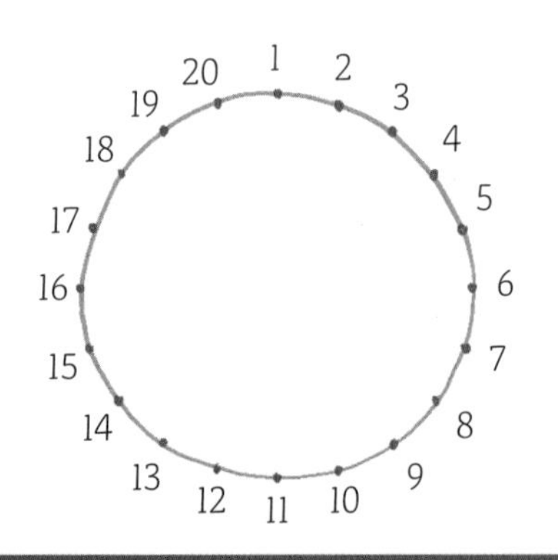

对称

自己动手做一张对称的图画非常有趣。你需要准备好刷子、颜料和一张对折的白纸。使用较多的颜料在折痕的一侧绘制，趁颜料还没干，把纸干净的一面折过来，用力向下压，然后再展开。

物体在水中倒映出影像时，就会出现镜像对称。

制作马赛克图案

借助尺子在彩色纸上画小方块，然后把它们剪下来。在卡片上画一幅画，然后把这些小方块排列成适合这幅图的形状，再把小方块粘在一起。

化方为圆

在卡片上画一个正方形，每条边都如下图所示标出点，点与点之间的距离相等。

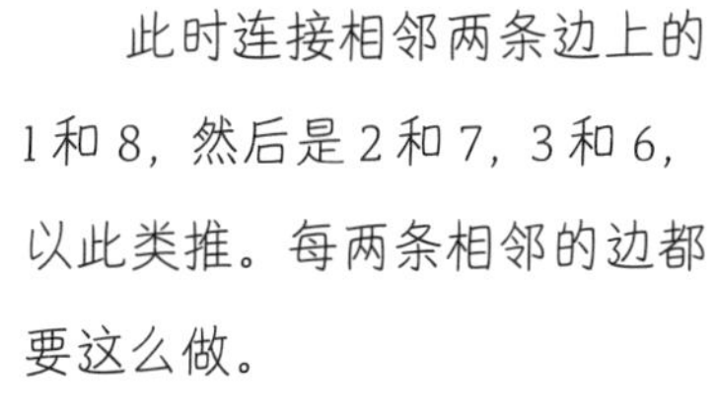

此时连接相邻两条边上的1和8，然后是2和7，3和6，以此类推。每两条相邻的边都要这么做。

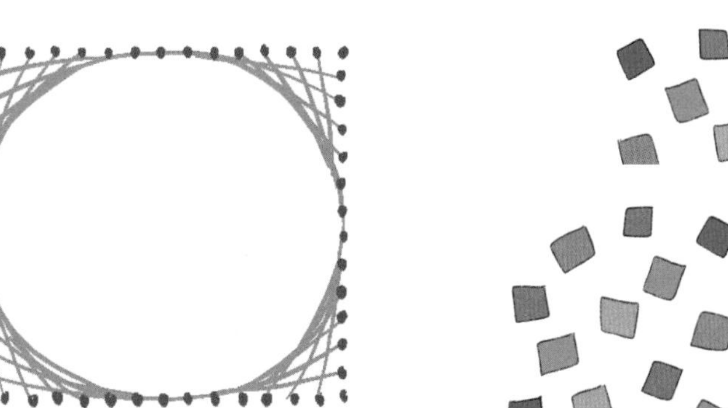

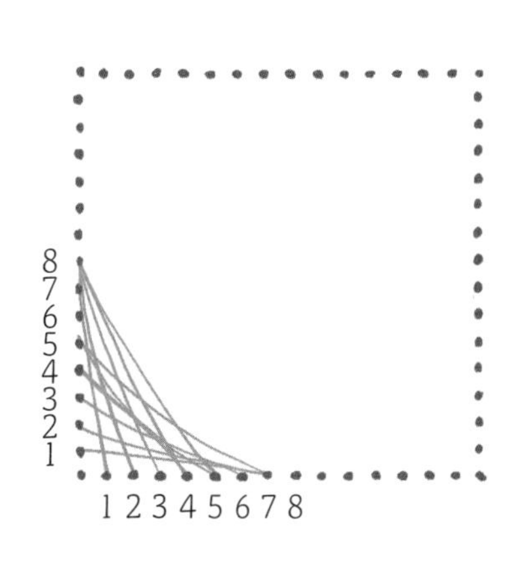

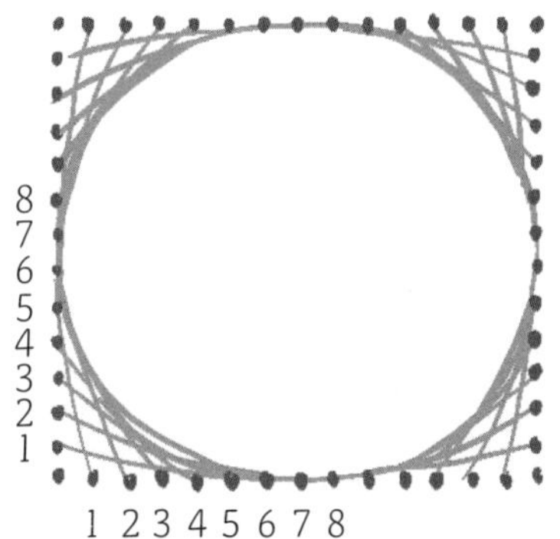

温故知新

1. 说出 4 种不同的四边形的名字。
2. 直角的度数是多少？
3. 什么有趣的事情与球体有关？
4. 蝴蝶是对称的吗？
5. 什么是同心圆？
6. 五角星棱柱的底面形状是什么？
7. 蜜蜂用来储存蜂蜜的蜂巢是什么形状的组合？
8. 透视能让平面图片看起来像立体图片吗？
9. 圆可以平面镶嵌吗？
10. 平行线是否会相交？

答案：

1. 正方形，长方形，菱形，平行四边形
2. 90°
3. 球类运动
4. 是的
5. 同一平面上圆心重合，半径不同的圆
6. 五角星
7. 正六边形
8. 可以
9. 不可以
10. 不会

一起探索数学世界吧

找找在哪里？

[英] 费利西娅·劳 著
[英] 戴维·莫斯廷　[英] 克丽·格林 绘
郑玲 译

童趣出版有限公司编译　　人民邮电出版社出版
北　京

前言

如果我们要来一场旅行，需要提前查询目的地在哪儿。我们要思考是选择走路、驾车还是坐飞机。不过也有可能我们不知道目的地在哪儿，或我们以为自己清楚地知道路线，结果迷路了。

我们还有可能会遇到原来的路被封住了的情况，那么就得在地图或导航的帮助下，才能顺利抵达目的地。这本书将向你介绍准确抵达目的地的好办法。

怎么从地图上找到我在哪儿呢？

目录

2 你在哪儿?
4 哪条路?
6 南和北
7 东和西
8 跟着星星走
10 度和角
12 制作地图
14 我的旅行
16 记录在坐标系上
18 标志与信号
20 移动身体
22 方位词
24 分类与集合
26 第一
28 温故知新

你在哪儿？

你一定知道你现在正站在哪儿，或坐在什么地方。你也一定知道你住在哪个房间，哪一栋楼，哪条街，哪座城市、村或镇。因为这是你的住址。

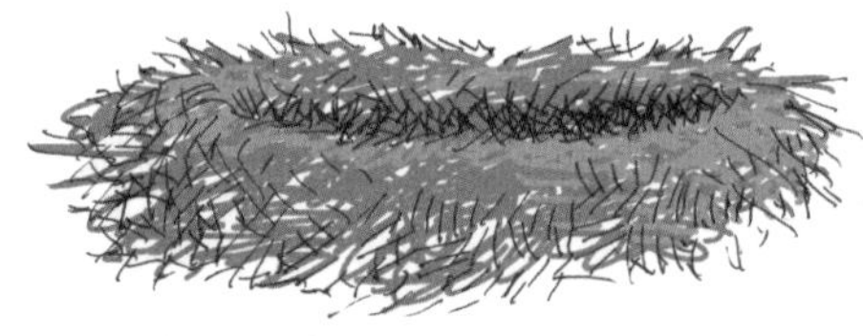

你的家是在大城市还是小城市？

你家的门牌号是多少？

你家在哪个街道？

距离你家最近的商店有多远？

你的住址

每个人都拥有一个“特殊”的地址，那就是“住址”。它帮助人们定位地点，这样你的朋友们就可以来拜访你或给你寄信了。大部分的住址至少具有这五项内容：

1. 国家名称和省名称。
2. 乡镇或县市名称。
3. 小区或街道名称。
4. 楼牌号或单元号。
5. 门牌号。

你住在几号楼

街上的每一栋楼都有自己的编号。它们是怎样排序的呢？东西走向的街巷，由东向西编号，道路北侧用单号排序，道路南侧用双号排序。如果是南北走向的街巷，则由北向南编号，道路西侧用单号排序，道路东侧用双号排序。

排列整齐的房子。

邮政编码

在邮寄快递的时候，大部分地址都会有个编码，那就是邮政编码。

中国的邮政编码是由六位数字组成的四级邮政编码，前两位数字表示省、自治区、直辖市；第三位数字代表邮区；第四位数字代表县、市；最后两位数字代表具体投递区域。

邮政编码的由来

美国邮政编码的发明者是罗伯特·奥兰德·穆恩。20 世纪 40 年代，穆恩在邮局工作，担任邮政检查员。在那段时间里，穆恩一直在寻找分拣邮件的好方法，最终发明了邮政编码。

你需要认识的词语

居住或所在的地点。

正的奇数，如1、3、5、7等。

正的偶数，如2、4、6、8等。

按顺序编号数。

邮政部门为了分拣、投递方便、迅速，按地区编成的号码。

哪条路？

我们知道自己住在哪儿，但如果我们要去另外一个地方呢？我们可能从来没去过那儿，我们都不知道它在哪儿。

信鸽是专门训练来传递书信的家鸽。人们把信件绑在鸽子身上，在收信人收到信件后，鸽子会自己飞回去，现在世界上也还有许多人使用信鸽。

地址线索

如果不知道此刻身处何地，或应该去往哪个方向，我们就很容易迷路。因为我们只知道自己想去哪儿，但不知道怎么去。

当然，这个问题也很好解决。我们只要原路返回就可以了。

目的地在哪个省或在国家的哪个方位？

目的地在哪个城市或乡镇？

在哪条街巷？

在哪栋楼？

你还记得门牌号吗？

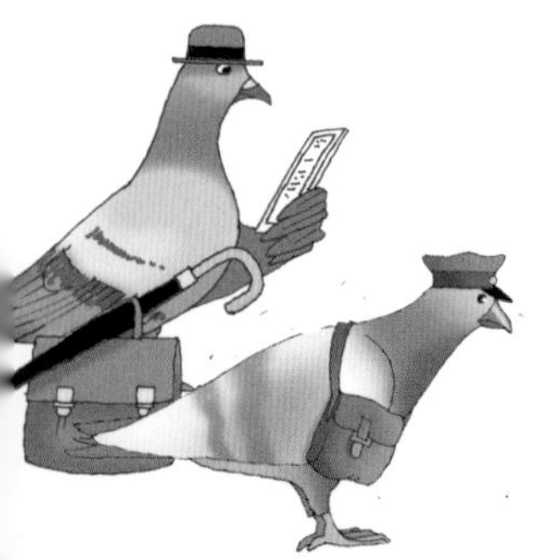

记忆编码

在去过一个地方后，我们的脑海里会出现一条清晰的路线图，下次去就不会迷路了。人的大脑里有个部位叫海马体，它通过编码帮助我们记忆这条路线。但这样也并不能保证我们一定能准确地记忆，而且随着时间的推移，我们对这条路线的记忆会逐渐模糊。

路标

如果跟着路标走，我们就不会迷路了。据说乌鸦每次飞往目的地的路线都是一条直线。无论如何，它们的飞行路线都是最短的路线。

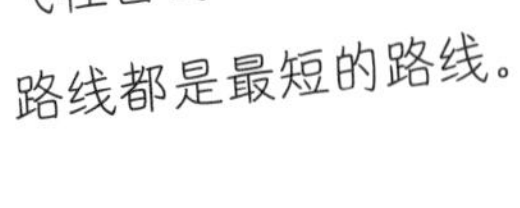

走这边？

不！走这边。

左边还是右边？

我们都明白方向的重要性，要懂得区分左边还是右边。和图中这个男孩儿一样，朝着同一个方向站好。

右　左

你需要认识的词语

记忆过程的第一个阶段，通过编码使感知到的信息转换成记忆。

大脑的一个组成部分，负责记忆的储存。

显示应该走哪个方向的标志。

方位词，面向南时靠东的一边。

方位词，面向南时靠西的一边。

南和北

地球是一个巨大的磁体，它的两端释放出强大的磁力，这两端分别是南极和北极。

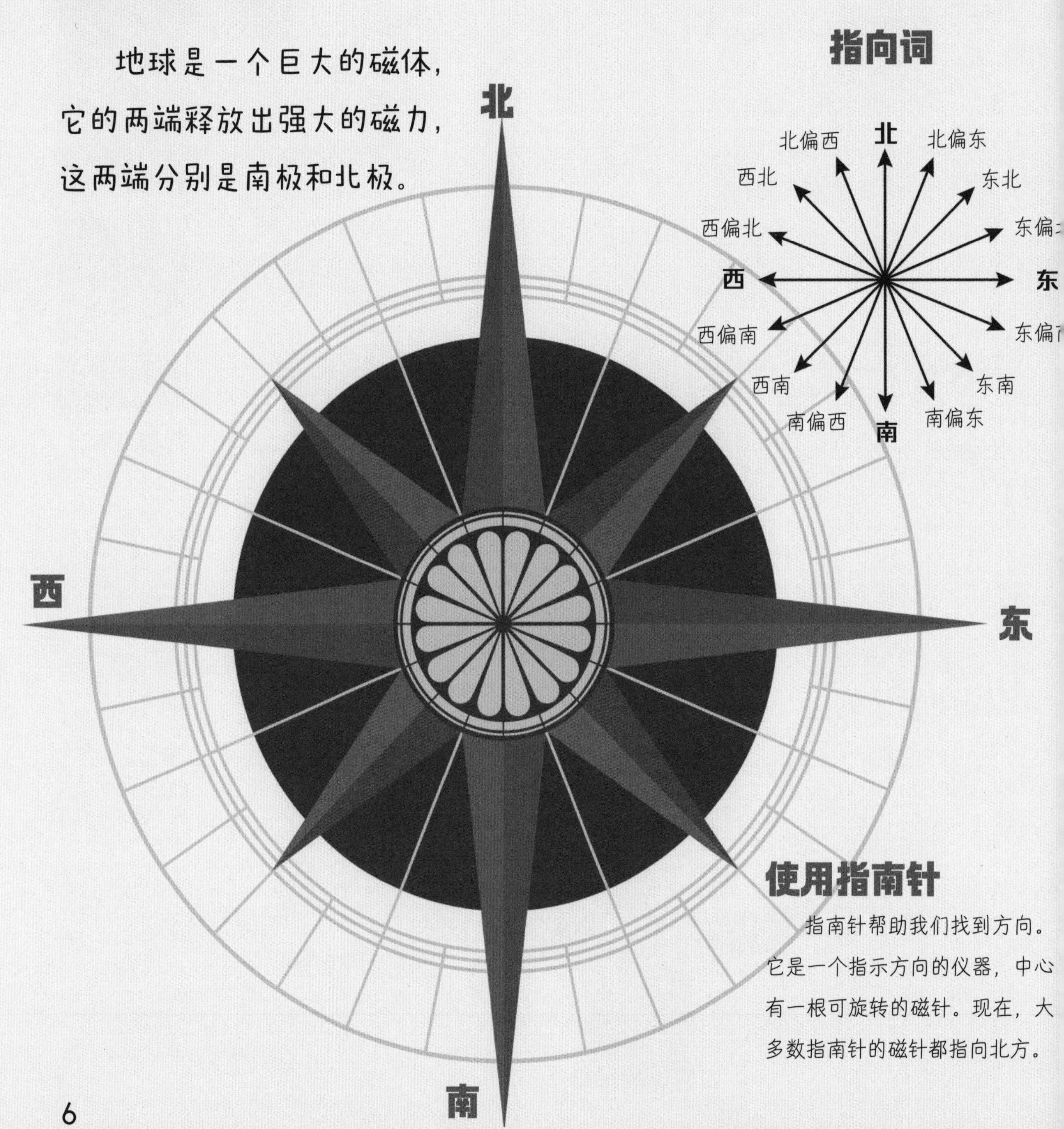

使用指南针

指南针帮助我们找到方向。它是一个指示方向的仪器，中心有一根可旋转的磁针。现在，大多数指南针的磁针都指向北方。

东和西

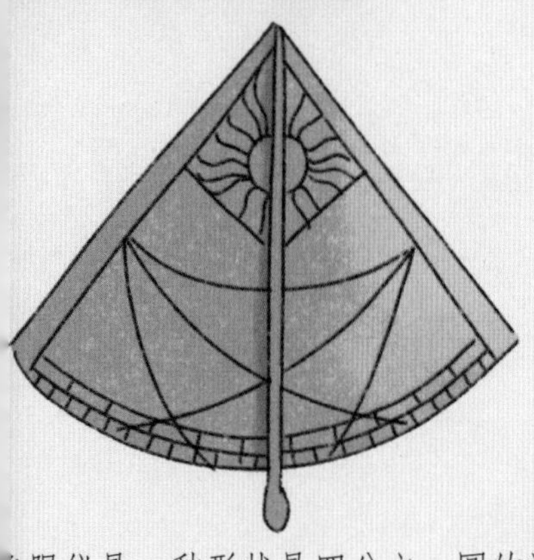

象限仪是一种形状是四分之一圆的测量仪器，上面标记着方位，可以与太阳的方位对应。

很久以前，在海上航行时，海面上没有标志物可以参考，水手很难知道船的位置。于是人们发明了六分仪，通过观测某一时刻海平线与太阳或其他天体的夹角，从而计算出观测者的位置。

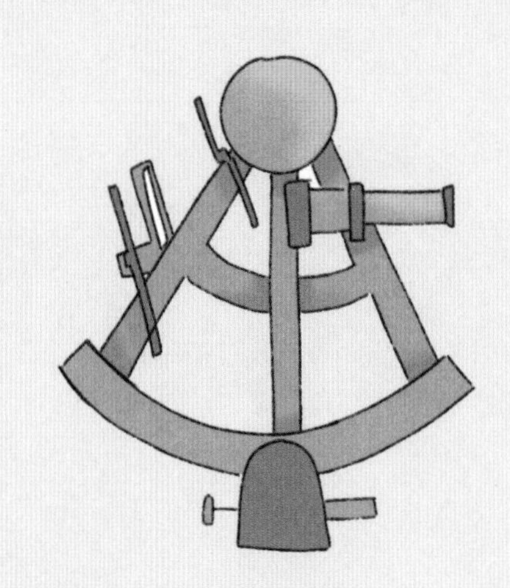

风向标可以测定风的来向。飞行员用它来辨别风向，从而决定飞行方向。

星盘是一种非常古老的天文仪器。人们用它来观测太阳和行星在宇宙间的位置，来确定当地的时间；通过测量天体的高度，来确定观测者的位置。

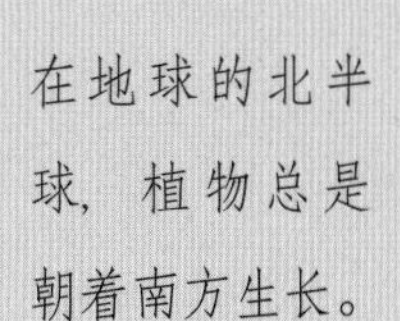

自然界的指南针

大树的年轮。在地球的北半球，大树的年轮稀疏的那边永远是南方。

小蜜蜂把太阳当作自己的指南针。

在地球的北半球，植物总是朝着南方生长。

跟着星星走

世界上第一批探险家在探险的时候，几乎无法判断自己的位置。这样看来，旅行者们首先要学会的就是如何通过观测太阳和星星的方位来判断自己的位置。

我们的恒星

我们有自己的恒星——太阳。以太阳为中心，由八大行星和其他天体环绕运行的天体系统，被称为太阳系。

星座

几个世纪以来，人们已经注意到了夜空中那些亮闪闪的星星，还把它们想象成了一个个图案、动物、神话人物。人们还给这些星星起了名字："猎户座""狮子座""金牛座"……这便是星座。天文学家利用夜空中的星座计算自己的坐标。

当你在南半球的时候，你可以找一找南十字座。它不是在南极上方，但它的作用和北极星的作用一样，能够为人们指明方向。

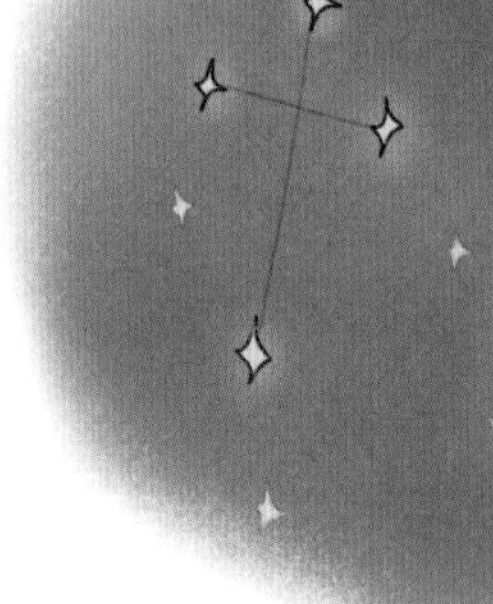

明亮的星星

天狼星，也叫大犬座α星A，是夜空中最亮的恒星。很久以前，探险家们就知道天狼星可以指明方向了。

天狼星

阿塔卡马大型毫米波/亚毫米波阵列（即："ALMA"），由66座天线组成，坐落在智利。

导星

我们的无线电和太空望远镜通过利用导星精密地跟踪夜空中所有天体的运动。有近十亿颗导星可以被用来帮助我们追踪天体运动。

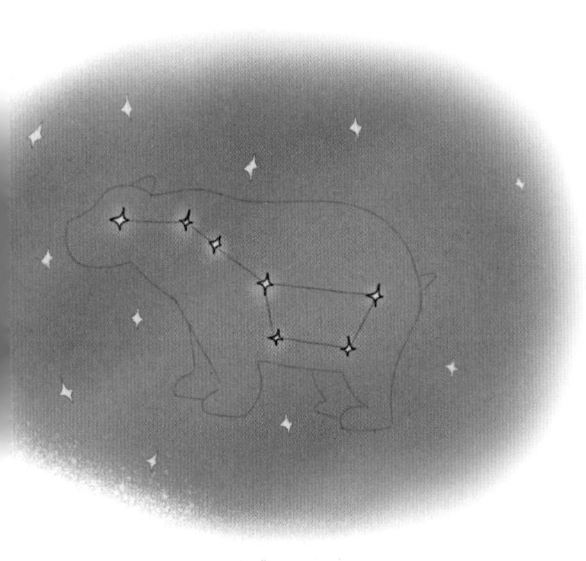

当你在北半球的时候，你可以找一找大熊座。把大熊座中的两颗恒星连起来，在这条线段的延长线上，你可以发现一颗明亮的恒星——北极星。北极星看起来永远都在夜空北部，人们可以靠它来辨别方向。

度和角

试着顺时针转一圈或逆时针转一圈，你可以转一大圈再转一小圈。转完后对比一下，看看这两圈的度数有什么区别。

蜂鸟是唯一一种可以向后飞翔的鸟。它的翅膀上有个特别的关节，可以让它像蜜蜂一样，在拍打翅膀的同时将翅膀旋转 180 度。

转椅转一圈是 360 度。

量角度

当我们一直向右转并完完整整地旋转一圈，我们就转了一个圆，也就是说我们旋转了 360 度或 360°。

180° = 平角

90° = 直角

45° = 半个直角

顺时针方向

如果我们旋转的方向和钟表时针旋转的方向相同，那我们运动的这个方向就叫作顺时针方向。相反，如果我们的运动方向和时针从 12 点依次转到 11 点、10 点的方向一致，那这个方向就是逆时针方向。

有一种叫瓣蹼鹬（yù）的鸟，它的一只脚比另一只脚在水中划水的力量大，这能让它在水面上快速旋转，像一个水泵一样，把够不着的小虫子和贝类动物挤压出来，然后用尖尖的嘴吃掉它们。

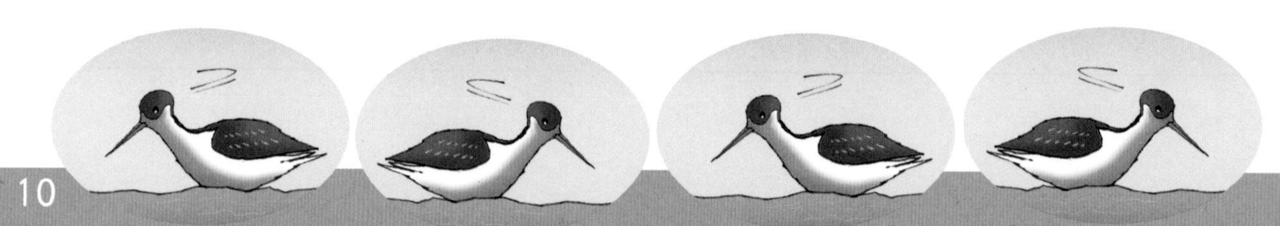

相交

有的时候我们移动的路线，不是曲线、不是圆，而是直线。线是由无数个点组成的。如果这些点像排队一样，一个接一个地排成一排，那么就会形成一条直线。

在一个平面内，如果一条直线和另一条直线相交，所形成的相邻的两个角的角度相等，那么这两个角被称为直角，这两条直线相互垂直。直角是夹角为 90 度的角。

如图所示，直角的标志像一个小小的正方形。

直线也有角度，一条直线的度数是 180 度。

其他角

两条直线相交所形成的角，可能是直角，也可能是钝角或锐角。如果一个角的角度比 0 度大，比 90 度小，那么这个角叫作锐角。一个角的角度比 90 度大，比 180 度小，这个角叫作钝角。

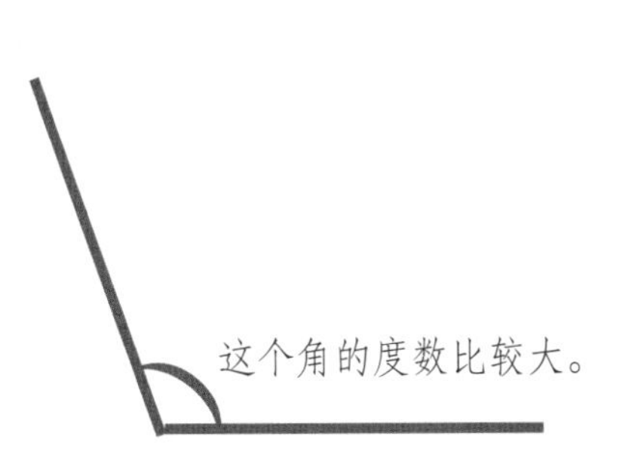

这个角的度数比较大。

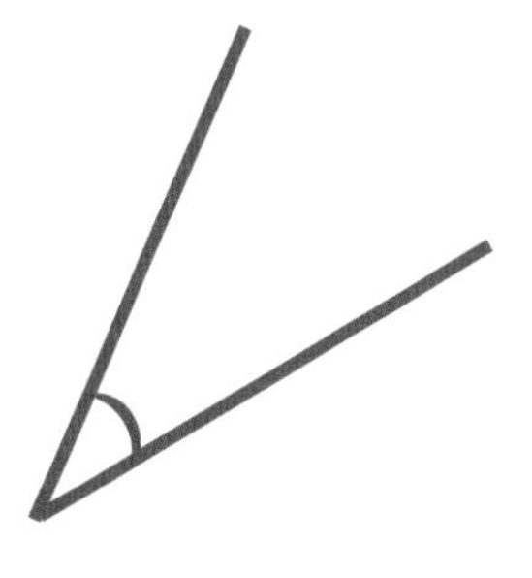

这个角的度数比较小。

你需要认识的词语

角的大小，通常用度或弧度来表示。

从一点引出两条射线所形成的平面图形。

跟钟表上的时针运转方向相同的方向。

大于 0 度而小于直角(90度)的角。

大于直角（90度）而小于平角(180度）的角。

制作地图

地图是一种显示地理位置的图表。地图上可以有很多细节信息，有很小的地方，比如一个村庄；也有很大的地方，比如一个国家甚至整个世界。

旋转的星球

像圆球一样的世界地图叫作地球仪，它被安装在一个支架上，这样我们就可以看到它像地球那样旋转的样子了。

航海图

在很久以前，显示海洋的地图被称作航海图。航海图能够帮助水手在他们未知的海域安全航行。

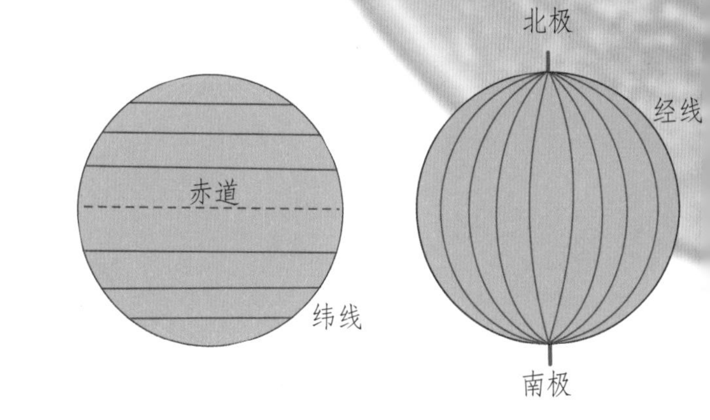

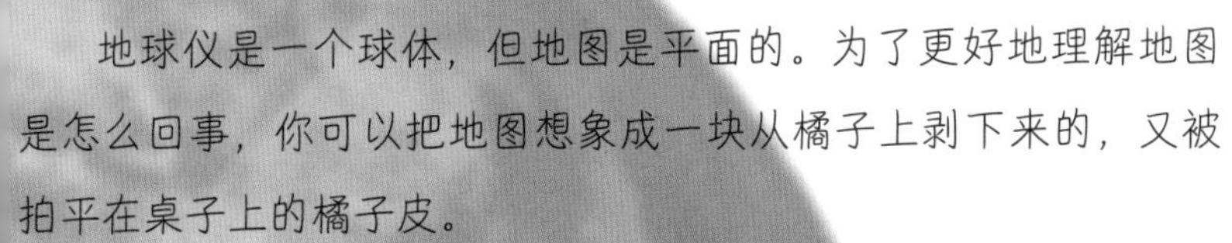

地图

地球仪是一个球体，但地图是平面的。为了更好地理解地图是怎么回事，你可以把地图想象成一块从橘子上剥下来的，又被拍平在桌子上的橘子皮。

制作和读懂地图都挺难的，你得对着上面的图形发挥自己的想象力。这对鸟来说很容易，但对我们来说就不容易了。

在公元前334年左右，人们在地图上绘制出了第一条由西到东的纬线。

很快，经线也出现在了地图上。

你需要认识的词语

说明地球表面的事物和现象分布情况的图，上面标着符号和文字，有时也着上颜色。

地球的模型，装在支架上，可以转动，上面画着海洋、陆地、河流、山脉、经纬线等。

环绕地球表面与南北两极距离相等的圆周线。

假定的沿地球表面跟赤道平行的线。

假定的沿地球表面连接南北两极而跟赤道垂直的线。

我的旅行

在假期里，你去过哪些令人兴奋的地方？你还想去哪里旅行？

意大利威尼斯的大运河是穿行这座城市的主要通道。

印度阿格拉的泰姬陵是国王为了纪念他去世的妻子，修建的一座白色大理石陵墓。

墨西哥的金字塔是玛雅人建造的神殿

巴西的里约热内卢基督像。

埃及的吉萨金字是4500多年前古及法老的陵墓。

南达科他州的拉什
山国家纪念公园有
位总统的巨型头像。

上海是世界上最现代的城市之一，这是位于上海的“天际线”上海中心大厦。

智利复活节岛上的巨型石像，是用火山石做成的。

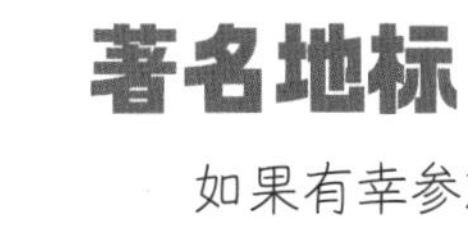

著名地标

如果有幸参观过世界上所有美丽的景点，你一定会回味无穷。但如果实在没办法出门旅游，你家附近也一定有不少能够被当作地标的景观或建筑物值得一游。

在巴黎的埃菲尔铁塔上可以鸟瞰整座城市。

中国历代长城总长度为21196.18千米。

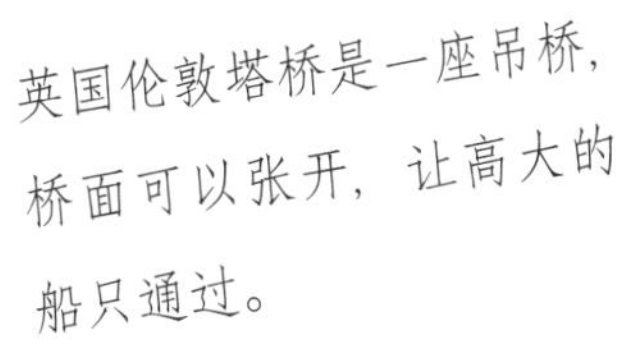

英国伦敦塔桥是一座吊桥，桥面可以张开，让高大的船只通过。

记录在坐标系上

不同的坐标位置能帮助人们找到从某地到某地的路线。

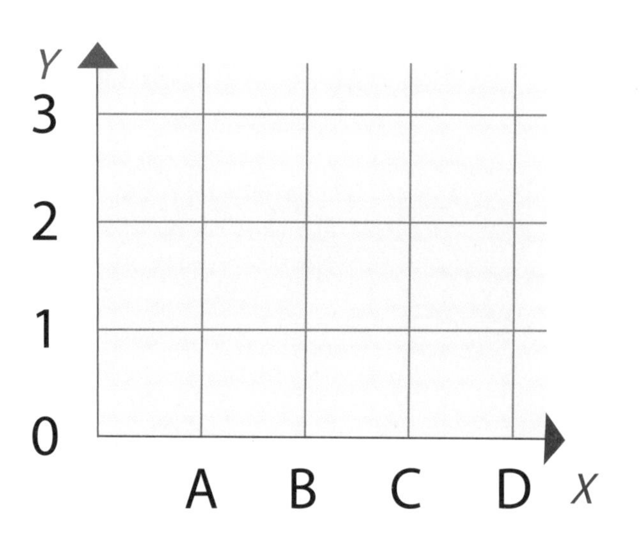

坐标系

在坐标系中，我们可以通过一个点的横、纵坐标轻易地找到它的位置。在大多数情况下，人们用直线将地图划分为正方形的区域，并将这些正方形排序，从数字 0 开始由下向上排序，从字母 A 开始由左向右排序。这样，我们就在地图上建立了一个坐标系。

坐标轴

坐标系上有两个轴，横着的叫作横轴，也叫作 X 轴；竖着的叫作纵轴，也叫作 Y 轴。坐标系中每个点都有对应在 X 轴上的字母和 Y 轴上的数，它们共同组成一个点的坐标，来显示它的位置。

每个正方形都由一个字母和一个数标记在表格上。

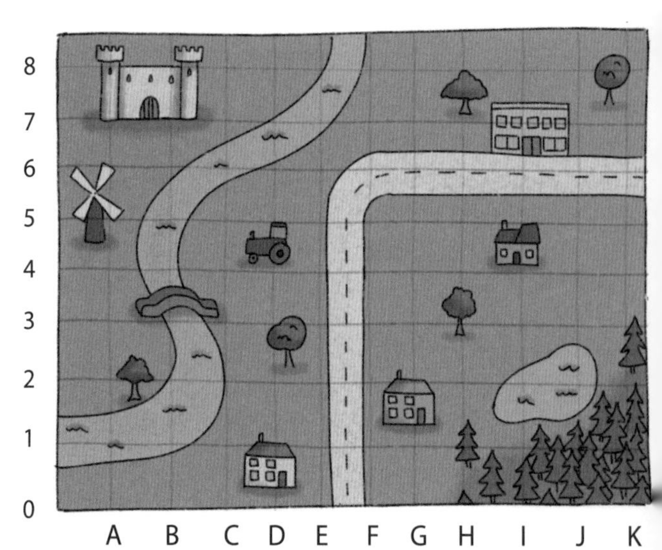

坐标

我们用同样的格子划分、标记一张图。前面的数据是横坐标，是在 X 轴上的字母；后面的数据是纵坐标，是 Y 轴上的数。一个坐标由横坐标和纵坐标组成，如（B，7）或（E，5）。

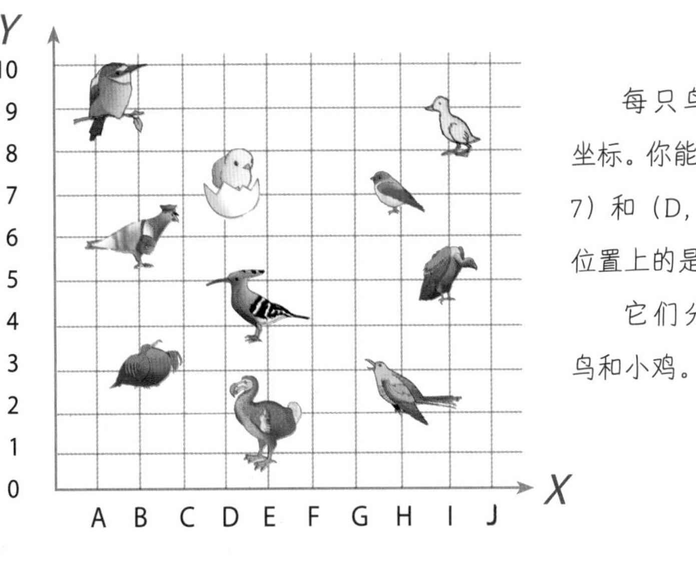

每只鸟都有一个坐标。你能看出在（H，7）和（D，7）这两个位置上的是什么吗？

它们分别是知更鸟和小鸡。

这是什么鸟？

把右边这张图上的用线连起来，你会看到一只什么鸟？

答案在第 28 页。

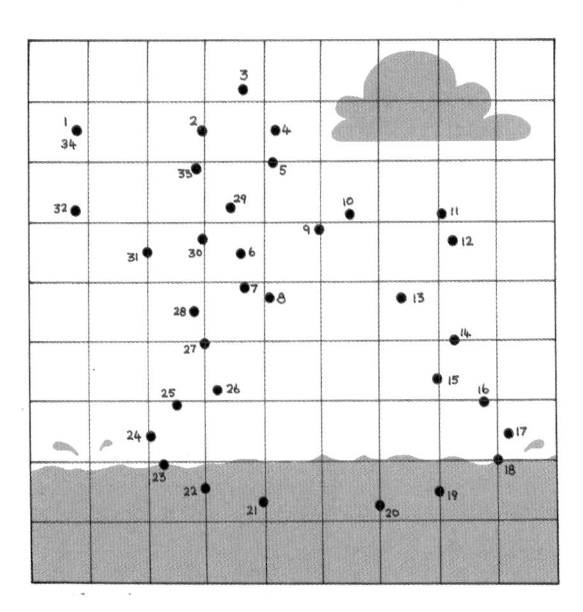

你需要认识的词语

能够确定一个点在空间的位置的一个或一组数，叫作这个点的坐标。

在平面上所展示的图形。

由一系列点、线、面和规则组成的，用来确定目标的空间位置所采用的参考系。

规定了原点、正方向和单位长度的直线。

标志与信号

在旅行的路上，我们需要看各种各样的标志，还要收发不同的信息才能找到正确的路。

跟着足迹

当我们在玩寻宝游戏，或科学家们想要定位野生动物时，都一定会先找藏宝物的人或动物留下的痕迹。有经验的人会注意矮树丛有没有被弄乱，有没有故意的遮挡和伪装。但最有用的痕迹是人或动物留下的脚印。

路边的标志不仅给人们指出方向，有的还有警示作用。

雷达显示器显示出飞机在空中的确切位置。

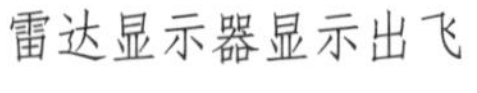

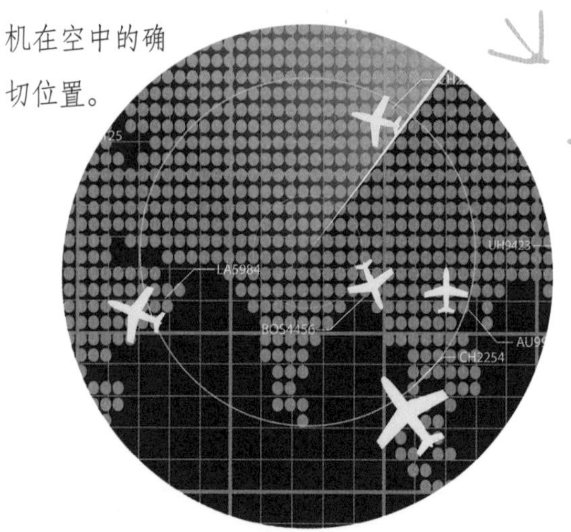

雷达显示器

雷达是无线电探测和测距的简称。雷达显示器上会显示一束不断发射的电磁波。这些信号能精确定位机场附近飞机的位置。空中交通管制员利用这个信息，确保飞机之间保持安全距离。

导航屏幕

跟着导航走

太空中的卫星时刻监测着地球上的每个角落。BDS，也就是北斗卫星导航系统，使用 55 颗导航卫星围绕地球，为人们提供导航、定位、授时等服务。

跟着罗盘走

飞机从一个城市飞到另一个城市，在这个过程中，飞行员在高空中无法看到地面。他们需要一套判断方位的装置。这时，通过罗盘上的磁针与地球磁场的吸引，飞行员可以获得一个不太准确的飞行方向，然后再通过计算得出正确的飞行方向。

你需要认识的词语

按踪迹或线索追寻。

利用发射和接收无线电波进行目标探测和定位的装置。

用火箭发射到天空，按照一定轨道绕地球或其他行星运行的人造天体。

利用航行标志、雷达、无线电装置等引导飞机或轮船等航行。

方向和位置。

移动身体

在大多数时间，我们都知道自己身处何方。我们知道自己是在上坡还是在下坡，是在某人或某物体的前方还是后方，是在桥上还是桥下。每当我们的身体从一处移动到另一处，我们的大脑都会不停地工作，比如计算我们移动的距离，或判断那个地方的空间大小。

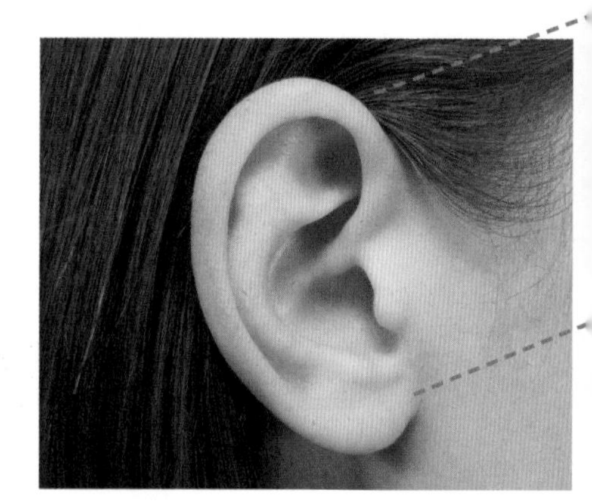
我们的耳朵里有复杂的神经组织和绒毛。

万有引力

存在于任何物体之间的相互吸引的力，简称引力。这种引力在地球上的其中一种表现形式为重力——将物体吸引到地球的力。

从一处到另一处

重力使每一个物体都受到一个向下的引力。我们耳朵里的交感神经，可以根据地球的引力帮助大脑计算身体的方向。

重力会把你的身体拉向地面。

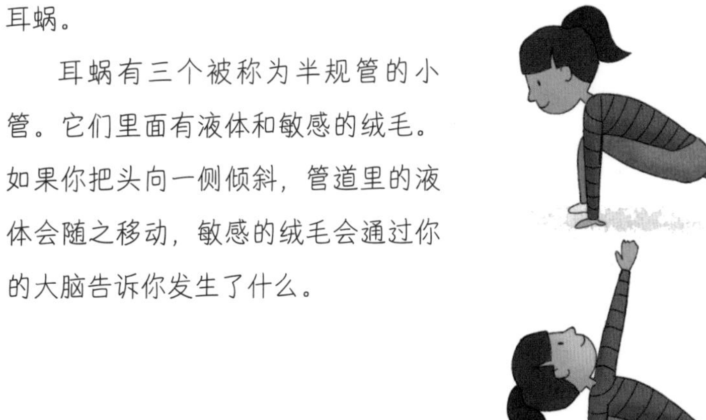

保持平衡

我们的耳朵内部有一些管道。其中一个是帮助我们保持平衡和听力的耳蜗。

耳蜗有三个被称为半规管的小管。它们里面有液体和敏感的绒毛。如果你把头向一侧倾斜，管道里的液体会随之移动，敏感的绒毛会通过你的大脑告诉你发生了什么。

在耳蜗的帮助下，你可以用各种各样的动作安全移动。

你需要认识的词语

地球吸引其他物体的力，力的方向指向地心。

几个力同时作用在一个物体上，各个力相互抵消，物体保持相对静止状态、匀速直线运动状态或绕轴匀速转动状态。

内耳的一部分，在内耳的最前部，形状像蜗牛壳。

人或动物身体表面和某些器官内壁长的短而柔软的毛。

两个或多个个体处于平衡状态的一种情况。

方位词

有很多词帮助我们确定我们是在这儿还是在那儿。这类词大多是一对相反或相近的词。

在外面

邻近或旁边

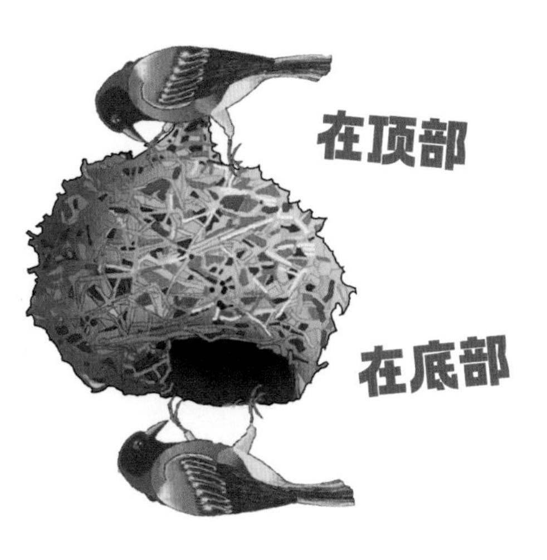
在顶部
在底部

在……前面
在……后面

远
近

里面
外面

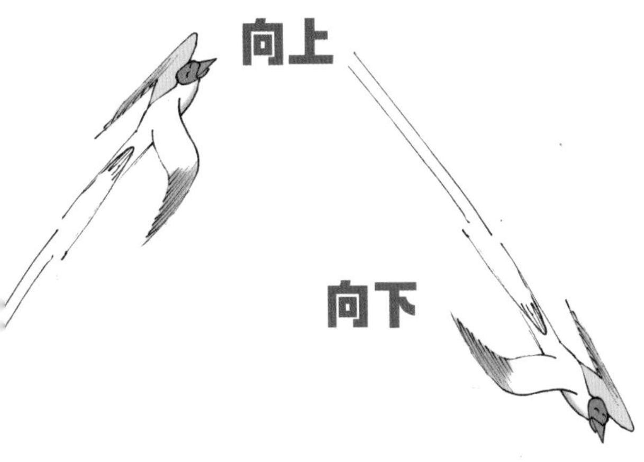
向上
向下

在……之间

挨着

分类与集合

数学里，把有共同属性的事物放在一起可以称为集合。集合里包含相似的事物，它们有一个或多个共同点。集合里的每个对象都是这个集合的一个元素。

看看这些拼图，它们都能和特定的一块或几块咬合在一起。

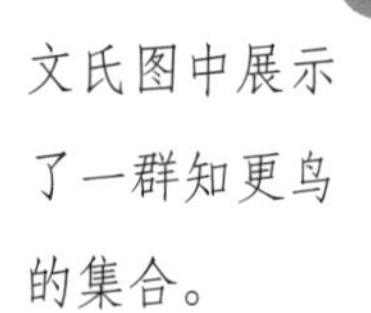

归类成集合

在一个集合中，所有的元素都不相同。

我们通常把集合内的每一个元素放在一个圆圈里。圆圈里还可以有小圆圈，也就是集合的子集，即集合里的小集合。这就是文氏图。

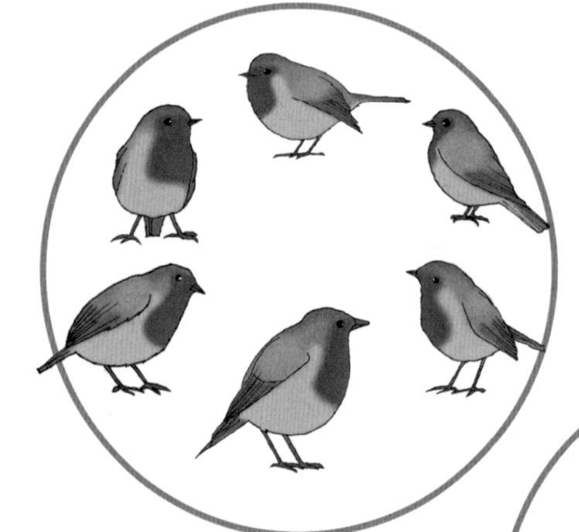

文氏图中展示了一群知更鸟的集合。

知更鸟是一个集合，蓝知更鸟是集合的子集。

放在一起

文氏图显示出这两种鸟的共同点和不同点。

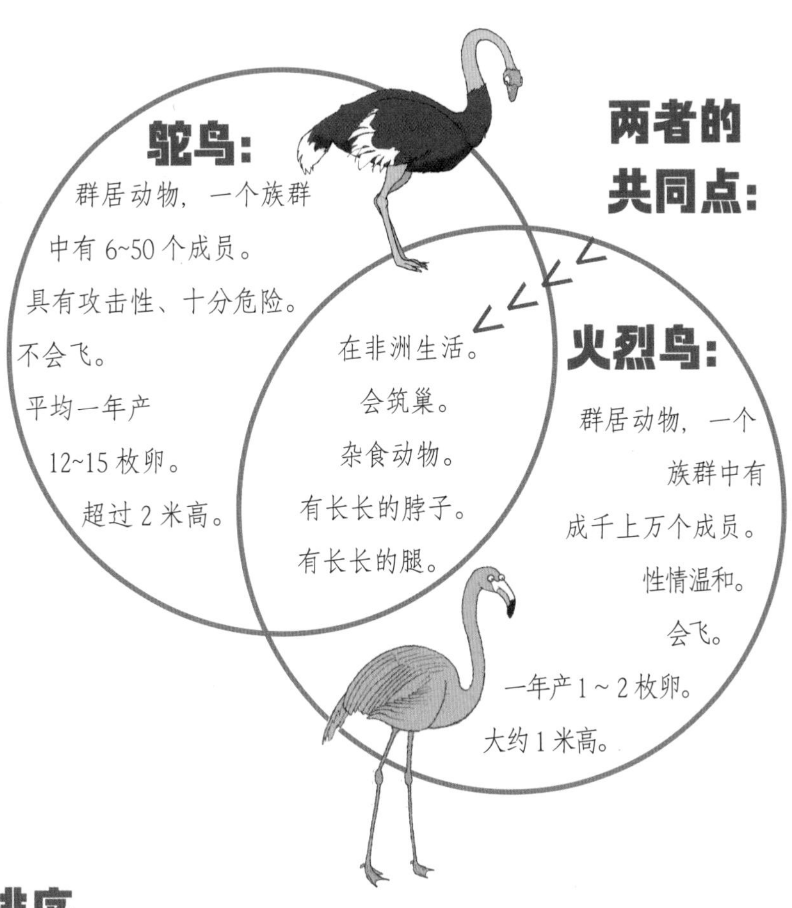
鸵鸟：
群居动物，一个族群中有6~50个成员。
具有攻击性、十分危险。
不会飞。
平均一年产12~15枚卵。
超过2米高。
两者的共同点：
在非洲生活。
会筑巢。
杂食动物。
有长长的脖子。
有长长的腿。
火烈鸟：
群居动物，一个族群中有成千上万个成员。
性情温和。
会飞。
一年产1～2枚卵。
大约1米高。

排序

事物还可以按照它们的形状、重要性或尺寸进行排序。

你需要认识的词语

集合

数学上指若干具有共同属性的事物的总体，简称集。

元素

一个集合中的元素是确定的，互不相同的。

文氏图

描绘两个或更多集合相互重叠的图示。

分类

根据事物的特点分别归类。

子集

一个数学概念，当一个集合中的任意元素都是另一集合的元素，那么这一集合是另一集合的子集。

第一

表示确切数量的数叫作基数。换句话说，基数可以用来回答“有多少”，如1、2、3、4、5等。它们区别于第一、第二、第三……第一百、第三千等序数。

第一
第二
第三
第四
第五
第六
第七
第八
第九
第十

第一

序数，是告诉我们准确顺序的数。序数告诉我们位置而不是数量。

我们用序数来排序，可以显示出顺序的重要性。

一座高楼用序数来表示楼层的层数。

首先、其次

表示顺序还有两个常用词。一个是“首先”，你首先要去的学校是小学；另一个是“其次”，其次，年龄再大一点儿的孩子要去上中学。

孩子们去上小学。

运会金牌

世界上最好的运动员在每四年举办一次的奥会上进行比赛，每项比的第一名将获得珍贵的运会金牌。

在 2016 年里约热内卢的奥运会上，牙买加短跑运动员尤塞恩 · 博尔特赢得 100 米短跑冠军。这是他第 8 次站在领奖台上领取金牌。

你需要认识的词语

1, 2, 3 等普通整数。

表示次序的数目。

每四年举办一次的世界性运动盛事。

大部分孩子在幼儿园毕业后，进入的学校。

孩子们在小学毕业后，进入的学校。

温故知新

1. 你记得是谁发明了美国邮政编码吗？

2. 哪一种鸟可以传递信息？

3. 现在，大多数指南针的磁针都指向哪里？

4. 画一个圆需要转多少度？

5. 赤道是什么？

6. 威尼斯大运河在哪里？

7. BDS 是什么意思？

8. 均势是作用在一个个体上还是两个或多个个体上？

9. 文氏图有什么用？

10. 第 17 页最下方图上的是什么鸟？

答案：

1. 罗伯特·奥兰德·穆恩
2. 信鸽
3. 北
4. 360 度
5. 环绕地球表面与南北两极距离相等的圆周线
6. 意大利
7. 北斗卫星导航系统
8. 两个或多个个体上
9. 显示事物特征与不同点
10. 鹈鹕

一起探索数学世界吧

猜猜什么意思？

[英] 史蒂夫 · 韦 著
[英] 戴维 · 莫斯廷　[英] 克丽 · 格林 绘
郑玲 译

童趣出版有限公司编译　　人民邮电出版社出版
北　京

前 言

今天，我们有很多方法能找到所需的信息。大部分的信息是文字的形式，但也有的是图片、标志或符号的形式。这些形式都能高效地提供很多信息。

为了让信息起到效果，我们需要掌握一些方法，来挑选出最有用的数据。然后我们需要找到其他方法，把这些信息分享给其他人，让他们也能看懂。有的时候，我们还需要一些方法，把这些信息安全地储存或隐藏起来。

符号、密码、图表……

还有什么传递信息的方法呢？

目录

2 使用标志
4 古老的符号
6 象形图
8 代码
10 古代记录
12 你的数据
14 表格
16 图表
18 收集数据
20 视觉代码
22 我们使用的代码
24 算法
26 计算机
28 温故知新

使用标志

大多数时候，我们用语言与他人交流。当然，如果大家说的是同一种语言，就很好理解。我们也常常使用某种标志或符号来传递信息。通常，那些标志或符号是大家都认识的，这样不论你说哪种语言都不影响交流。

警告标志

有效的标志必须简明易懂，词
意。一个标志传达的信息非常重要。

手语

当和听力不好的朋友或家人交流时，我们可以用手语；当我们想和朋友进行秘密交流时，也可以用手语。你的每一个手势都代表一个单词，把它们连起来可以表达出完整的句子。

莫尔斯电码

代码是表示信息的符号组合。莫尔斯电码使用的是一系列长、短信号，分别用线和点表示。一个点代表字母“E”，两个点代表字母“I”，三个点代表字母“S”。

符号的语言

数学里，我们用符号来代替汉字，我们常用的数字也是一种符号，如 2 代表二，3 代表三。我们还用“+”和“=”来算加法。

人们甚至用符号表示非常复杂的数学概念，例如用来计算圆的周长的 π（读作“派”）。

学里到处都是符号。

理解符号

符号是一种代表一定意义的记号，符号之所以有用，是因为每个人都认同它们的意思。大家约定俗成地使用“×”代表乘、“÷”代表除。全世界都用红色来警告危险，所以警告标志全是红色的。

图标也是一种符号。

盲文使用凸起的圆点来代表单词。

你需要认识的词语

记号、标记。

以手指字母和手势代替语言进行交际的方式。

圆周长度与圆的直径长度的比。

一、二、三等普通整数，区别于第一、第二、第三等序数。

白头海雕是美国的象征之一。

古老的符号

自古以来，人们一直在使用符号传递信息。我们能解读其中的很多符号，有些符号今天仍在使用。

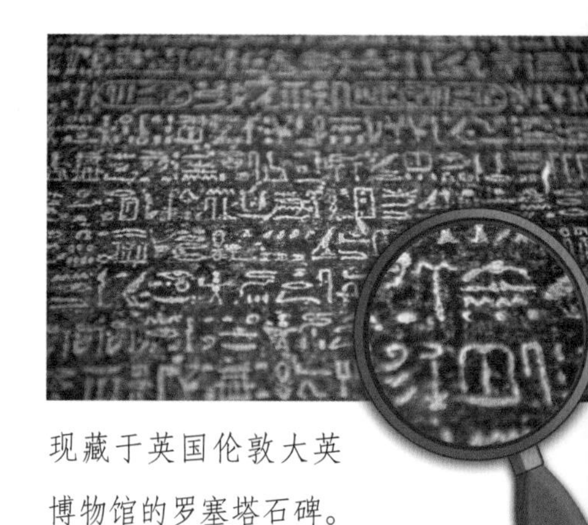

现藏于英国伦敦大英博物馆的罗塞塔石碑。

金字塔

埃及金字塔是古埃及统治者法老的巨大陵墓，也是法老的权力与身份的象征。

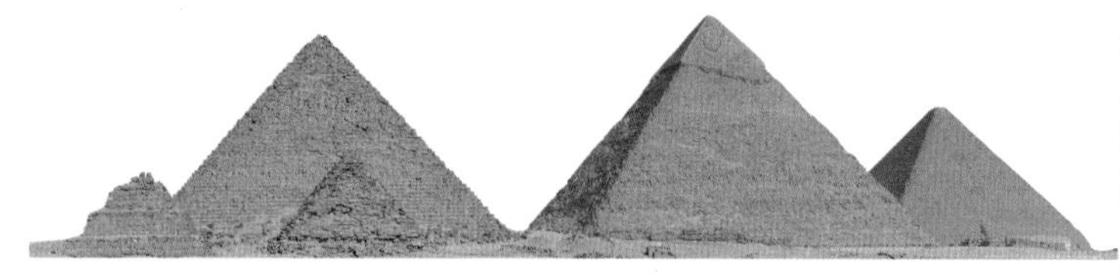

狮身人面像

金字塔旁边的大狮身人面像也是一个符号。它长着狮子的身体和人的头，象征着狮子的力量与国王的智慧。

古埃及象形文字

古埃及象形文字用一个符号或图形，代表一个词或字母。这些雕刻在古埃及纪念碑上的象形文字传递了大量信息。几个世纪以来，人们都无法解读象形文字。但随着罗塞塔石碑的发现，这些符号的意义才被人们破解。

荷鲁斯之眼

古埃及人相信，这个叫作“荷鲁斯之眼”的符号可以象征皇权，还能保佑人们身体健康。

凤凰

除了中国，西方也有关于凤凰的古老传说。对古埃及人和古希腊人而言，传说中的凤凰象征着复兴。据说这种鸟会在年老时燃烧自己，再从灰烬中重生。

奖牌

奖牌用来表彰那些有勇气，或做出特殊贡献的人。

诺贝尔奖每年颁发给杰出的科学家和作家。获奖者将获得一枚金质奖章。

奥运会上，比赛获得前三名的运动员，会获得奖牌。其中冠军获得的是金牌，亚军是银牌，季军则是铜牌。

月桂冠

古希腊人用月桂冠奖励奥运会和诗歌比赛的胜利者。人们认为它可以净化心灵和身体，有利于健康。月桂冠通常被戴在头上或脖子上。在古罗马，人们用月桂冠为成功的将领加冕。

心

随处可见的心形符号是爱的象征。这个符号历史悠久，甚至曾经出现在古罗马银币上。

中文“福”字

福

在中国人眼中，这个符号象征着好运。每逢新春佳节，人们都要在屋门上、墙壁上等处贴上大大小小的“福”字。

象形图

象形图是一种可以传递信息的图形或符号。每个象形图都代表一个物体或一种想法。它就像一条秘诀，可以告诉人们不同象形图所代表的事物和含义。

古埃及

看到

水

城市

火

男人

女人

苏美尔

眼睛

森林

山

火炬

人

早期人类

几千年前，世界各地的古人就已经能通过创造图画的方式，帮助他们了解他们所生活的世界。这些图画展示了他们自己和他们的生活方式。

图片信息

除了模拟声音的词汇，早期的书写方式基本都是从象形图发展而来的。一部分汉字就是按照这个原理，从符号慢慢发展而来。

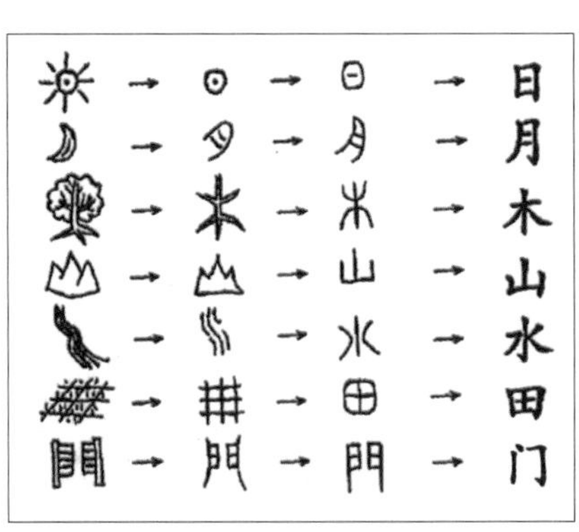

雕刻在坚固的石头上的埃及符号。

如今的象形图

今天的人们仍会创造一些象形图。例如表情符号，它不仅用来传递信息，有时还用来表达情感。表情符号（Emoji）这个词源自日语，现在全世界都在使用。无论你身在何地，哪怕不会说当地语言，也可以读懂这些表情符号。

你需要认识的词语

用实物图像或象征性图形的大小、多少来描述数据的统计图。

描摹实物形状的文字。

能解决问题的不公开的巧妙办法。

由图形符号、颜色、几何形状等元素加以固定组合组成的符号标志。

一种象形符号，通常用于在电子信息或网页中表达情感。

代码

有的代码在设计时被加密过，只有少数人能破译它们。但还有的代码所有人都能用，例如计算机里的代码。

密码棒

这是世界上最早的代码系统之一，公元前400年前后的古希腊将军们曾经用过它。

他们在木杆上缠绕一条皮带，再在皮带上写一条信息。当皮带被打开时，上面的文字看起来像一串乱码——直到这条皮带缠绕在另一根直径完全相同的木杆上，信息才会重现。

语言也是代码

只要词汇按照正确的方式排列，就能表达我们想说的意思。如果你听不懂某种语言，那么，它对于你就没有任何意义。

虽然世界上有约7000种语言还在被使用着，但学习其他语言是个好主意！

恺撒密码

这种密码以罗马皇帝尤利乌斯·恺撒的名字命名，他曾在私人通信中使用过这种密码。它通过改变字母表的方式，将原有字母替换为其他字母，如果D代替A，那么E就代替B，F则会代替C，等等。

像这样由两个相互嵌套的转盘组成的小工具，可以用来创建或破译恺撒密码。

从字母到数字

一种简单的代码可以用数字代替字母，如果 1 代表 A，那么 2 就代表 B，以此类推。

更强的代码，即更难让人破译的代码，会把前几个数字和某个单词的字母依次对应，比如 China（中国）：

C	H	I	N	A	B	D
1	2	3	4	5	6	7
E	F	G	J	K	L	M
8	9	10	11	12	13	14
O	P	Q	R	S	T	U
15	16	17	18	19	20	21
V	W	X	Y	Z		
22	23	24	25	26		

二进制

计算机使用二进制数字代码工作。这些给计算机的特殊指令都基于一连串的 1 和 0，像 100110 这样。

二进制代码

二进制代码使用 0 和 1，来控制计算机电路的开关：闭合为 1，断开为 0。

线索

你喜欢填字游戏吗？填字游戏把每个字的线索藏在代码中，找到的字越多，得到的线索也越多。

你需要认识的词语

一种伪装或改变文字和信息，从而为其加密的符号组合。

在约定的人中间使用的特别编定的秘密电码或号码。

一种记数法，采用 0 和 1 两个数码，逢 2 进位。

计算机中使用的代码，用于读取二进制指令。

用二进制计数的系统。

古代记录

我们有很多种方式来记录已知或刚刚发现的内容。我们将这些被存储或收集起来的信息统称作“数据”。今天，我们生活在数字时代，纸张作为一种存储记录的方式正在快速落伍。但在很久以前，还有更不寻常的记录方式。

早期的纸

竹书

文字陶片

竹简

中国古代学者在竹简上写字。学者们当时用小刀刮掉错字，这也说明他们拥有修改记录的权力！

桦树皮

剥下的桦树皮被擀得很薄。人们已在印度、俄罗斯和中东等地发现了由桦树皮制成的古手稿。

龟甲和兽骨

在中国古代，人们用龟甲和兽骨占卜未来。

中国迄今发现的最古老的文字资料，保存在3000多年前的甲骨上。

泥板

很久以前，苏美尔人使用泥板记录交易。

这种主要被刻在泥板上的文字，被后人称作楔形文字。它是世界上最早的书写系统之一。

陶片

古希腊人用碎陶片来记笔记和投票。

棕榈叶

几千年前，人们把棕榈叶当作纸来做记录。

羊皮纸

在土耳其，由山羊皮、绵羊皮或牛皮制成的羊皮纸，被当作埃及莎草纸的廉价替代品。

丝绸

在中国，人们用绢帛来保存数据记录。一些最早的中国文献被记录在2000年前的绢帛上。

莎草纸

最古老的莎草纸卷轴已有近5000年历史。莎草纸由莎草的茎制成，生产成本高。埃及亚历山大城的人们精心保护了它们。

蜡版

蜡版是在木板上涂满软蜡后制成的。蜡被熔化后可以重新使用，这样就能更新或更改记录了。

基色历

基色历被发现于耶路撒冷附近，是一块大约在公元前10世纪用石灰岩刻成的小石碑，上面刻有铭文。它记录了种植、照看和收割庄稼的时间。

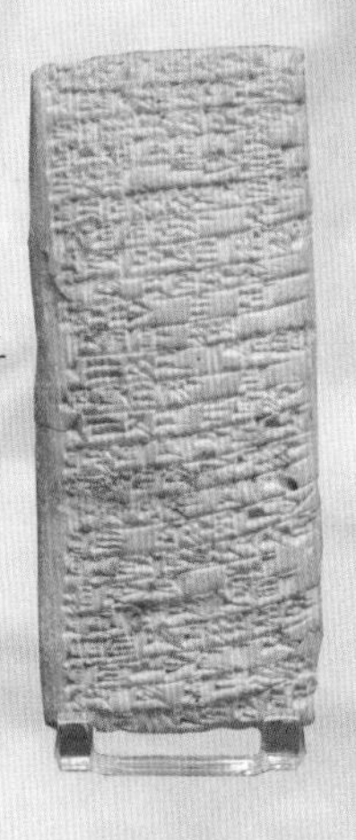

公元前1750年左右的泥板。

你的数据

从你出生的那一刻起，就产生了很多只属于你的数据！你的出生日期、时间，还有体重和性别都会被记录下来。我们每个人在很多方面都是独一无二的。

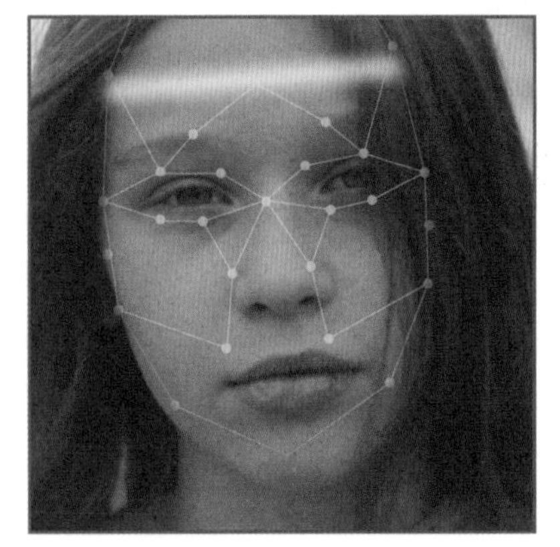

生物特征识别会测量你身体的一个或多个特征。

脸部扫描

出国旅行的时候，为了与你护照上的照片相比对，你的面部可能会被3D扫描。这种扫描基于一种生物特征识别技术。其他的设备可以识别你鼻子的形状，甚至是虹膜的形状！

指纹

我们早已认识到，每个人的指纹是不一样的。这些指纹被用来追查失踪者和罪犯。今天，人们能通过指纹识别来解锁手机等设备。

DNA 代码

DNA是脱氧核糖核酸的英文缩写。它存在于人类细胞内，携带着令我们每个人独一无二的信息。我们通常用四个字母代指DNA中的代码：A T C G。

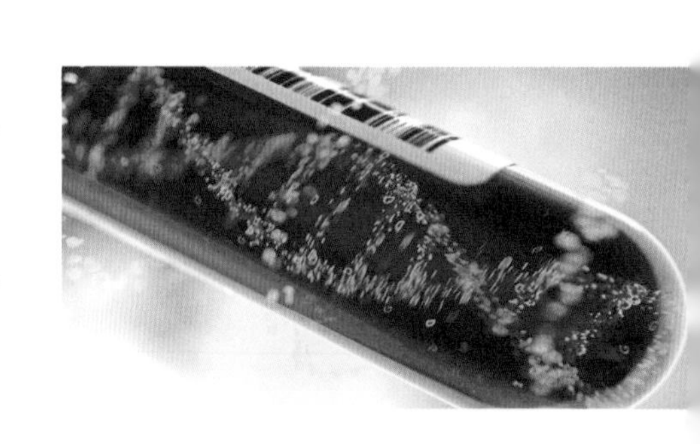

你的数据

我们每个人的出生数据都非常重要。它能帮助医生和规划人员更好地照顾和组织医院等资源。

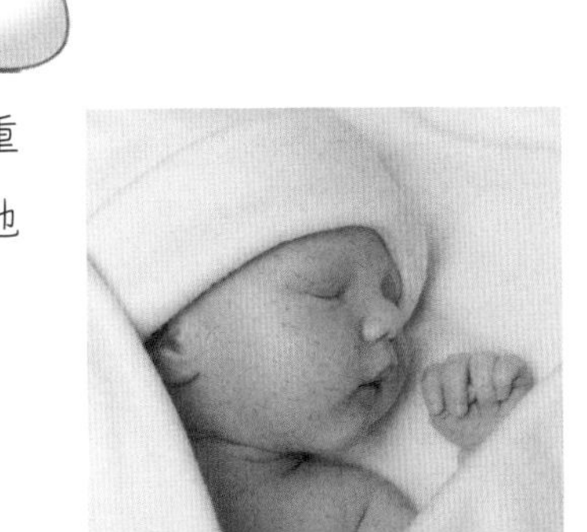

出生证明

在你出生后不久，你的出生证明就会交到你父母的手上。这份文件对于你的一生非常重要。

护照

当前往不同的国家时，你需要护照来证明自己的身份。

驾照

驾照能证明你会开车，且已经通过法律认证。

人口普查

许多国家每十年进行一次人口普查。这项活动能收集每个居住在该国家的人的信息。人口普查有助于当地政府了解每个地区需要多少医院、学校和房屋。

巴西圣保罗市拥挤的棚户区。

你需要认识的词语

通过个体生理特征对个体身份进行识别认证的技术。

脱氧核糖核酸的英文缩写，是储藏、复制和传递遗传信息的主要物质基础。

表明或断定人或事物的真实性的可靠的材料。

在国家统一规定的时间内，对全国人口普遍地、逐户逐人地进行的一次性调查登记。

表格

时刻表是把数据排列得便于大家理解的好例子。它广泛应用于显示火车、飞机或公共汽车等各类交通工具的出发和到达时间。

设计一张表格

表格是用纵向的列与横向的行排成的。如果要记录更多信息，可以添加更多的列和行。比如婴儿出生时的部分数据，就可以按照如下表格来罗列：

出生日期	出生时间	性别	出生体重
8月12日	9:03	男	3.5千克
8月12日	14:07	女	3.6千克
8月12日	21:17	女	2.9千克
8月13日	11:48	女	3.1千克
8月13日	16:19	男	3.4千克

电子表格

电子表格是一种用于显示信息的表格形式，许多企业都在用它。诸如 Excel 之类的计算机程序所制成的电子表格，不仅能显示信息，还能处理数据。

日历

日历和日程表是一种特殊的表格。它们帮助人们计划每天做什么，或算出还有多少天放假！

算筹

用算筹计数是一种收集数据的简单方法。算筹的使用方法有很多，比如我们可以先竖着摆，每到第 5 根时，就将其摆放在之前的 4 根上面。

你需要认识的词语

按项目画成格子，分别填写文字或数字的书面材料。

标明火车、飞机、轮船等交通工具出发和抵达时间的表格。

记有年、月、日、星期、节气、纪念日等的本子。

一种用于记录数字和计划的计算机程序。

一种用于计数的小木棍。

图表

还有很多便于大家理解的信息展示方法。图表就是其中常用的一种。图表可以显示信息或数字如何变化，还可以比较不同的长度或总数。许多人认为图表比大量的数字更容易理解。

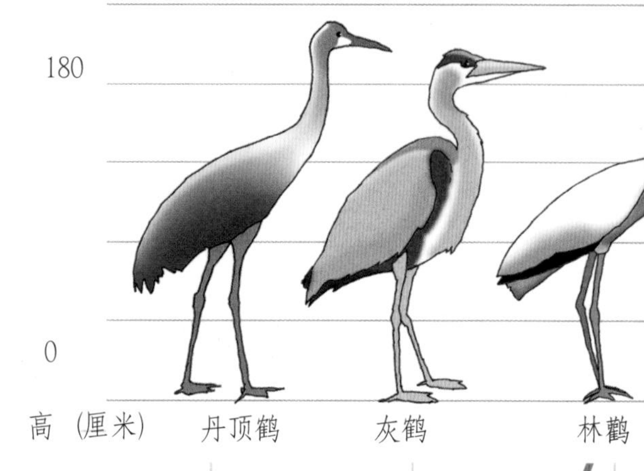

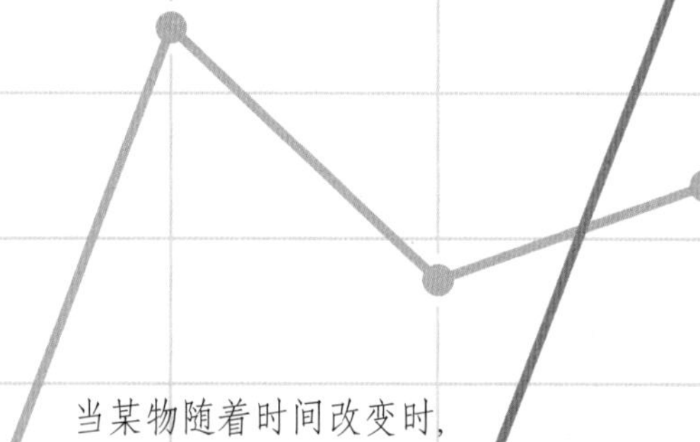

当某物随着时间改变时，可以使用折线统计图。

网格

图表以网格的形式呈现。一组数据在左侧纵向排列，另一组在底部横向铺开。为了更好地理解图表的含义，我们将两组数据一起对比阅读。

当比较不同组别的事物时，可以使用条形统计图。

为了帮助理解，所有图表都需要一个标题来说明呈现的内容。

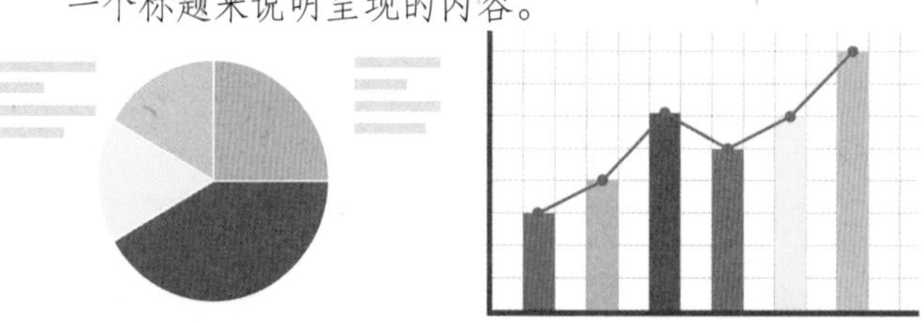

该图比较的是不同涉禽的身高。

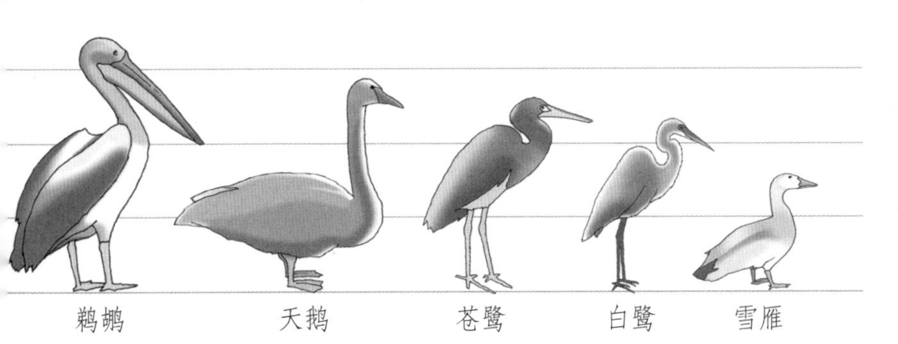

扇形统计图

扇形统计图可以显示出事物被划分成了几个部分，每一部分都被夹在与圆心相连的两条半径之间，所以每个切片都是整体的一部分。

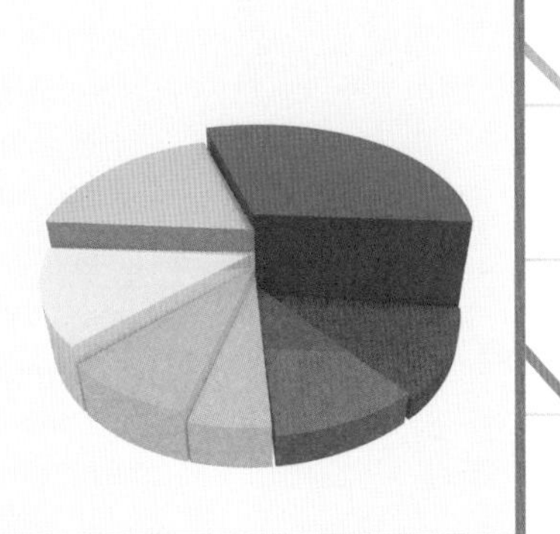

图表

我们需要比较不相等或正在变化的事物。折线统计图或条形统计图可以呈现这些变化。

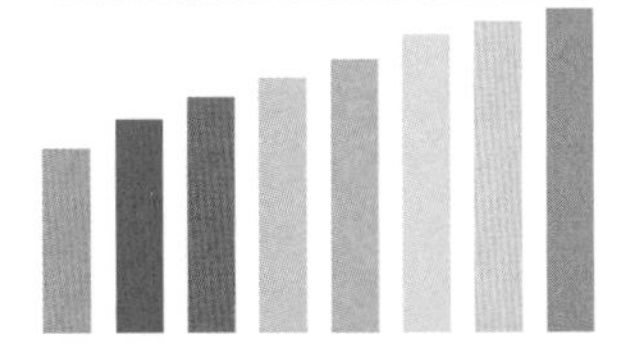

你需要认识的词语

表示各种情况和注明何种数字的图和表的总称。

一种使用圆代表总体、每一个扇形代表总体中的一部分的图表形式。

一种使用深色矩形图来比较信息的图表形式。

一种使用折线来比较信息的图表形式。

收集数据

在世界各地，每时每刻都有大量数据被收集。这些数据在很多方面发挥着重要作用。它能保护人们的安全，避免交通拥堵，甚至预测雷雨天气。

看路况

道路两旁的许多设备都能监控交通和空气质量。

视频监控系统

视频监控系统或闭路电视可以收集信息，它们被安装在繁忙的城市道路上方，用来监控交通情况。收集来的数据用于改变交通流量，避免交通拥堵。

这是莫斯科的交通监控台。所有显示器展示着各个道路的交通情况，以供工作人员随时观察。

监测天气

科学家使用各种各样的设备来监测天气。

能见度仪

它可以测量能见度——也就是你能看得多清楚以及看得多远。它在机场有非常重要的作用。

风速计

它能测量风速和风向。如果风暴即将来临，它会发出警告。

温度计

它能测量温度。有的温度计可以精确地测量每天的最高温度和最低温度。

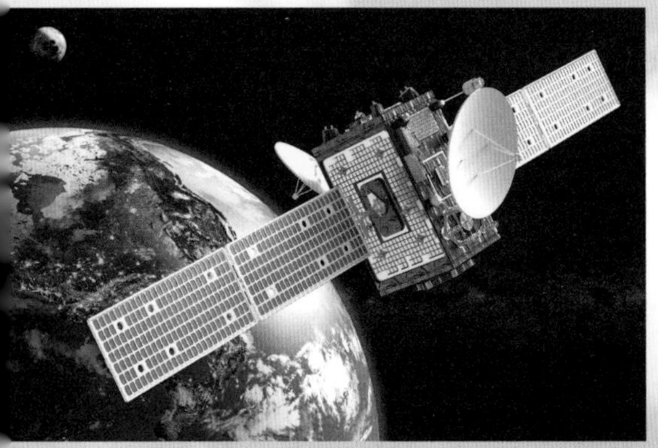

卫星

卫星是一种不断地围绕地球运行的特殊设备，有的卫星被用于监测地球的天气。

气压计

它可以测量气压，根据气压的变化可预测天气的变化。

雨量计

它能收集并记录每天的降水量。

视觉代码

像路标那样的视觉代码，可以快速展示重要信息。为此，它们必须简明易懂，让每个人一眼就能看明白。有时候，这种图像可以由机器替我们识别。

招牌

在过去，许多商人会在建筑外挂一个招牌，以便让人们知道这是一家什么样的商店。靴子的标志可能代表鞋匠，剪刀代表裁缝，带条纹的管子代表理发师。

法院

在一些国家的法院外矗立着一座蒙着眼睛的女神雕像，她手持一把剑和一架天平。天平代表法律的公平，剑代表惩罚。这位女士是正义神忒弥斯。

条形码

条形码是由粗细相间的黑白线组成的，它被贴在物品上面，展示着这个物品的专属信息。超市收银员会通过扫描条形码的方式来登记商品，这么做就能加快结账的速度。

二维码

二维码 —— 或称为 QR 码（“Quick Response”的缩写），类似条形码，可以提供许多有用信息。通过扫描二维码，你可以打开一个网站、在饭店点餐或定位一座博物馆。

一个二维码

你需要认识的词语

挂在商店门前写明商店名称或经销的货物的牌子，作为商店的标志。

行使审判权的国家机关。

一种代码标记，它以粗细相间的黑白线条印在商品包装上，以供计算机识别。

在水平和垂直方向的二维平面上存储信息的代码标记，可用于机器识别。

我们使用的代码

邮政编码

在一些国家和地区，人们称其为邮政编码。而在另一些国家和地区，人们称其为 ZIP 码。无论叫什么，这种代码能让邮政人员看懂，按照你填写的地址为你收发邮件。

电子邮件

每封电子邮件都必须包含“@”这个符号。而在社交媒体中，用户可以用“#”这个符号作为开头，来分享特定的主题。

1 2 3
4 5 6
7 8 9
0

电话号码

每个电话号码都是独一无二的，对方可以通过它来联系到你。每个国家都有一个国际电话区号，这样不同国家的朋友们也可以互相打电话了。

PIN 码

即个人识别码，是在使用信用卡、借记卡和 SIM 卡时的密码。卡的持有者要对这个密码保密，这样其他人就无法使用这张卡。

银行卡

银行卡上有一个十几位的数字代码。每张卡上的这串数字都是独一无二的。在网上购物时，只有输入正确的代码才能完成支付，坏人乱编数字是没有用的。在银行卡的背面，还有一个三位数的安全码，这个代码要确保只有使用者知道。

象限角

检查船只定位。

世界各地的船只和飞机都用“象限角”来表示自己的位置。象限角共由三组数字组成，人们可以通过象限角来得知船只或飞机的航向，以及航向的变化。

美国国家航空航天局的做法

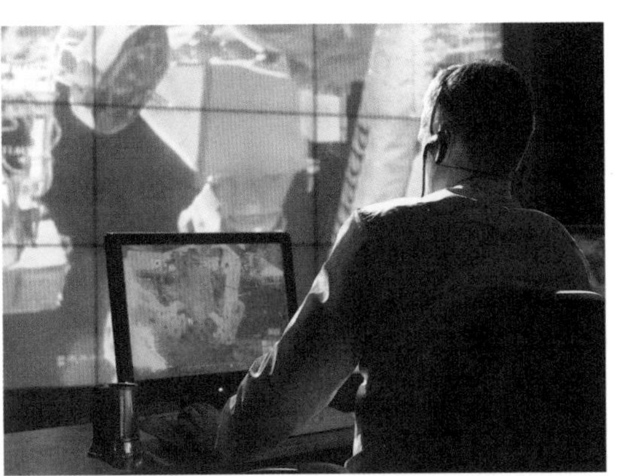
向太空发送一条信息。

像美国国家航空航天局（即 NASA）这样的航天机构，会向航天员发送无线电信息。为了保证航天员能正确领会，

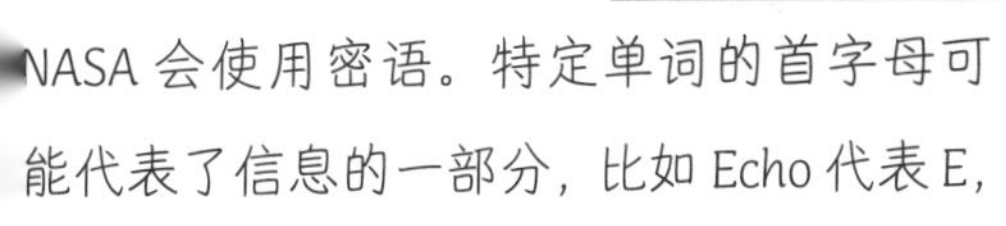
NASA 会使用密语。特定单词的首字母可能代表了信息的一部分，比如 Echo 代表 E，

Kilo 代表 K， Tango 代表 T。

地面控制

这是一种专用信号，用于引导飞机下降，直到平安着陆。

你需要认识的词语

邮政部门为了分拣、投递方便、迅速，按地区编成的号码。

通过互联网传递的邮件。

“个人识别码”的缩写。

美国国家航空航天局的英文缩写。

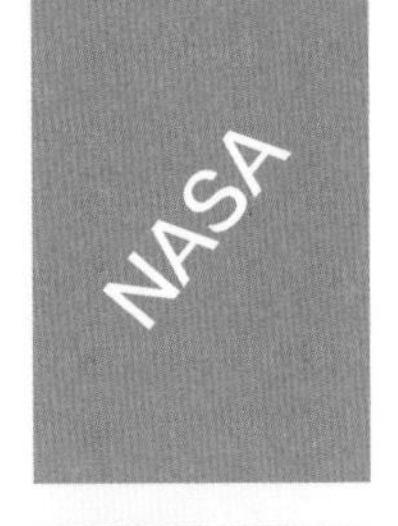

某直线与子午线或坐标纵线所夹的锐角。

算法

算法就像一个循序渐进的指南或一系列的规则，计算机必须遵循这些指南或规则才能完成任务。而编码指令必须按照已有的某种计算机语言来设置，这样才能正常运行。

流程图

这是一种设计算法的方式。它从任务的开始阶段起步，到任务完成时结束，中间还会排列几件可能发生的事。这种方式有助于我们按计划完成算法的设计。

虚拟代码

这是电脑程序中的基本功能列表。它像一组简单明了的注释以便我们编写编码指令。

计算机语言

计算机程序员需要掌握一些计算机语言或代码。虽然计算机可以理解 1 和 0 这种二进制语言，但让这些代码运转起来还是很有技术含量的。

为了解决科学、数学、商业和工程等领域的一些简单工作，程序员使用这些语言：

BASIC 语言
FORTRAN 语言
COBOL 语言
SQL 语言
PASCAL 语言

学习编程

许多运用计算机进行编程的人，都会借助流程图来协助完成工作。

你需要认识的词语

解决某问题的一个有限、确定、可行的运算数列。

算法表示的常用方法，利用图框、线条和文字来描述算法的流程。

帮助程序设计人员开发算法、了解问题逻辑的非计算机程序语言。

为实现某种目的，而由计算机执行的代码化指令序列。

编写计算机程序的人。

计算机

曾经，计算机还是个大块头。每台计算机都会占据整栋大楼的空间，而且要很多人才能操作。但是今天，你的汽车、冰箱甚至手机里都可以安装计算机！

与计算机对话

科学家们正在制造人工智能（即 AI）机器人。这种机器人可以学习新事物，还可以自己做决定。

你想成为机器人吗？你可能成为一个半机械人——半人半机器人。一些科学家在他们的身体里植入了计算机部件，以便自动完成更多任务。

艺术家尼尔·哈比森是一个半机械人，患有色盲症。科学家在他的头部植入了一个计算机设备，该设备可以用声音帮助他准确识别颜色。

正在开发中的超级计算机将比现在的速度更快，将来还可能出现 DNA 计算机和量子计算机。

微型计算机

与之前的计算机相比，二进制代码计算机运行速度更快，体积也更小。你手机的计算功能比阿波罗登月任务中使用的计算机还要强大。不久以后，还会有速度更快、体积更小的超级计算机面世。

你需要认识的词语

由电子元器件及其他设备构成的自动计算装置。

由计算机控制，具有一定的人工智能技术，能代替人做某些工作的一种自动机械。

美国实施的载人登月计划。

能计算普通计算机和服务器不能完成的大型复杂课题的计算机。

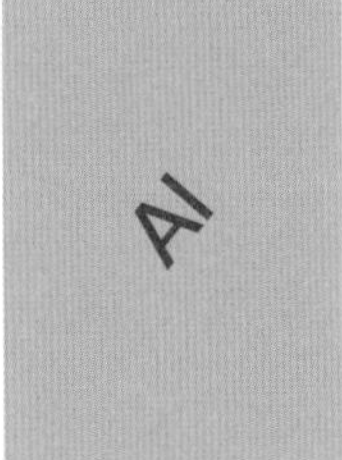

"人工智能"的英文缩写。

温故知新

1. 莫尔斯电码中的 3 个点是什么意思？
2. 在古希腊神话中，凤凰变老以后会发生什么？
3. 第 9 页代码中的 2、8、13、13、15 是什么意思？
4. 莎草纸是用什么做的？
5. 你的指纹和别人的指纹一样吗？
6. 根据第 14 页的表格，8 月 12 日 14:07 出生的是女孩儿还是男孩儿？体重是多少？
7. 第 16~17 页最高的鸟是哪一种？
8. 测量风速的装置叫什么名字？
9. 如果 NASA 技术人员说 Tango，他是想跳探戈还是只是说“T”？
10. AI 是什么意思？

答案：

1. 字母“s”
2. 它燃烧后，在灰烬中重生
3. hello
4. 莎草
5. 不一样
6. 一名体重 3.6 千克的女孩儿
7. 丹顶鹤
8. 风速计
9. T
10. 人工智能

一起探索数学世界吧

看看几点啦？

[英] 费利西娅·劳 著

[英] 戴维·莫斯廷 [英] 克丽·格林 绘

张雅轩 译

童趣出版有限公司编译 人民邮电出版社出版

北 京

前 言

时间穿梭于我们生活的每一天。我们按时起床、吃早饭、去上学；到了学校，我们按照学校安排的时间表上课、下课；放学后，我们仍然按照一定的时间安排，开展各项活动。晚上，我们在固定的时间观看自己喜欢的电视节目，然后按时上床睡觉。

虽然世界上的人们都按照不同的节奏度过每一天，但有一点绝对是相同的——我们的计时都以世界时为准。这种计时就是我们的计算机、手机上显示的时间。它是一种用太阳计算时间的方式，并且与大多数历法和历史相吻合。

我们的时间一样吗？

目录

2 该出发啦!

4 充实我们的每一天

6 计时

8 随着朝阳醒来

10 报时

12 历史上的钟表

14 时间的记录

16 一年

18 世界各地的时间

20 核准时间

22 几岁啦?

24 时间轴

26 更快，更快?

28 温故知新

该出发啦！

当你在清晨醒来，要做的第一件事就是想一想这一天的安排。今天上不上学呀？如果要去上学，那你一定得赶紧起床，刷牙洗脸，吃好早饭，背起书包去上学！

校车严格按照时刻表运营。

校车时刻表

你是怎样去学校的呢？如果是坐校车的话，校车根据时刻表按时到站，除周末不上学外，校车每天到站的时间大致相同。

校车往来都要遵循时刻表。校车司机知道，坐车的学生必须准时到校和离校，每时每分都要严格计算。

时间规划

对时间的规划通常就是安排好什么时间做什么事。大多数人每天都有自己的时间规划——在特定的时间做特定的事情。我们用时、分、秒来规定时间的长度。而时间表就是把这些时间和事情对应好的表格。

学校课程表

到校后，我们要按照学校的课程表度过在学校的时间。课程表中规定了上午和下午学生们要上课的时间，还要留出吃饭、游戏和课间休息时间。

课程表

	星期一	星期二	星期三	星期四	星期五
上午 9:00	签到	签到	签到	签到	签到
上午 10:00	语文	体育	阅读	语文	数学
上午 11:00	数学	体育	数学	数学	体育
中午 12:00	午餐	午餐	午餐	午餐	午餐
下午 1:00	游戏	游戏	游戏	游戏	游戏
下午 2:00	体育	阅读	科学	劳技	自然
下午 3:00	体育	数学	语文	科学	语文
下午 4:00	放学	放学	放学	放学	放学

早起的鸟儿

有一句众所周知的谚语：早起的鸟儿有虫吃。它告诉我们早起的人比晚起的人，更有希望实现他们追求的目标。

你需要认识的词语

1 天有 24 小时。

1 小时有 60 分。

民间流传的固定语句，用简单通俗的话反映出深刻的道理。

安排工作、学习或起居等时间的表格。

标明火车、飞机、轮船等交通工具出发和抵达时间的表格。

充实我们的每一天

想在一天内完成自己计划好的所有事情，你的时间够用吗？在一天中，你的大部分时间花在了学校，还有一大部分用来睡觉了！但剩下的时间，你可以好好地利用起来！

你的时间表

一天只有 24 小时，你会怎样利用这些时间呢？你会把自己喜欢做的事安排在什么时间完成呢？你必须要做的事和父母要求你做的事都要怎样安排呢？

帮助父母做家务。

必须要做的事

起床后、睡觉前刷牙洗脸，饭前便后洗手

整理床铺、书桌

一日三餐

坐校车上学、下学

在学校上课

睡觉

喜欢做的事

和小伙伴一起玩耍

购物或帮着爸爸妈妈做家务

读故事书、看电视

你可以把自己一天要做的事列成一张表，然后计算好每件事需要的时间。睡觉可能得花 10 小时，那么其余的事情就只能安排在至多 14 小时当中了！你会怎样分配这些时间呢？

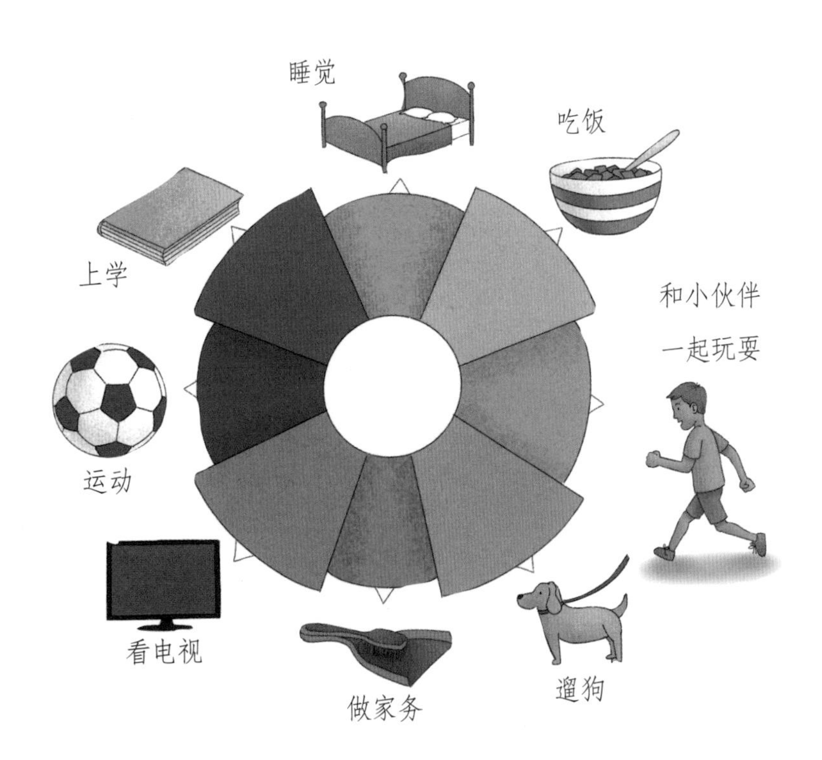

画一张这样的图表可以清楚地看到我们给每件事安排了多少时间，这个时间在一天中的占比是多少。我们称这样的图为扇形统计图，它能够直观地看出你的 24 小时是如何分配的。

扇形统计图

扇形统计图通常用于直观地展现一个整体如何被切分成若干部分，图中的每一个扇形都以圆心为顶点，在某两条半径之间，是整个扇形统计图的一部分。

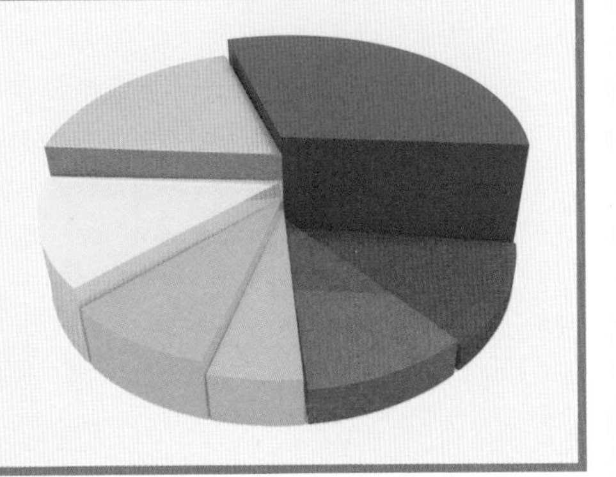

你需要认识的词语

工作或行动以前预先拟定的内容和步骤。

按日排定的行事程序。

每天所遇到的和所做的事情的记录，有的兼记对这些事情的感受。

一条弧和经过这条弧两端的两条半径所围成的图形叫作扇形。

一个通过将圆划分成若干扇形来刻画整体如何拆分成部分的圆形图表。

计时

记录时间时会使用到时间特有的名词和语言，有的时间单位用来记录很短的时间，比如你读“这句话所用的时间”可以用“秒”计算；有的时间单位则用来记录长一些的时间。

秒

1秒是非常短的。如果用正常语速念：1只河马，2只河马，3只河马……

这就相当于在数“1秒，2秒，3秒……”

当我们数够了60秒，就是1分。

分

在钟表的指针上，我们能够看到时间的流逝：分针从表盘的一个数走到另一个数，就经过了5分；分针在表盘上转一圈，就经过了60分。

经过了60分，也就是经过了1小时。

小时

有些小时在白天，我们起床做事；有些小时在夜晚，我们上床睡觉。

当24小时过去，就相当于过去了一整日。

日

1日有24小时，7日组成1个星期。

星期一
星期二
星期三
星期四
星期五
星期六
星期日

星期中的每一日都来自神话中一个神的名字哟！

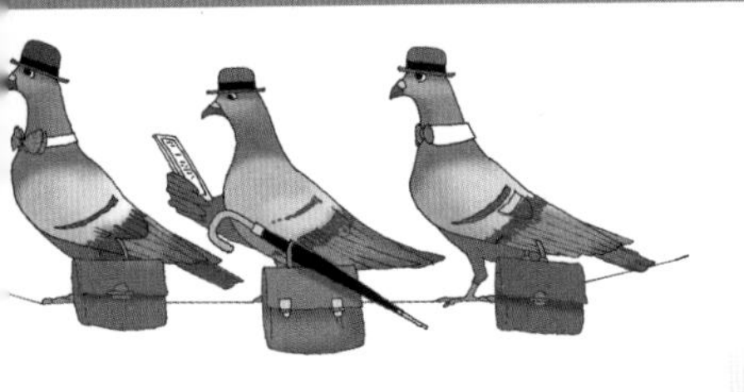

星期

人们对1个星期的7天也有不同的安排。星期一到星期五一般是小朋友上学、大人上班的日子；星期六和星期日统称为周末，大多数人在学习或工作5天后，选择在这两天休息一番或做一些自己想做的事情。

当我们度过了4个星期零一两天，就相当于度过了1个月。

月

哪怕在不同的语言中，“月”这个字也都与“月亮”密不可分。这是因为很久以前，1个月就是1个“月相”——从新月到满月再变化到下个新月的过程，大概有30天。

现在，1个月会比“月相”多一天或少一两天。

与1个星期中的7天一样，月份也有各自的名称：

一月	孟春	七月	孟秋
二月	仲春	八月	仲秋
三月	季春	九月	季秋
四月	孟夏	十月	孟冬
五月	仲夏	十一月	仲冬
六月	季夏	十二月	季冬

当我们度过了12个月，也就相当于度过了1年。

年

每一年也都有自己的名字——1个序数。虽然在不同的国家，纪年数不完全相同，但目前多数国家通用的是公元纪年体系。约定耶稣诞生的那一年为公元元年。

此后的每一年都以“公元+数”的形式命名，从公元元年开始，到如今已经过去2000多年了。

你是在公元多少年出生的呢？

每一年有12个月，大约52个星期，大约365天，每四年就会有一年是闰年，共366天。

随着朝阳醒来

几千年以前，人们把太阳当作钟表，他们日出而作，日落而息。在白天，他们通过观察太阳在天空中的位置来判断时间。

我们的太阳

太阳是一个不断燃烧的大气球，温度之高远超我们的想象。它与宇宙中的其他闪闪发光的星星一样，是一颗恒星，之所以看起来比其他恒星大，是因为它离我们的地球更近。对地球来说，太阳是最重要的恒星，因为它为生活在地球上的生命提供了赖以生存的光和热。

喔喔喔!

公鸡会在每天黎明时分打鸣儿，因此人们常称“起床时间”为“公鸡打鸣儿时间”。但其实，公鸡鸣叫是被光线刺激后的反应，它们并不只是在人们起床的时间才会鸣叫。

太阳的旅行

为什么一天有 24 小时呢？为什么一天不是 20 小时或 16 小时呢？原来在 5000 年前，古埃及人将太阳作为他们判断时间的工具，他们把太阳经过一天一夜回到天空原处的时长记录下来，并将其等分为 24 小时——白天 12 小时，黑夜 12 小时。

古埃及人发明了早期日晷。

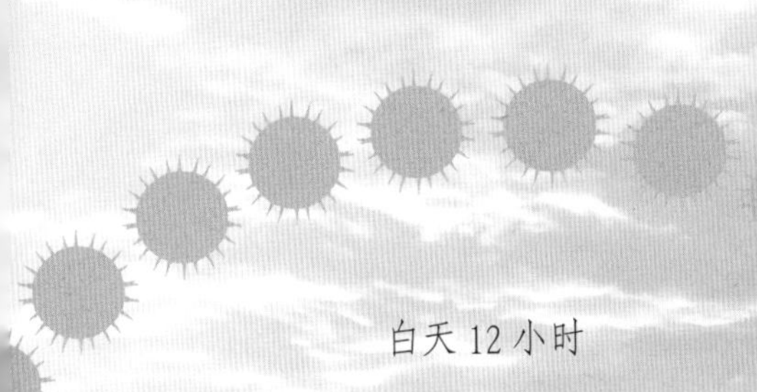

黑夜

古埃及人和古罗马人通过东方地平线上升起的星星计算夜晚的时间。

太阳光

太阳距离地球约 1.5 亿千米，而太阳光仅仅需要大约 8 分便可到达地球。这个距离即便是时速 1000 千米的超级跑车，也要花上 17 年的时间才有可能到达。

报时

钟表与尺子看起来完全不一样，但它们的功能却非常相似，它们都是测量工具。尺子测量长度，钟表测量时间。

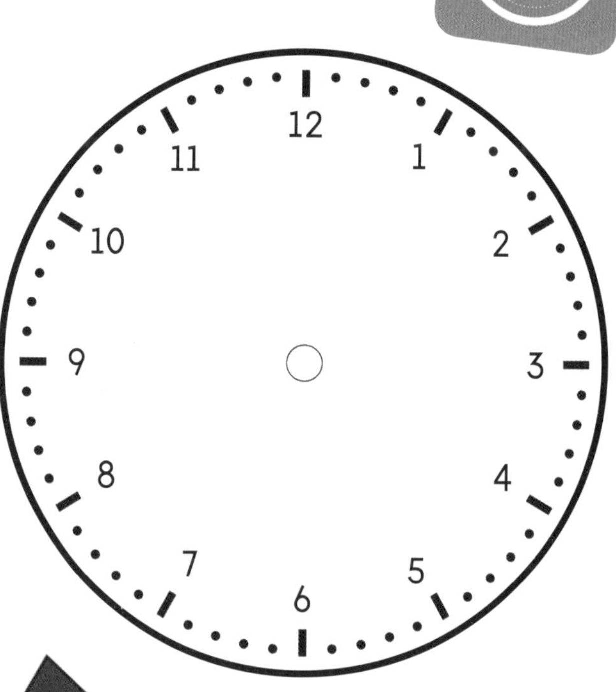

表盘

钟表通过表盘显示时间。表盘的边缘有 12 个数，分别代表古埃及人将太阳旅行的 24 小时一分为二之后，白天和黑夜各 12 小时；还有两个固定在圆心、指向边缘的指针。

时针

时针是短针，指示的是“时”。每小时有 60 分，时针从一个数走到下一个数，才过去了 1 小时，时针走得慢。

分针

分针是长针，它要在 1 小时（60 分）里旋转整整一圈，所以分针从一个数走到下一个数，就走过了 5 分，分针走得快一些。

顺时针

时针和分针都向同一个方向旋转，它们旋转的方向被我们称为顺时针方向。我们也用这个词描述跟时针和分针旋转方向一致的运动。

半小时与一刻钟

分针从12走到6，就是时间过了半小时，比如，6点过了半小时，就是6点半；分针从12走到3，就是时间过了一刻钟，比如，3点过了一刻钟，就是3点一刻；但当分针从12走到9，则称为整点差一刻，比如，8点过了45分，就是差一刻9点。

上午与下午

从清晨到正午12点之前，这段时间通常被称为上午，正午12点之后到半夜12点，这段时间通常被称为下午。

几点钟

当我们看到表盘上，分针指向12，时针指向表盘上任意一个数时，时针指的是几，就是几点钟。

学会报时

想要说出准确的时间，还得用上更多的数。

虽然表盘上只有**12**个数，但有的地方可能用**24**小时制计算1天的时间。

1刻钟是**15**分，半小时是**30**分，1小时是**60**分。

你需要认识的词语

计时的器具，有的挂在墙上，也有放在桌上的。

跟钟表上时针运转方向相同的。

以小时为单位表示整数的钟点。

从清晨到正午12点的一段时间，在英文中缩写为a.m.。

从正午12点到半夜12点的一段时间，在英文中缩写为p.m.。

历史上的钟表

几千年以前，人们就开始尝试用“钟表”看时间了。最早的钟表根据太阳在天空中的运动轨迹显示时间。由于这种钟表在晚上和没太阳的时候都无法使用，所以人们又开始寻找其他计时、报时的方法。

日晷

这是一种通过太阳照射产生的影子来测定时间的装置。人们发现，将一根杆子垂直立在地上，就会产生阴影。通过记录阴影的变化，可以将白天的时间划分成不同时段。

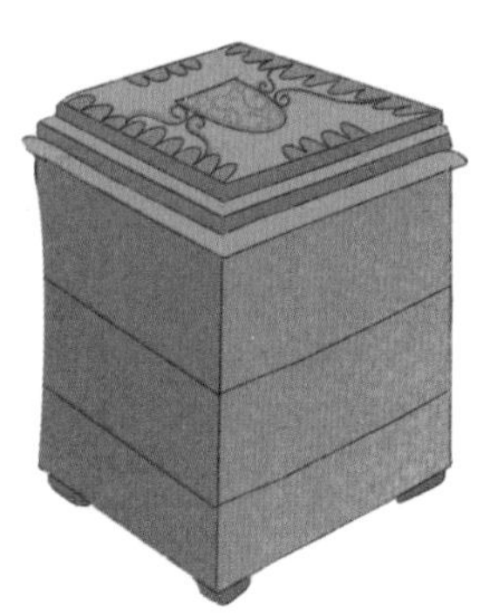

焚香计时

在中国古代，一炷香烧完的时间是确定的，大家用“一炷香”作为一个衡量时间的标准。

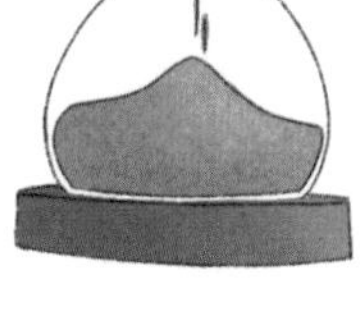

沙漏

沙漏也叫沙钟，由两个灯泡形状的玻璃球构成，玻璃球之间有细孔相连通，其中一个玻璃球里面装有一定量的细沙，细沙从一个玻璃球完全流到另一个玻璃球的时间作为一个衡量时间的标准。

天文钟

一种古老的用来计算天体运动的仪器。

六分仪

一种通过太阳或天体与海平面夹角度数来确定位置的非常古老的工具。

水钟

这是一种早期的水钟。把水放在小碗中，把小碗放在大碗中，小碗的侧壁有孔，人们根据小碗里水的水位来判断时间。

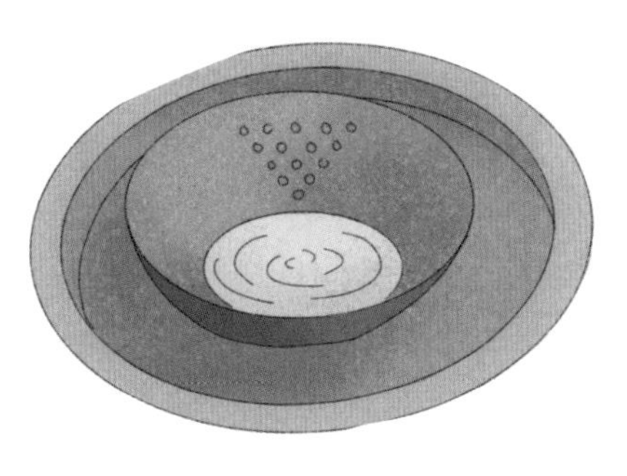

机械表

早期通过机械运动来计时的表，机械构件包括发条、齿轮、指针等。

蜡烛钟

在细长的蜡烛上标记用于计时的刻度，点燃蜡烛就可以计时了。

石英表

石英表只有几十年的历史，它由表盘、转动的指针和电池构成，不同的指针分别代表时、分、秒。

电子表

现在，还有一种拥有电子屏幕的钟表，可以直接显示数字告诉人们时间。这个时间可以是 12 小时制的，也可以是 24 小时制的。

原子钟

走得最准的钟表是原子钟，据说，它可以精确到每 2000 万年才会出现 1 秒的误差。原子钟利用微观原子的反弹微波辐射来给出 1 秒钟时长的精确计时，微波每秒会反弹 9192631770 次！

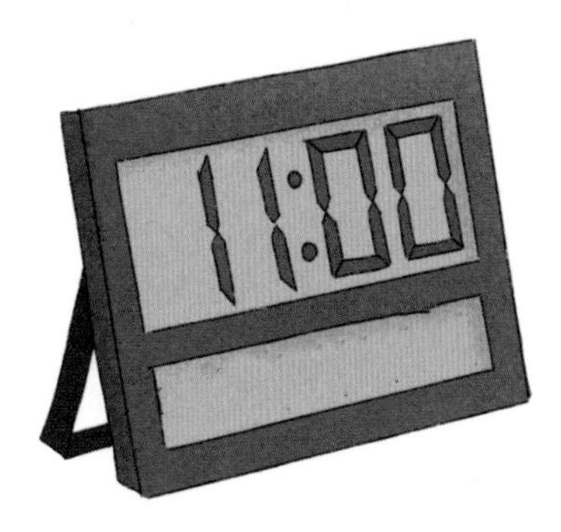

时间的记录

你记得自己昨天都做了哪些事情吗？应该还记得吧。你还记得上周、上个月做了什么事情吗？几个世纪以来，人们使用的是什么时间表来规划自己每天的活动呢？

历法

在现代世界，多数国家使用公历纪年。公历是2000年前恺撒时期的历法演变而来的。古罗马人都知道1个太阳年（即地球绕太阳一周的时间）是365天，并据此设计了他们的历法。

闰年

其实公历与太阳的运行规律并不是完全吻合的，所以还需要稍微调整一下公历，所以每4年要增加1天。有366天的那年就是闰年。

闰年那一年的序数能够被4整除，且不能被100整除。

公历也叫格里历，以意大利教皇格里高里十三世的名字命名，他是16世纪的罗马教皇。公历是意大利医生对儒略历改革而成的新历法。格里高里十三世批准颁行，很快其他国家也采用了这种历法。

雄性杰克逊氏寡妇鸟是跳跃高手！它们在肯尼亚和坦桑尼亚的高草丛里跳呀跳呀，在交配季节跳跃着以吸引雌性的注意。

各种历法

印度历

印度历是阴阳合历，也就是遵循月球和太阳两个天体的运动规律的历法，其中阴历 12 个月中的每个月都与月球绕地球相对于太阳运行的时间相匹配。

中国农历

公历每 4 年要在二月增加 1 天，使二月变成 29 天。而在中国的农历中，大约每 3 年要增加整整 1 个闰月。

南美洲的玛雅人使用的玛雅历法有两套系统：一套以 260 天为周期；另一套以 365 天为周期。

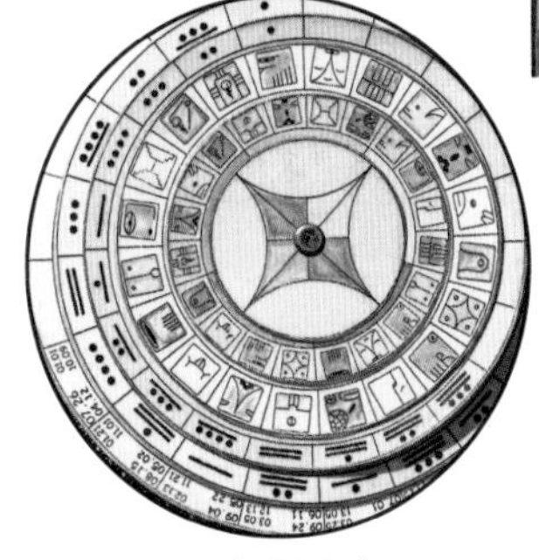
玛雅历法

玛雅历法的细节

日记

许多人通过记日记使往事可以追溯。他们每天都在日记中记录生活中发生的各种事情，除此之外，还可以写下在未来几天里必须要做的事。

你需要认识的词语

用年、月、日计算时间的方法。

历法的一类，以地球绕太阳 1 周的时间为 1 年，现在国际通用的公历就是阳历。

历法的一类，以月亮的月相周期为 1 个月，我国的传统历法农历就是阴历。

阳历有闰日的一年叫闰年，这一年有 366 天。

古代印第安人在南美洲创造的古老文明。

一年

一年过起来实在是很长的一段时间。但对很多人来说，在一年被划分为几个季节后，就好多了。季节也是一个时间段，一般是几个月。在这段时间里，我们根据不同的天气和温度选择不同的方式生活。我们常说“一年四季”，但其实世界上有的地区一年只有两个季节甚至一个季节。

北极
两季
北极圈
中纬度
四季
北回归线
热带
两季
赤道
南回归线
中纬度
四季
南极圈
南极
两季

两季

热带地区常年被强烈的阳光照射，常年处于非常炎热的状态。那里只有两个季节，一个是雨季，一个是旱季。在雨季时，风从海洋吹向陆地，在陆地上形成丰富的降水。

而南极、北极也只有两个季节，那里非常寒冷，常年被冰雪覆盖，两季的主要区别就是日照时间的长短。在“夏季”，整个地区都被太阳直射，整整半年都是白天，没有黑夜。“冬季”降临后，连续六个月都是黑夜。

四季

世界上只有一些地方拥有完整的四季——春、夏、秋、冬。因为地球每天都绕着地轴自转一周，但地球的地轴并不是完全垂直的，它有一个 23.5 度的倾角，所以地球旋转的时候也是倾斜着的。

极昼、极夜
春、夏、秋、冬
雨季、旱季
春、夏、秋、冬
极夜、极昼

也就是说地球绕着太阳运行一周的这一年里，地球上不同的区域被太阳照射的时间和照射角度都是不同的。

在夏季，日照时间长，阳光直射大地，所以白天长一些，天气热一些；而到了冬季，日照时间短，阳光斜射到大地，所以白天短一些，天气冷一些。

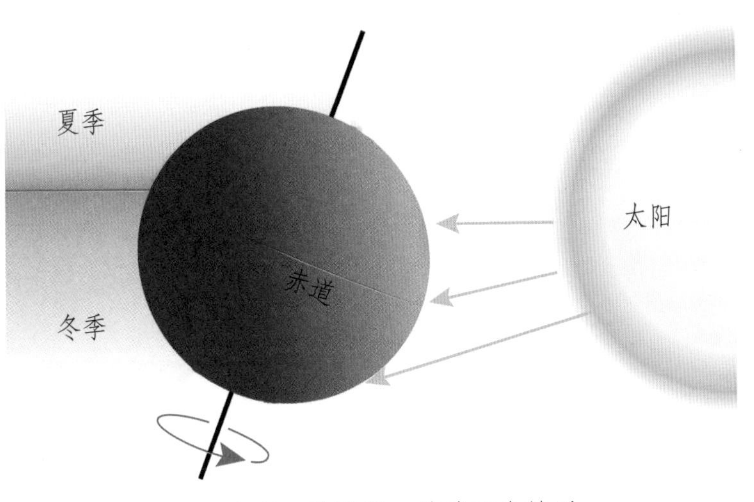

在春、秋两季，地球不会特别地朝向或背离太阳。

你需要认识的词语

一年里某个有特点的时期。

赤道两侧南北回归线之间的地带。

地轴的北端，北半球的顶点。

地轴的南端，南半球的顶点。

地球自转的轴线，和赤道平面相垂直。

世界各地的时间

现在，我们利用在太空中围绕地球运行的卫星为钟表校正时间，其精度可达到1秒甚至更小的时间单位。然而，尽管我们使用同样的计时方式，但在同一时间，不同地区的钟表上显示的“时间”却大不相同。

闰秒

根据世界时的计时，一天有86400秒，是地球自转一周的时间，但实际上地球自转的速度并非一成不变，所以地球自转一周的时间会比86400秒多一点点或少一点点。为了让我们的时间能够尽可能准确地反映地球的自转，所以每过一段时间，我们就会把时间调快1秒或调慢1秒。调快或调慢的这1秒就被称为闰秒。

时区

各个国家位于不同的时区，全球共分为24个时区，每个时区跨经度15度，相邻两个时区的时差相差1小时。不论你在世界的哪个角落，你的当地时间都是以世界时为标准，或是快、慢几小时，或跟世界时一致。

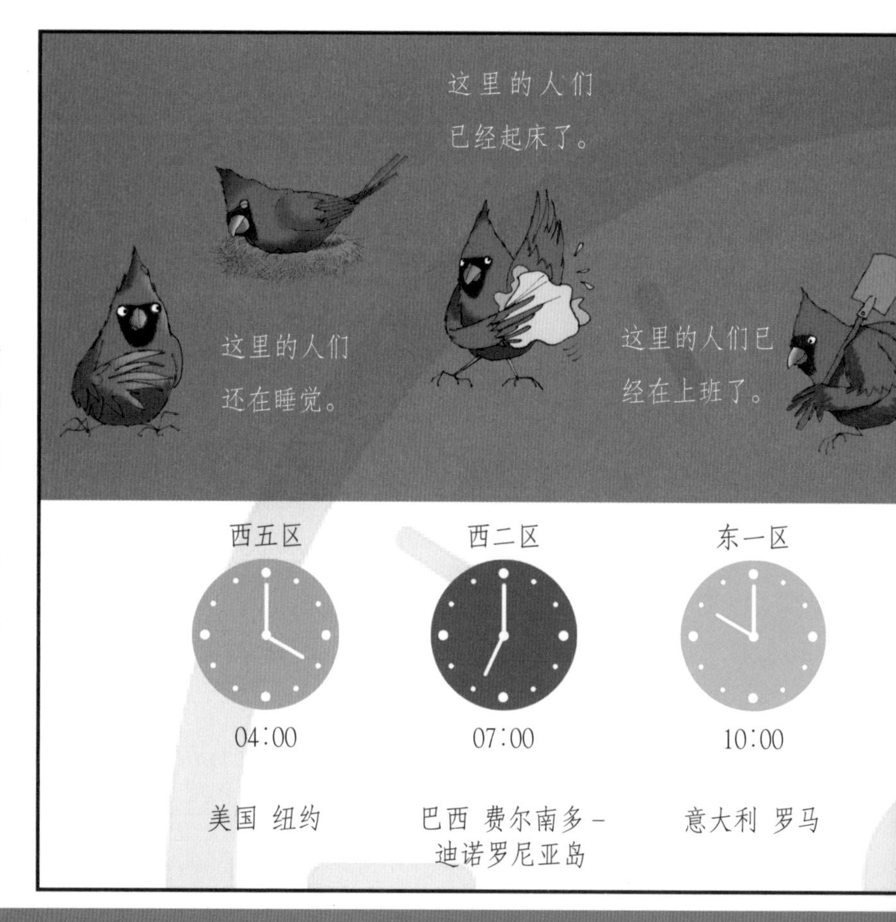

精确计时

为确保世界各地的人们使用的时间都是准确的，世界时已被应用在各个领域。航班安排、天气预报，以及实时地图都采用世界时。连国际空间站也指定世界时为标准时间。

世界时将时间的精度设置为1毫秒，即千分之一秒。

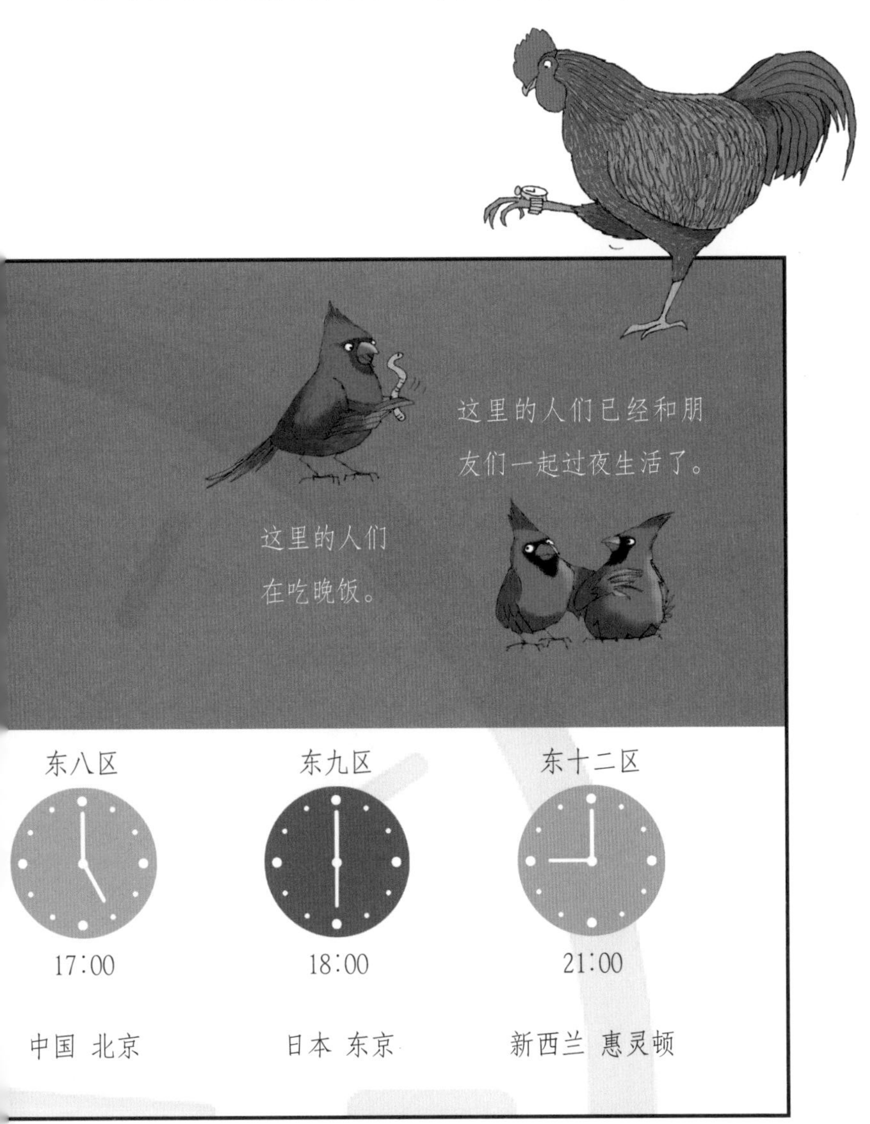

你需要认识的词语

以本初子午线所在时区为标准的时间，又叫格林尼治时间。

通常指绕地球运行的人造地球卫星。

物体运动的路线，多指有一定规则的，如人造卫星的运行有一定的轨道。

一种微小的时间单位，1000毫秒=1秒。

增加或减少1秒，使得世界时与地球自转时间同步。

核准时间

不论做什么事都要花时间，而且得在一定的时间内做完才行。比如要你为早饭准备餐具，你就得在人们用餐之前、在早饭做好之前，将碗和筷子摆放好。

早一点儿还是晚一点儿？

大多数人都得在规定的时间内到达工作岗位。比如校车司机就必须严格按照时刻表驾驶校车，要不然你和其他学生就会迟到了。

快一点儿还是慢一点儿？

如果快要迟到了，我们肯定要快一点儿。而如果时间还早，我们就可以适当放慢脚步。

时间与速度

当一个物体做匀速直线运动的时候，我们可以通过它运动的距离和运动的时间，计算出它运动的速度。

速度（v）等于路程（s）除以时间（t）。

$$v=\frac{s}{t}$$

花多长时间？

你早上起床要花多长时间？

脱下睡衣	1分
刷牙洗脸	10分
穿衣服	6分
梳头发	2分
叠被子	1分
一共是	20分

国际空间站

国际空间站在地球上空的轨道上运行，在每条轨道的运行时间从 90 分到 93 分不等。运行时间的长短取决于国际空间站距地面的高度。

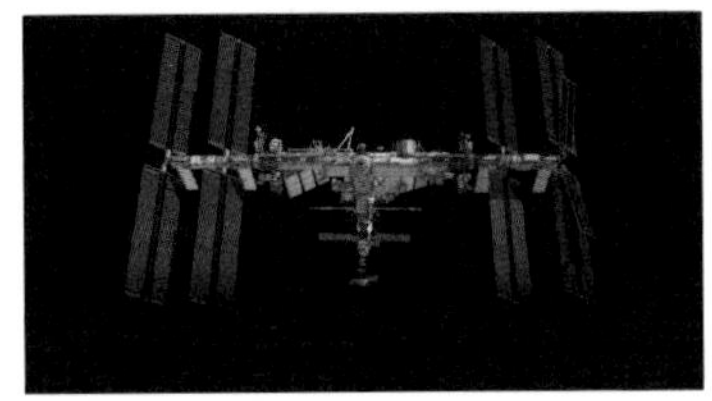

想象一下，以 28000 千米 / 时的速度环绕地球！

司机可以通过仪表看出汽车行驶的速度。

你的速度有多快?

跑步的速度可以达到 8 千米 / 时。

遛狗的速度大约是 3.6 千米 / 时。

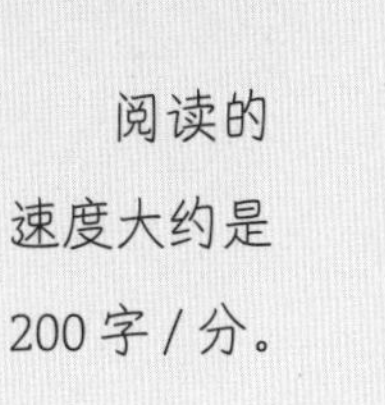

阅读的速度大约是 200 字 / 分。

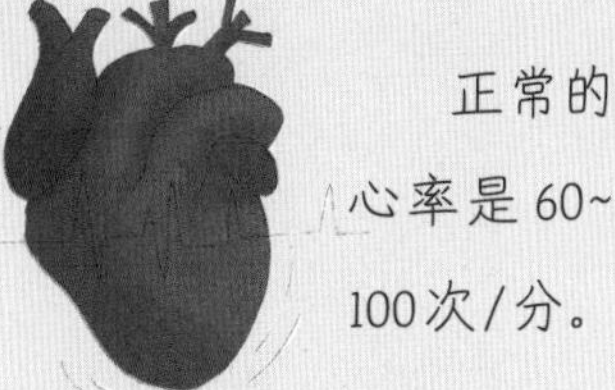

正常的心率是 60~100 次 / 分。

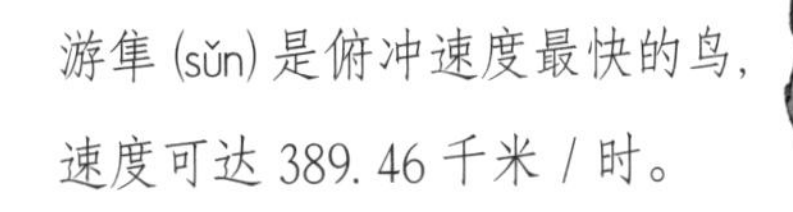

游隼 (sǔn) 是俯冲速度最快的鸟，速度可达 389.46 千米 / 时。

你需要认识的词语

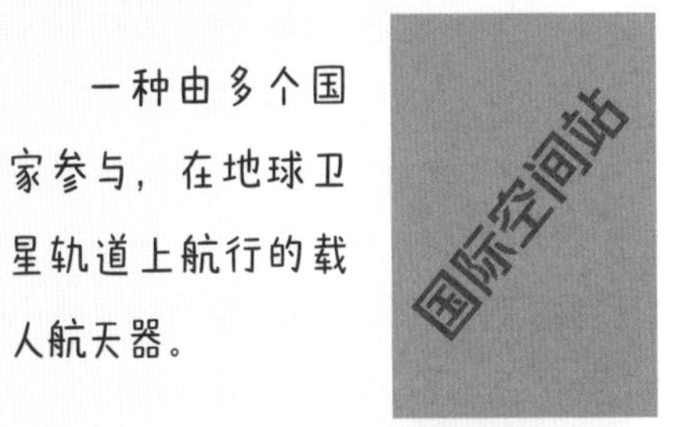

一种由多个国家参与，在地球卫星轨道上航行的载人航天器。

测定温度、压力、电量等各种物理量的仪器。

俯冲速度最快的猛禽。

心率

心脏搏动的频率。

几岁啦？

一年的时间很长，过得好像很慢。我们每年用过生日的方式庆祝年龄的增长，记录已经过去了多少个年头儿。我们的身体随着时间在变化，每年都会变得更高、更强壮。我们的生活也随着时间在变化，升学、交新朋友、学新技能等，这都让我们变得更加独立。

年的度量

10 年 =1 个年代

100 年 =1 个世纪

1000 年 =1 个千禧年

2.25 亿到 2.5 亿地球年 = 一个银河年

银河年是太阳围绕银河系中心公转一周所需的时间。

世界上最大的时间单位是卡尔巴，这是印度教纪年的单位，相当于 4320000000 年。

一代

一代指的是在同一时期出生和生活的人。一代人与下一代人的时间间隔大概是 20 年。

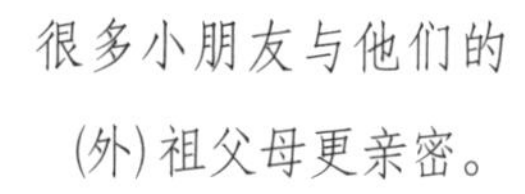

很多小朋友与他们的(外)祖父母更亲密。

你的家庭

你今年几岁了？你的父母、（外）祖父母今年多大年纪了？你和（外）祖父母之间的年龄可能会相差 60 岁甚至 70 岁。他们年轻时的生活是什么样子？那个时候他们的生活快乐吗？请你问问他们，他们在你这么大的时候，做过什么让他们印象深刻的事？

这个家庭有三代人：孩子、父母和（外）祖父母。

有些家庭的世代关系可以追溯到上百年前。这张家庭合照拍摄于1850年。

100岁

有些人能活到100岁。如果你给自己过了100次生日，那你就是个百岁老人了。在美国，总统会写信给百岁老人；在英国，女王会在百岁老人过生日的时候送上祝福；而在日本，首相会给百岁老人颁发银质奖杯。

小甜饼是一只雄性米切氏凤头鹦鹉，它至少活了82岁。

2000年

2000年的第一天，世界各地都在庆祝步入新千年。

你需要认识的词语

10年时长。

计算年代的单位，100年为1个世纪。

1000年时长。

同一辈分或同一时代的人。

太阳围绕银河系中心公转一周所需的时间。

时间轴

为便于记录从宇宙诞生以来发生的各类事件，科学家们创造出了时间轴，记录历史上发生的重大事件。我们从时间轴上可以看出过去发生了什么，现在正在发生什么，甚至可以畅想出未来会发生什么。

世界大事件

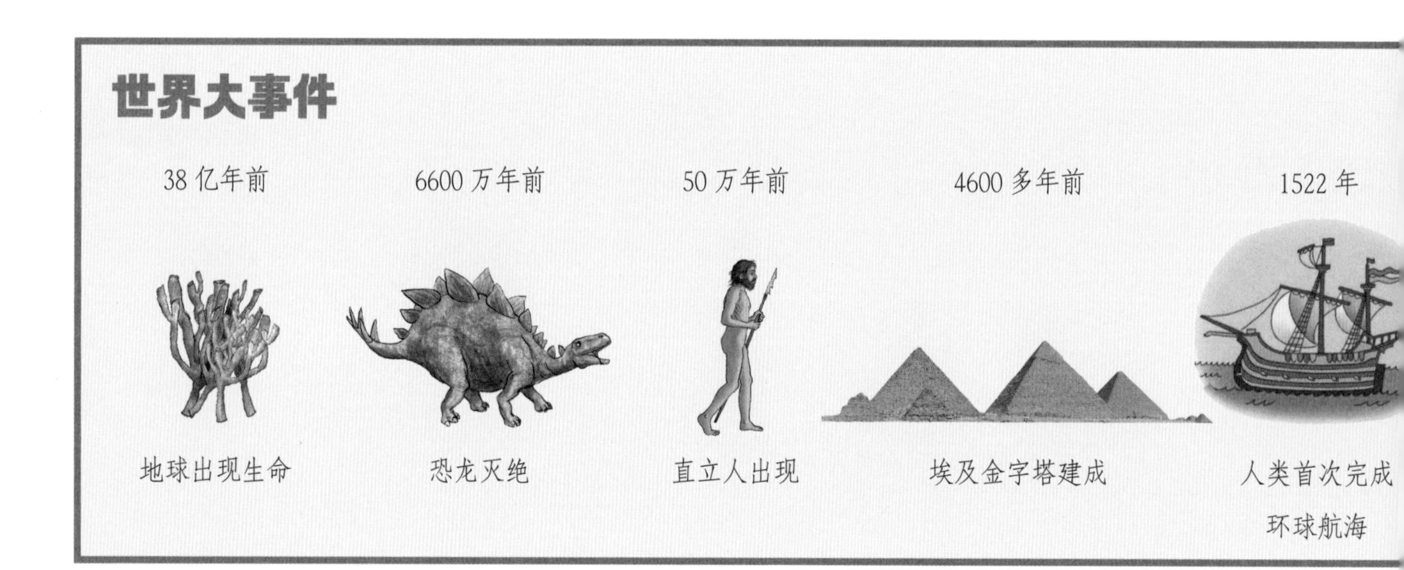

你的时间轴

你的痕迹

你的人生才刚刚开始，你的时间轴会不断延伸，上面会记满刺激有趣的人和事。你还可以做一个家庭时间轴，记录下你的父母、（外）祖父母，甚至是曾（外）祖父母的人生大事。

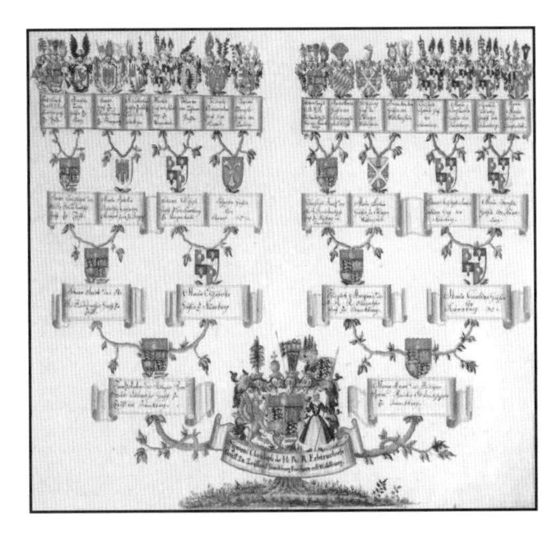

这张古老的德国家谱记录了这个家族的世系传承。

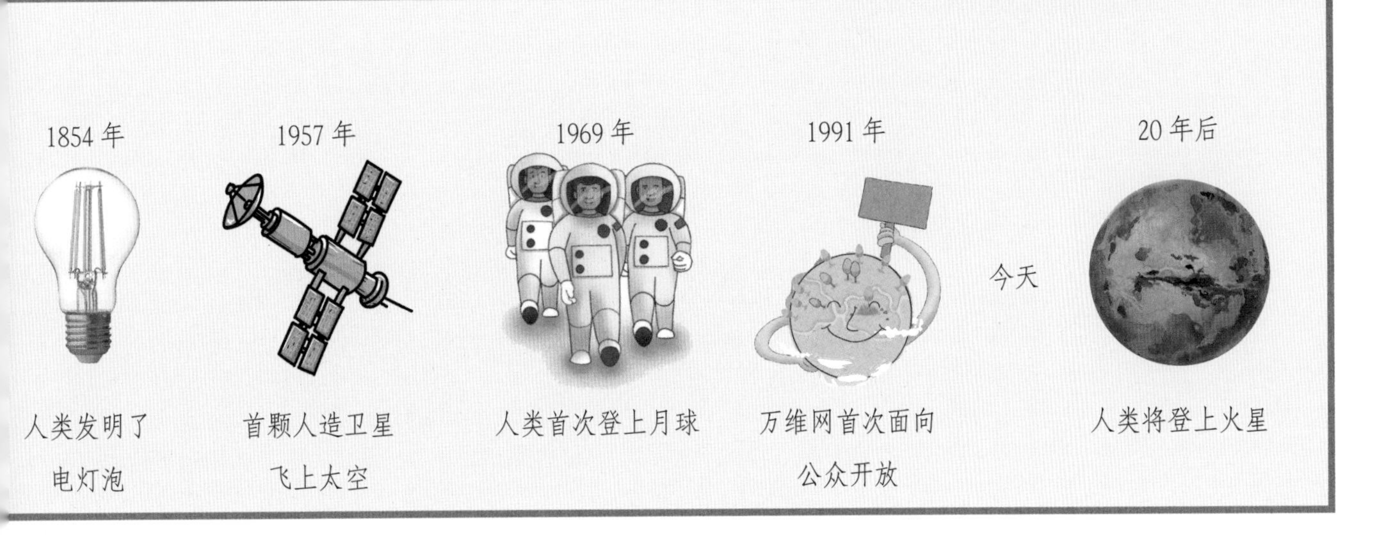

更快，更快？

随着时间的推移，人类掌握了许多新的技能。要从一个地方到另一个地方，现在可比以前快多了。在以前，交通工具可能是马或马车，而现在可以选择汽车或飞机。未来，可能还会出现更多令人意想不到的新交通工具。

飞车

一级方程式赛车的行驶速度之快，已经达到了令人惊奇的程度。发明家们还在不停地设计新型的车辆。未来，也许在我们需要行驶速度更快或行驶距离更远时，车辆就能在空中飞行了。

太空飞船

人类进入太空已经有 60 多年了。科学家们一直在发明新的宇宙飞船，以使它们能承载更多的人飞向更远、更深的太空，甚至可以让人类在太空中生活、定居。

一起探索数学世界吧

数数有多少钱？

[英] 费利西娅·劳 著
[英] 戴维·莫斯廷 [英] 克丽·格林 绘
郑玲 译

童趣出版有限公司编译　　人民邮电出版社出版
北　京

除了买东西，

我们还能用钱做什么呢？

前言

在生活中，每个人都离不开钱。大家习惯把硬币与纸币称作钱，但是世界上大部分东西都可以被当作“钱”。只要人们都认同这个“钱”的价值，就可以用它进行交易。

你当然可以拥有自己的钱。这些钱可以是人民币、美元或英镑。钱的形式可以是现金、支票、信用货币或数字货币等。

目 录

2 交易商店
4 它值多少钱？
6 钱！钱！钱！
8 你的钱
10 买！买！买！
12 卖东西
14 在超市
16 丰富的技能
18 丰富的财产
20 幸福的财富
22 为生活而工作
24 银行
26 钱的问题
28 温故知新

交易商店

你已经知道什么是钱了。我想，你的小钱包里一定有一些爸爸妈妈给的钱，你可以用它来买东西。

雅浦岛石币是密克罗尼西亚联邦的雅浦人使用的货币。

交易

你的小钱包里应该有硬币或纸币，而纸币的面额更大一些。但在很久以前，人们无论是买东西还是卖东西，既没有硬币也没有纸币。他们用一样东西换另一样，例如用1只羊换5只鸡。这种交易叫作“以物易物”。

易货贸易

物物交换是很古老的交易方式。在货币被发明出来之前的几百年里，人们都是以物易物，用物品或服务来换自己需要的物品。

自然货币

商人会把某一类物品当作货币，如贝壳、珠子，甚至是锋利的斧头。当大家都一致同意贝壳或某种物品的价值时，它们就可以作为货币参与买卖了。

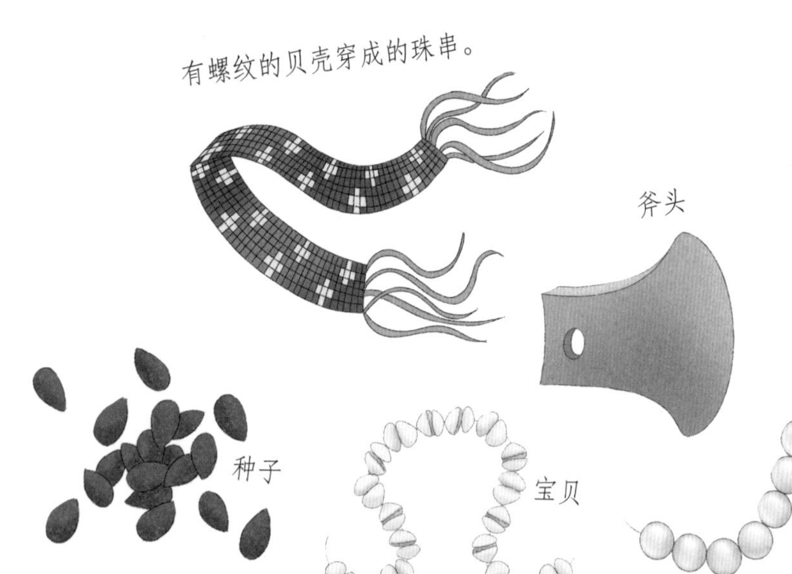

有螺纹的贝壳穿成的珠串。

珍珠

手镯

易货贸易市场

在今天的西班牙街头，仍有不少以物易物的交易。这些交易市场有时被称作“易物会议”，是纯粹的物品交换，没有金钱的参与。人们拿出自己不需要的物品，交换所需。

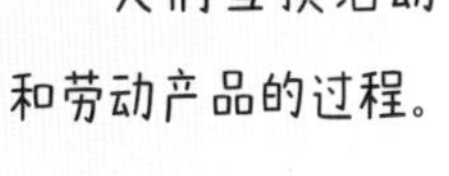

买方和卖方到市场进行物品交易。

价值

无论用何种商品进行买卖或交换，都要具有以下三个特点：

大家都同意使用它。

大家同意用不同的方式使用它。

大家一致同意它的价值。

记下数字

在过去，人们完成交易后，会在计数木条上记账——在上面记录销售与负债的情况。

古代人们使用的算筹符号。

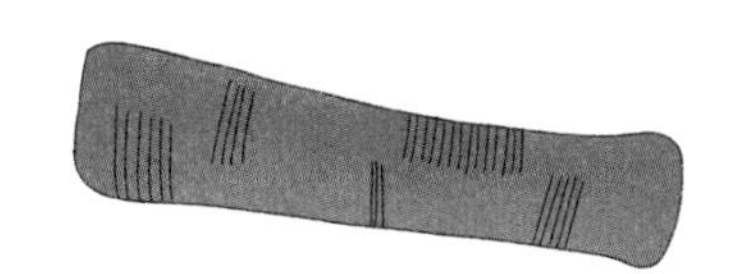

你需要认识的词语

不用金钱，只用实物或服务来交换的贸易方式。

人们互换活动和劳动产品的过程。

体现在商品里的社会必要劳动。

为集体（或别人）的利益或为某种事业而工作。

它值多少钱？

一件物品的价值被确定下来，就会一直保持这个价值不变，直到所有人都想去改变它。这件物品就叫作货币。

几千年前，人们把统治者的头像或崇拜的神明铸造在钱币上。

钱

在没有货币的时候，会产生一些问题：如果人们没有足够的贝壳或珠子；或卖家因为交换的贝壳太多了，多到拿不动；或卖家不想用自己的货物交换这些贝壳或珠子，该怎么办呢？

当人们进行交换的地方越来越远，交换和定价的情况越来越复杂时，为了能够继续贸易，人们发明了钱币。

世界上第一枚硬币

在2600多年前，也就是在大约公元前600年的时候，西方第一枚钱币出现了——一枚硬币。硬币上铸有它的面值。人们用它来交换需要的物品。早期硬币是由铜制成的。

很快，金币和银币就出现了。金和银非常稀有，所以金银本身就非常值钱。

什么是钱？

我们都用钱，都认同它的特性：

它是一种用来衡量财富多少的工具。

我们用它做交换，买卖东西。

我们可以把它花掉，把它送人，用它做我们想做的事情。

我们都认同钱具有一定的价值。

纸币

纸质的货币，一般由国家银行或政府授权的银行发行，上面印有面额。世界上第一张纸币——“交子”出现在1000多年前的中国，也就是北宋时期，是最早由政府发行的纸币。

你需要认识的词语

商品价值的货币表现。

产品在生产和流通过程中所需的全部费用。

充当一切商品的等价物的特殊商品。

具有价值的东西。

钱！钱！钱！

以下是一些国家的货币名称。

阿尔及利亚

澳大利亚

不丹

巴西

中国

智利

捷克

匈牙利

印度

印度尼西亚

阿尔巴尼亚 列克

阿尔及利亚 阿尔及利亚第纳尔

阿根廷 阿根廷比索

澳大利亚 澳大利亚元

阿塞拜疆 阿塞拜疆马纳特

孟加拉国 塔卡

不丹 努扎姆

巴西 雷亚尔

保加利亚 列弗

加拿大 加拿大元

智利 智利比索

中国 人民币

克罗地亚 库纳

捷克 捷克克朗

丹麦 丹麦克朗

埃及 埃及镑

冰岛 冰岛克朗

印度 印度卢比

印度尼西亚 印度尼西亚盾

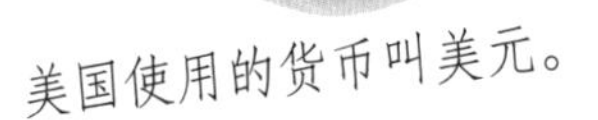
美国使用的货币叫美元。

阿塞拜疆

孟加拉国

很多欧洲国家使用欧元。

加拿大

英镑是英国的法定货币。

丹麦

冰岛

埃及

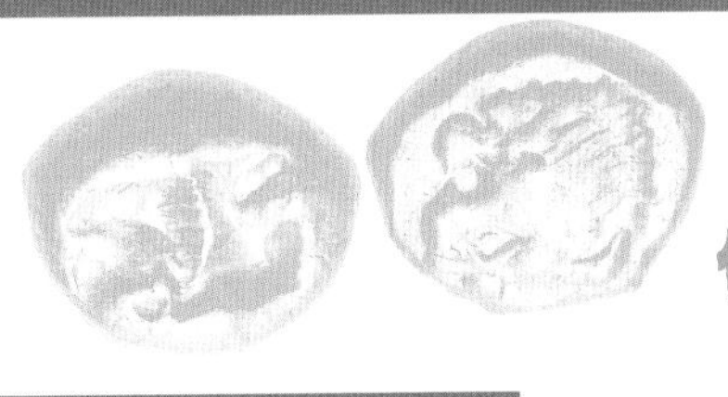

日本

南非

新西兰

巴基斯坦

秘鲁

菲律宾

瑞士

土耳其

乌克兰

英国

伊朗 土曼

日本 日元

马来西亚 林吉特

墨西哥 墨西哥比索

摩洛哥 摩洛哥迪拉姆

新西兰 新西兰元

挪威 挪威克朗

巴基斯坦 巴基斯坦卢比

秘鲁 新索尔

菲律宾 菲律宾比索

罗马尼亚 罗马尼亚列伊

俄罗斯 俄罗斯卢布

沙特阿拉伯 沙特里亚尔

南非 兰特

瑞典 瑞典克朗

瑞士 瑞士法郎

泰国 泰铢

土耳其 土耳其里拉

乌克兰 格里夫纳

英国 英镑

美国 美元

越南 越南盾

伊朗

韩国

马来西亚

摩洛哥

挪威

罗马尼亚

俄罗斯

沙特阿拉伯

泰国

美国

越南

你的钱

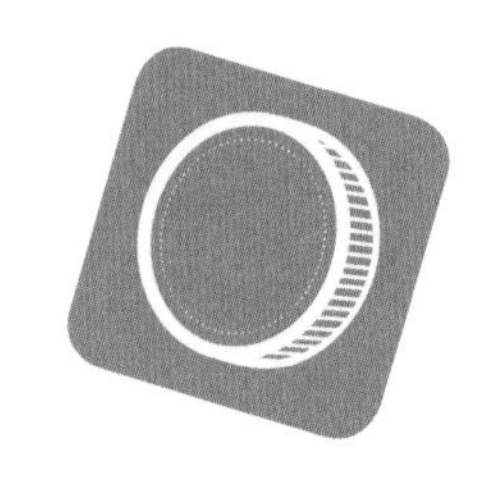

如果你十分幸运，得到了一些钱，你是选择立刻花掉呢？还是存起来买个特殊的东西呢？长大以后，你会拥有更多的钱，做出更多的决定，可以把这些钱花在不同的地方。

兜儿里的钱

如果想兜儿里有钱，你可以通过劳动挣钱。你可以在家里打扫卫生或洗衣服，赚些零花钱。

当你有钱了，你需要合理规划，如何用好兜儿里的钱：

花掉？

存起来？

捐出去？

如果你拥有的钱比你花出去的多，你就会变得富有。

金钱的流动

金钱不断地流入、流出每个人的钱包。当你过生日或做家务时，你也许可以得到一些钱，钱就流进了你的钱包。如果你把钱花掉或捐出去了，钱就好像从钱包里流出去了一样。

如果你花的钱比赚的多，就没法变得富有了。

消费

如果想拥有一样东西，比如鞋子或牙刷，你就得用钱去买。不过，有的时候，你可以试着买一些“奢侈品”，比如一架无人机，因为你的爸爸妈妈已经帮你买了生活中不可缺少的必需品。

存钱

存钱的意思很简单，不消费就是存钱。为了买一件更贵的东西，你需要存上一段时间，积累足够多的钱。你可以把钱存在盒子里、瓶子里，或是小猪存钱罐里。

捐赠

你可能会把钱跟兄弟姐妹、朋友们分享。你也可以把钱捐给某个组织或慈善机构去做一些善事。这个世界上有很多贫穷的人和弱势群体，你的捐款也许能够挽救一条生命。

你需要认识的词语

开支的费用。

维持基本生活所需要的物品，比如新牙刷或新鞋子。

超出人们生存与发展范围的，具有独特、稀缺等特点的有形产品或服务。

保存着你的钱，直到真正需要用它。

捐献赠送（物品给国家或集体）。

买！买！买！

当你有了钱，还想用掉它，那么是时候去购物了。你得知道自己要什么，或知道可以挑选什么。

什么是价格？

你知道要去买什么，但你有足够的钱吗？在商店里，有的商品的价格是固定的，价签会贴在商品上。但在一些市场里，也可以和商家讲价。换句话说，你可以问问商家是否接受你认为合适的价格。

计算成本

制造一件商品，需要花费多少钱？

把造好的产品运到销售的地方，需要花费多少钱？

买家在购买商品时多付出的部分叫什么？

这就叫利润。

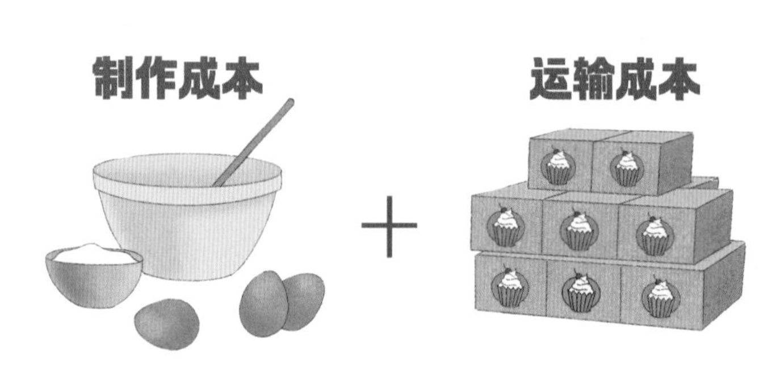

利润

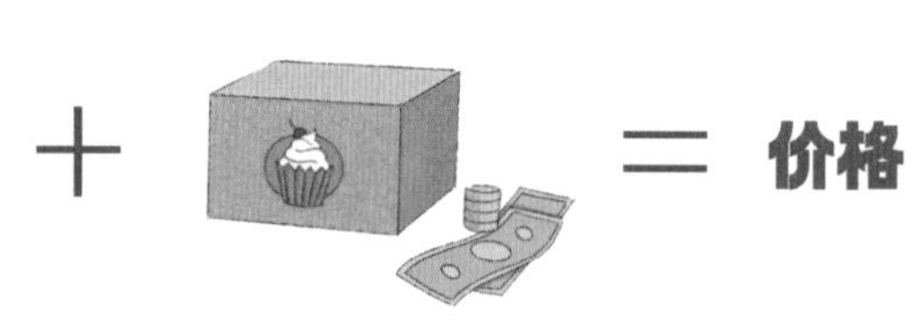

价值和价格

商品的价值是指人们愿意用多少钱去购买它。而大部分商品还有一个市场价格——人们购买同类商品的价格。价值和市场价格不一定相等。

由什么制成？

一件商品由什么材料制成、是什么品牌，都非常重要。你觉得有的品牌很有名或很熟悉，是因为你在电视上看过它的广告，或见爸爸妈妈买过它的产品。其实物美价廉的商品比比皆是，值得一试。

打折时间

打折促销

商家会时不时地对部分商品打折出售，这就叫作“促销”。这可是买到便宜商品的好机会，有些商品的价格可以降到定价的一半甚至更低。

便宜吗？

有的东西很便宜，但那不意味着你要买它，也不代表它的质量好，值这个价钱。各种各样的广告让人觉得自己很需要这个商品，但事实上我们并不需要，它就是奢侈品。所以，我们一定要考虑清楚，如何合理使用手里的钱。

购物很有趣，买到便宜的东西也很有趣，但是浪费钱是不被倡导的！

垃圾场里一堆又一堆的旧衣服，都是人类造成的巨大浪费。

你需要认识的词语

拿钱换东西。

买卖双方商议商品售价。

降低商品的定价（出售）。

价钱低。

卖东西

如果你有一些自己不需要的东西，可以把它们送人或卖掉。只要有人需要这些东西，它们就是有价值的。你也可以做一些手工，卖掉它们，赚些钱。怎么才能做一个聪明的商人？你得知道这些东西的价值，谁愿意购买它们。

成本

商品在生产和流通过程中所需的全部费用。

销售价格

确定一件商品的销售价格，主要考虑两个因素：一是你花了多少钱制造它，二是人们愿意花多少钱购买它。销售价格由“供给”和“需求”两方面决定。如果你卖的商品很受欢迎，那你可以适当提高售价；如果没人要，就得把价格降低了。

价格

顾客购买商品或享受服务需要支付的费用。

广告

如果你要卖东西，首先要找到顾客。大部分公司通过广告寻找顾客。这些广告出现在报纸、杂志、电视、互联网或各种大广告牌等地方。

顾客

顾客是需要某样商品，并且愿意付款购买的人。也许，当他们看了广告，才知道自己需要这件商品；又或是他们自发地找到了一件商品。现在，也有很多人通过互联网购物。

顾客看重的是商品的质量和价格。他们寻找做工精美、质量好的商品，当然到货速度快也是非常重要的。

存货

如果你想卖东西，但手里只有一件商品，那么卖掉这件后，你就没东西可卖了。所以，你得做好货物储备。

小朋友们在摆摊卖柠檬水，她们要给慈善机构募捐。

美国纽约街头高层建筑上的巨大广告牌。

你需要认识的词语

拿东西换钱。

把生活中必需的物资、钱财、资料等给需要的人使用。

因需要而产生的要求。

向公众介绍商品、服务内容或文娱体育节目的一种方式。

商店或服务行业称来买东西或要求服务的人。

在超市

你可以选择购买物品的场所。在集市里挑选商品会非常有意思；在大型超市里买东西则会有更多的选择，那里有各种各样的商品。在当地的商店，人们更容易买到货真价实的商品。

街头小贩

小商贩指的是那些拿着货物，从一个地方走到另一个地方叫卖的人。他们要卖的货物数量不多，可以放在小托盘上、背在身上，或用马驮着、用手推车推着。

集市

在这个世界上，几乎每个村庄、小镇或城市都有自己的集市。农民拿着自己种的新鲜水果和蔬菜，或手工做的玩具、甜点和其他食物来到集市上售卖。热闹的集市摊位上，摆放着各种各样、色彩鲜艳的商品。

在集市上售卖的各种新鲜的水果、蔬菜。

各种各样的室外跳蚤市场。

商品交易的场所，商品行销的区域。

不雇工人或店员，自己从事商品流通过程中的劳动，以其收入为生活之全部或主要来源的人。

经营廉价商品、旧货物和古董的露天市场。

交易成功，买卖做成。

跳蚤市场

在跳蚤市场，人们一般买卖一些二手物品。这种市场接近我们之前说的易货贸易市场，市场上的货物价格也不是一成不变的。买家决定他想付的价格，卖家要思考这个价格自己是否能接受，所以在这个市场里，商品的价格总是变动的。

向朋友购买

你和朋友一样，都会有很多不玩的玩具或游戏机。在荷兰一年一度的女王节期间，小朋友们可以在跳蚤市场上买卖他们的玩具。

丰富的技能

用新鲜农作物换取他人的技能。

想象一下，生活在一个不使用货币的世界里会是什么样的？那里的每个人都拥有自己需要的东西。有的人拥有很多很多，有的人拥有很少很少，但是他们能够平衡各自所需的物品，每个人的需求都能得到满足。

各取所需

在墨西哥的一个小镇——圣克里斯托瓦尔-德拉斯卡萨斯里有一个活动，那里的居民创造了一种不使用货币，而是通过判断物品的价值，交换物品的买卖方式，它叫作“内部互换价值”。这些日用品如衣服、厨具或笔记本电脑都被写上价格，在这里所有的东西都可以分享、交换，知识、技能等都具有价值。这个价值一旦被双方认可，人们就可以进行交换，不需要金钱参与其中。

用家居修理服务换取做好的饭菜或新鲜的食物。

钱不是万能的!

在前文所述的小镇里，或一些地区乃至国家中，富有指的并不是我们拥有很多物质财富，而是在知识储备、想象力和生活技能等方面富有。如果我们拥有这些可以与他人分享的东西，我们也会变得富有。

用自己做的美食换取各种帮助。

小镇的人们与他人分享技能和物品，而不使用金钱。

互换教学与培训的技能。

用教人如何开车换取各种帮助。

用照顾婴儿或家庭教育的工作交换照顾动物的工作。

用兽医服务交换家务服务。

用自己做的手工艺品换取驾驶课程或食物。

家庭教育

理发师

举重训练

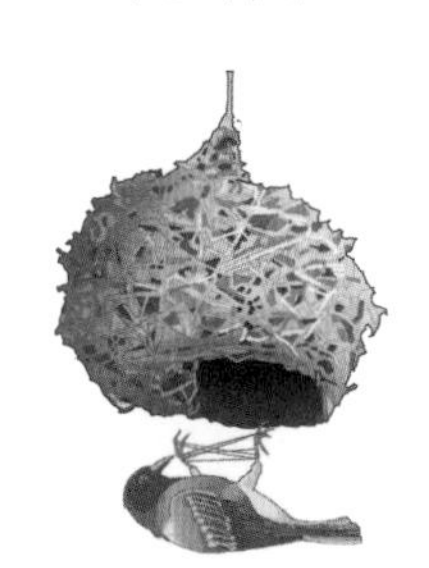

家居维修

本地特产

丰富的财产

世界上有富有的人和富有的国家。通常，富有的国家里会有很多富有的人，因为富有的国家创造出财富，为国民提供工作，让国民过上富足的生活。

卡塔尔是目前世界上最富裕的国家之一。巨大的石油资源，每年为这个国家带来数百亿美元的收入。

财富

有些人出生在富裕的家庭，在富足的条件下成长。他们接受良好的教育，拥有愉快的假期，想买什么就买什么。也有一些人通过自己的努力，拥有高薪的工作，实现财富自由。

富有的生活

人们赚得越多，往往花得就越多，比如花在食物、假期和娱乐活动上。也许他们经常去餐馆，而不在家吃饭。也许他们不使用公共交通工具，而驾驶私家车。他们还购买昂贵的商品和享受更长的假期。

热门职业

世界上有很多热门职业，其中包括医疗、建筑、经济和计算机技术等领域中的许多岗位。

生活开销

无论你有多少钱，你都得支付最基本的生活开销。基本生活开销能保证我们生存下去，包括：

食物

住房

交通

能源

衣服

教育

健康

幼儿护理

娱乐活动

帮助他人

有钱人不会只把钱花在自己身上，很多有钱人会捐出一大笔钱给慈善机构或帮助他人。慈善家做的这些慈善工作，是想让更多人懂得去帮助其他人。

百万富翁

有的人一辈子都在努力工作，有的人拥有无数人梦寐以求的理想事业，有的人非常幸运地成了百万富翁。

奥普拉·温弗瑞出生在美国密西西比州的贫穷家庭。她克服重重阻碍，获得成功。她通过自己的慈善基金捐出了数百万美元。

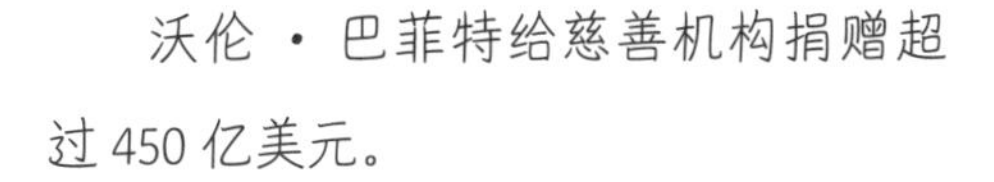

沃伦 · 巴菲特给慈善机构捐赠超过 450 亿美元。

曾经的比尔·盖茨夫妇从支持美国芝加哥的教育，到尼日利亚的卫生保健，他们已经捐赠了数百亿美元来帮助他人。

幸福的财富

许多人认为，如果自己有很多钱，就一定会特别幸福。确实，舒适的生活会带给人幸福感。但能给人们带来幸福感的不一定是钱。在世界上，有一个国家并不富有，但它的国民却觉得自己很幸福。

不丹

1972 年，不丹国王宣布：国民的幸福指数比生产总值更重要。国民幸福指数即 GNH，作为衡量国家经济和道德的一个新标准便从此出现了。

国民幸福指数

这是衡量不丹人对生活、国家等各方面感受的标准。国民们要对以下每一个问题认真地做出反馈。

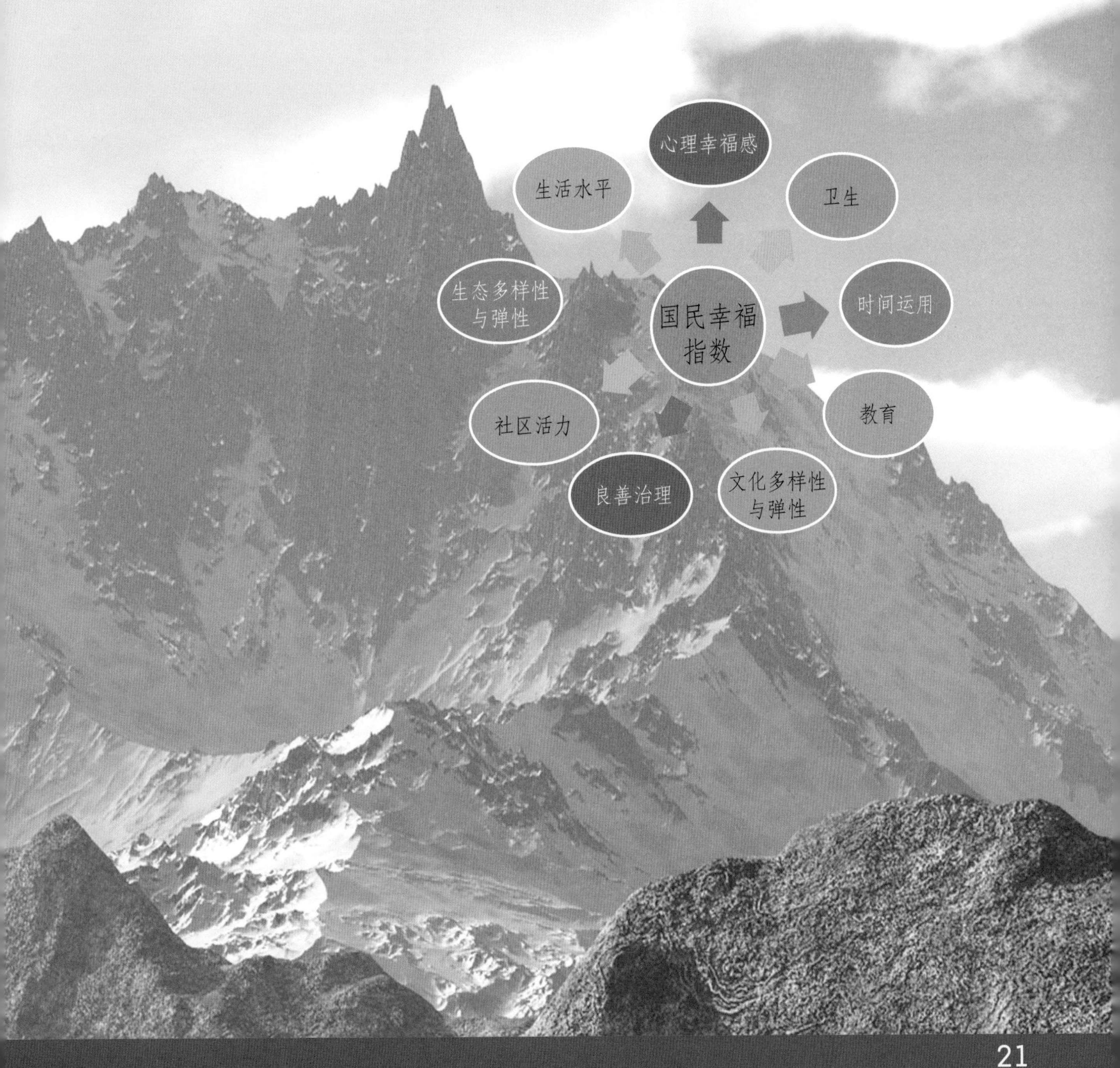

为生活而工作

完成学业后，你可能很想开始工作了。你在工作的时候付出劳动，用时间、努力、专业知识获得收入和各种福利。

投资

银行业

自由职业

工作

对于工作，无论全职还是兼职，长期或短期，都意味着你将与某个人或某个公司签订合同。你们之间将达成一系列的承诺，最终，你成为公司的一名员工。

社交媒体

网页设计

薪酬

为了回报你付出的时间与努力，雇主会定期付给你薪酬。这时候，你就能做到经济独立啦！

创意设计 程序开发

行政事务

房产经纪

航空旅游

假日经济

运输服务

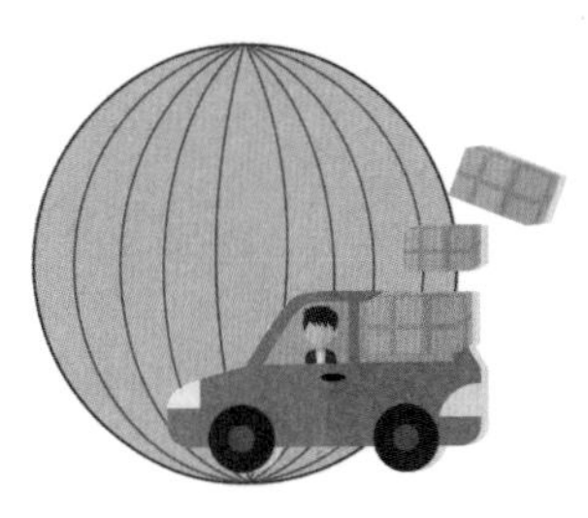

国际物流

天气预报

旅游业

商场导购

管理人员

水底勘测

绘图设计

保姆

厨师

室内装修

音乐

建筑工人

图书出版

药剂师

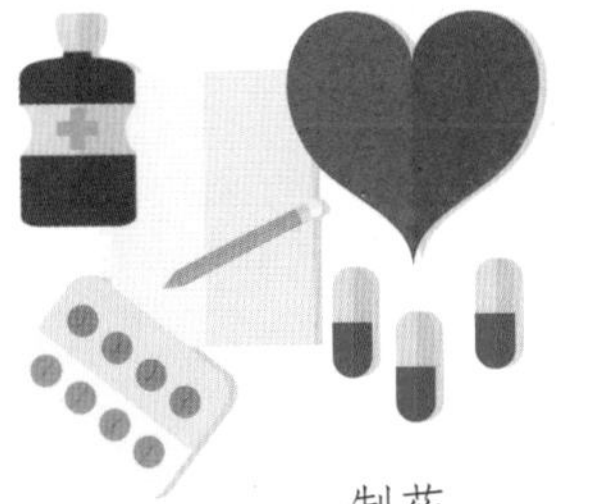

制药

教师

运动员

银行

到了一定年龄，你就可以去银行建立一个属于自己的银行账户。银行是帮助人们管理钱财的专业机构。它妥善地保管着你的钱财，让存款增加。当你在需要用钱的时候，你可以把它取出来。

当你成为银行的客户后，你会得到一张特别的卡，拥有自己的账户。

银行账户

如果你有多余的钱，如果这些钱足够多的话，你可以去银行建立一个银行账户。许多国家的孩子年满 18 周岁之前，可以在父母的帮助下开设银行账户。这个账户不属于别人，只属于孩子本人。

你可以用银行卡在银行提取现金，或在网上查询银行账户信息等。

利息是银行根据客户账户的存款，支付给客户的一定比例的额外金额。

利息

把钱存入银行的储蓄账户后，你肯定希望它能够增值。银行将你存到银行里的钱用于商业投资，所以要回报给你一些费用。这个费用就是利息。

你需要认识的词语

经营存款、贷款、汇兑、储蓄等业务，充当信用中介和支付中介的金融机构。

因存款、放款而得到的本金以外的钱（区别于“本金”）。

销售商品后所获得的超过成本价格的余额。

存在银行或其他信用机构里的钱。

借出的一方，通常是银行把一定的金额借给你，并收取一定费用。

钱的问题

赚钱和花钱都很有趣。但是如果你花出去的钱比存款多，那么你就得向别人或银行借钱了。在你借到了钱后，必须还钱。

债务

你向某人或某公司借了钱，这笔钱就成了你的债务。

借钱

你的朋友可能乐意资助你一笔钱，而且没有利息。换句话说，你借多少就还多少，不需要还更多的钱。你向父母借钱也很容易，但得跟父母商量，比如借多少和怎么还。

预算

因为收入有限，你要做好预算。只要兜儿里一有钱，你就要开始做预算了。这样，你就能清楚地知道自己是否有足够的钱，能否买想要的东西。

背负债务

尽量避免背负债务。借钱后，你要在限定期限内把钱还回去。如果你没有足够的钱还债，你会一直为还债而感到焦虑。

贫穷

世界上有很多贫穷的人。因为没有钱，他们甚至没有生存所需的食物和居所。我们生活在同一个世界，如果可以，我们要尽可能地去帮助他们。

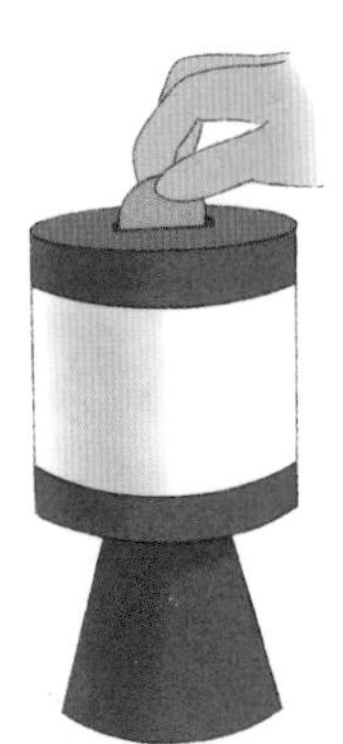

帮助他人

你可以把每个月多余的钱放入捐款箱，或组织公益募捐活动。

快乐——不快乐

贫穷并不意味着不快乐。有钱人也会孤独和不快乐。生活在贫穷地区的人们，可以从友情、邻里给予的关怀、一起劳作中获得快乐。当然，他们可能会为了没钱购买必需品而焦头烂额，但也因此更懂得感恩生活中的来之不易。

你需要认识的词语

暂时使用别人的物品或金钱。

债户所负还债的义务，也指所欠的债。

对于未来一定时期内的收入和支出的计划。

公共的利益（多指卫生、救济等群众福利事业）。

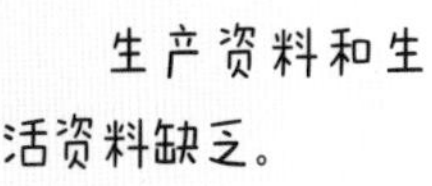

生产资料和生活资料缺乏。

温故知新

1. 第 2 页中的 1 只羊能换多少只鸡？

2. 日本发行的货币叫什么？

3. 什么是奢侈品？

4. 荷兰的孩子们能去哪里买卖他们的玩具？

5. 在墨西哥小镇圣克里斯托瓦尔－德拉斯卡萨斯里生活的人们，需要用钱吗？

6. 本书提到的世界上最富有的国家之一是哪个？

7. 慈善机构是什么？

8. 哪个国家的国王认为幸福感比金钱重要？

9. 银行用了你的钱进行投资后，回报你的钱叫什么？

10. 预算指的是什么？

答案：

1. 5 只
2. 日元
3. 需要花很多钱，你并不特别需要，但想要拥有的物品
4. 跳蚤市场
5. 不需要
6. 卡塔尔
7. 任何一个帮助他人的注册组织
8. 不丹
9. 利息
10. 一个对于未来一定时期内的收入和支出的计划

一起探索数学世界吧

想想有什么办法？

[英]费利西娅·劳 著

[英]戴维·莫斯廷 [英]克丽·格林 绘

周越 译

童趣出版有限公司编译　　人民邮电出版社出版

北　京

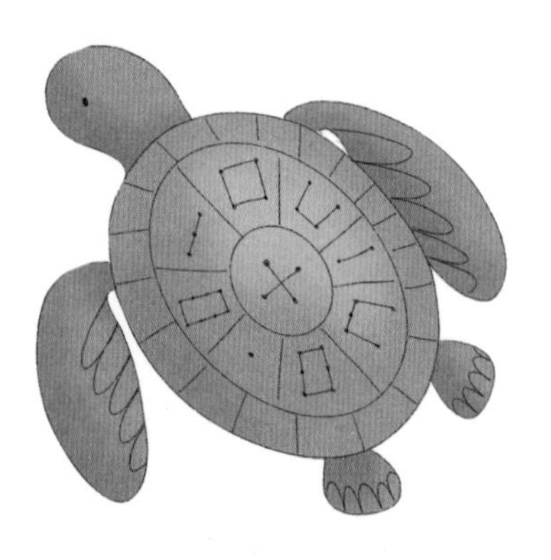

前言

你的大脑是你的问题解决者。它必须很努力地工作才能帮助你度过每一天。每一秒你都会遇到很多问题，而其中一些问题你甚至不需要主动思考，因为你的大脑已经为你思考完了。

即使是完成最简单的问题，你也必须思考、计划并制订实现目标的策略。这就需要你的大脑来解决问题，计算可行性和概率，推理并寻找可能的解决方案了。

数学竟然也能帮助解开谜题？

目录

2 活跃的大脑

4 问题解决者

6 厉害的大脑

8 达·芬奇

10 这是一个谜题！

12 幻方

14 数字游戏

16 迷宫

18 12 种聪明的动物

20 数字密码

22 可能性

24 机器大脑

26 艰深的数学

28 温故知新

活跃的大脑

我们小的时候，是我们的大脑最活跃的时候。也必须是这样！因为我们有太多东西要学习，要了解。新信息太多了。

你的大脑

科学家告诉我们，从我们出生的那一天起，我们的大脑就开始飞速地工作了。每一个声音，每一个动作，每一种感觉，都通过我们的脑细胞形成，并成为我们的记忆。

直到 3 岁左右，我们的大脑以同样的速度继续工作。脑细胞形成了将近 100 万亿个连接，大约是成年人的 2 倍。想象一下你 3 岁时该有多聪明！

从出生到 3 岁，你的脑容量从成人的 25% 增长到成人的 85%。

3~6 岁，是大脑快速发育的一个时期。你的学习速度比以往任何时候都快。

在 10 岁时，你的学习能力达到顶峰。

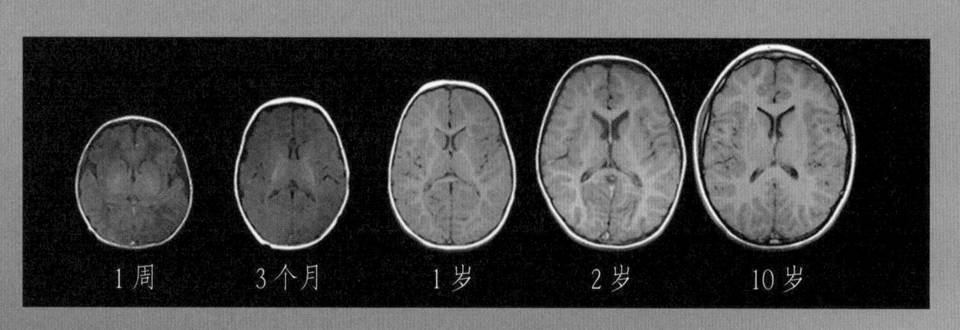

大约在 11 岁时，你的大脑开始舍弃一些东西，你不常使用的信息都被扔掉了，但你反复使用的信息被大脑完好地保存了下来。

问题解决者

你的大脑可是一个了不起的“机器”。它每秒可以处理大约 1100 万条信息。你肯定感觉不到它有那么忙，这是因为我们能感知到并有意识处理的信息只有 40 条，而剩下的成千上万条信息，在我们没有意识到的时候，大脑已经做出了反应。

北美星鸦的大脑中可以存储多达 20000 个不同的位置地图。它可以把 100000 颗种子藏起来，留下标记，并在 9 个月后再次找到这些种子。

忙碌的大脑

当你阅读这本书的时候，你的大脑正在感知、检查、记录数以百万计的信息。做这些事情让它一直特别忙碌。

察觉饥饿、口渴等感觉，检查你是否觉得舒服。

竖起耳朵辨别声音。

调节你的心跳。

辨别气味。

判断你是否缺氧，并调节呼吸。

控制你的双手。

感受你的手臂和身体的位置和姿势。

分析理解你正在阅读的内容。

记忆

你的工作记忆、短时记忆，就是你的大脑刚刚在进行的记忆，记忆时间为 15~20 秒。但是你上学学习的一切知识和技能都会存储在你的长时记忆中。储存长时记忆的部位被称为海马体。

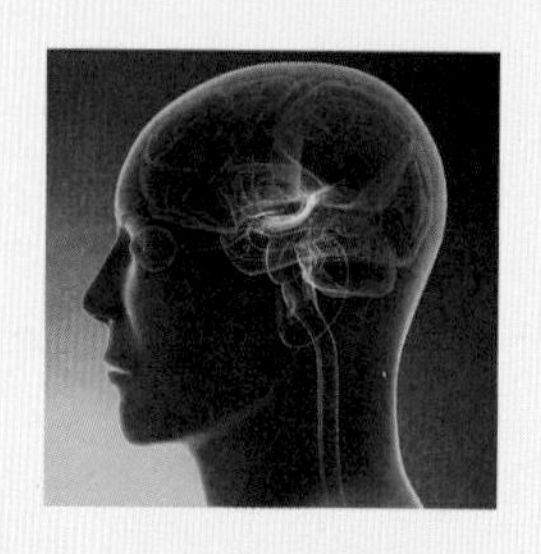

大脑的储存系统

海马体隐藏在颞叶深处，是大脑结构中一个非常复杂的部分。它在学习和记忆中起着重要的作用。它会把你的短时记忆转化为长时记忆并存储起来。

记忆冠军

世界记忆锦标赛会考查选手各种不同的记忆技能。他们要在 5 分内记忆数百个有顺序的数字。中国选手韦沁汝是第 27 届世界记忆锦标赛总冠军。

点亮

在你的大脑快速运转时，产生的电量足以点亮一个小灯泡！

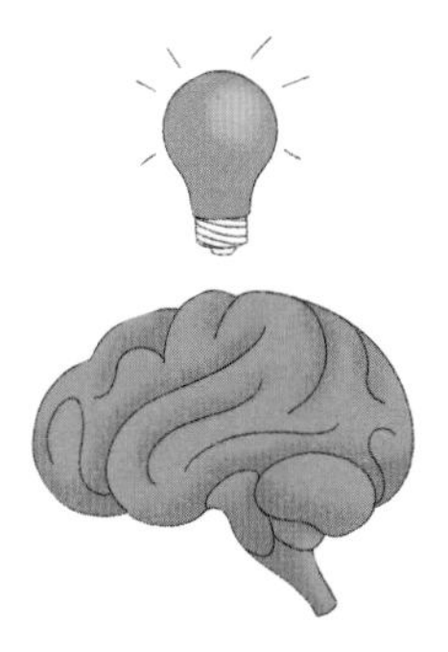

熟能生巧

你可以通过训练提高你在某些记忆任务上的表现。随着时间的推移，在你一次又一次地重复练习记忆后，你的记忆力会越来越好。

一头大象……

有句话叫“大象永远不会忘记”。确实，大象跟海豚、猿和人类一样，是地球上最聪明的动物之一。这四个物种都可以在镜子中识别自己的影像。大象一次可以追踪 30 个同伴的踪迹，在多年后依然能记得获取食物和水源的路线。大象也永远不会忘记曾经见过的任何一张脸。

你需要认识的词语

大脑对外界信息进行加工、编码、短暂保持的记忆，容量有限。

大脑对信息长时间、持久的记忆，容量无限。

这个部位因长得像海马而得名，担当着关于记忆以及空间定位的作用。

负责处理听觉信息，也与记忆和情感有关。

一种很重要的能源，广泛运用在生活各个方面，如发光、发热、产生动力等。

厉害的大脑

这些伟大的数学家和科学家大多是智商超群的。

智商

IQ是指智力商数，简称智商。这是一个能够将人们的智力数量化，呈现得更清楚的标准。普通人的智商在90~110这个区间，如果智商超过120，那么就可以说这个人很聪明了。

阿基米德

阿基米德在公元前287年出生于西西里岛，是一位杰出的数学家、哲学家和物理学家。他在对几何学以及对圆和球体的解释和分析上做出了巨大的贡献。他找到了一种能够测量圆的直径与圆的周长之间关系的方法。阿基米德计算出的那个系数在3.1408到3.1428之间，而我们现在所使用的圆周率π的数值大约是3.1415。

欧几里得

欧几里得生活在约公元前330年，是几何学的奠基人，他找到了关于直线、平行线和角度的基本规则。他的著作《几何原本》共13卷，包括质数、除法等领域。

埃拉托色尼

埃拉托色尼生活在公元前200年左右。他是一位杰出的地理学家。他计算出的地球周长极为接近实际值。他知道在一年中最长的一天，太阳的照射角度会是0度，这时太阳位于他的头顶。于是在这一天，他计算出了位于800千米之外一座城市的太阳照射角度，并利用这两个角度之间的差计算出地球的周长。他计算出来的地球周长离正确的40076千米只差了几百千米！

爱因斯坦

阿尔伯特·爱因斯坦在1879年出生于德国，从小就擅长数学。12岁时他就自学了代数和欧几里得几何，并对勾股定理做出了自己独特的证明。之后他继续研究更难的几何和代数，一直延伸到所有复杂的数学分析，后来建立了狭义相对论，提出了光的量子概念。

爱因斯坦从未参加过智商测试，但有人估测爱因斯坦的智商为160，这是一个极少有人能达到的智力水平。但是值得肯定的是，他确实是有史以来最杰出的物理学家之一。

布莱兹·帕斯卡

布莱兹·帕斯卡是一位生活在17世纪的法国数学家、物理学家。他设计了一台可以做加法和减法的计算机，用来帮助他父亲进行税务计算。这台计算机是机械的，使用轮子和齿轮工作，被称为世界上第一台数字计算机，这为后来的计算机设计提供了基础原理。

埃达·洛夫莱斯

埃达·洛夫莱斯是一位生活在19世纪的数学家。十几岁的时候，她就表现出很高的数学天赋。她和查尔斯·巴贝奇一起研究她的机械计算机，并意识到可以以算法的形式给计算机指令，以找到问题的解决方案。这是有史以来第一套计算机程序。

艾伦·图灵

艾伦·图灵生活在20世纪。他是一位英国计算机科学家、数学家和密码破译专家。他因破译了恩尼格玛密码而闻名，此密码的破译加快了第二次世界大战的结束。

图灵机器帮助破译密码。

斯里尼瓦桑·拉马努扬

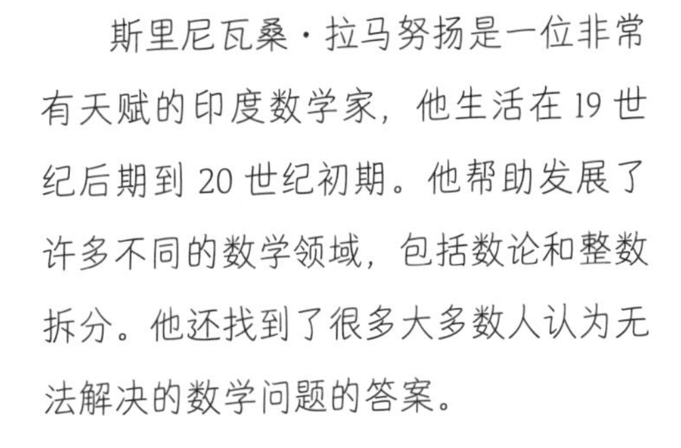

斯里尼瓦桑·拉马努扬是一位非常有天赋的印度数学家，他生活在19世纪后期到20世纪初期。他帮助发展了许多不同的数学领域，包括数论和整数拆分。他还找到了很多大多数人认为无法解决的数学问题的答案。

达·芬奇

达·芬奇于1452年出生在意大利佛罗伦萨附近的芬奇小镇。他是有史以来最伟大的发明家之一，还是一位研究解剖学、建筑学、工程学以及其他科学的杰出艺术家和雕塑家。

据说达·芬奇拥有有史以来最高的智商。他的智商高达惊人的220！

他留下了一系列工具和装置的笔记和草图。这些都是使用简单零件，包括螺钉、滑轮、齿轮、杠杆等组成的机器。

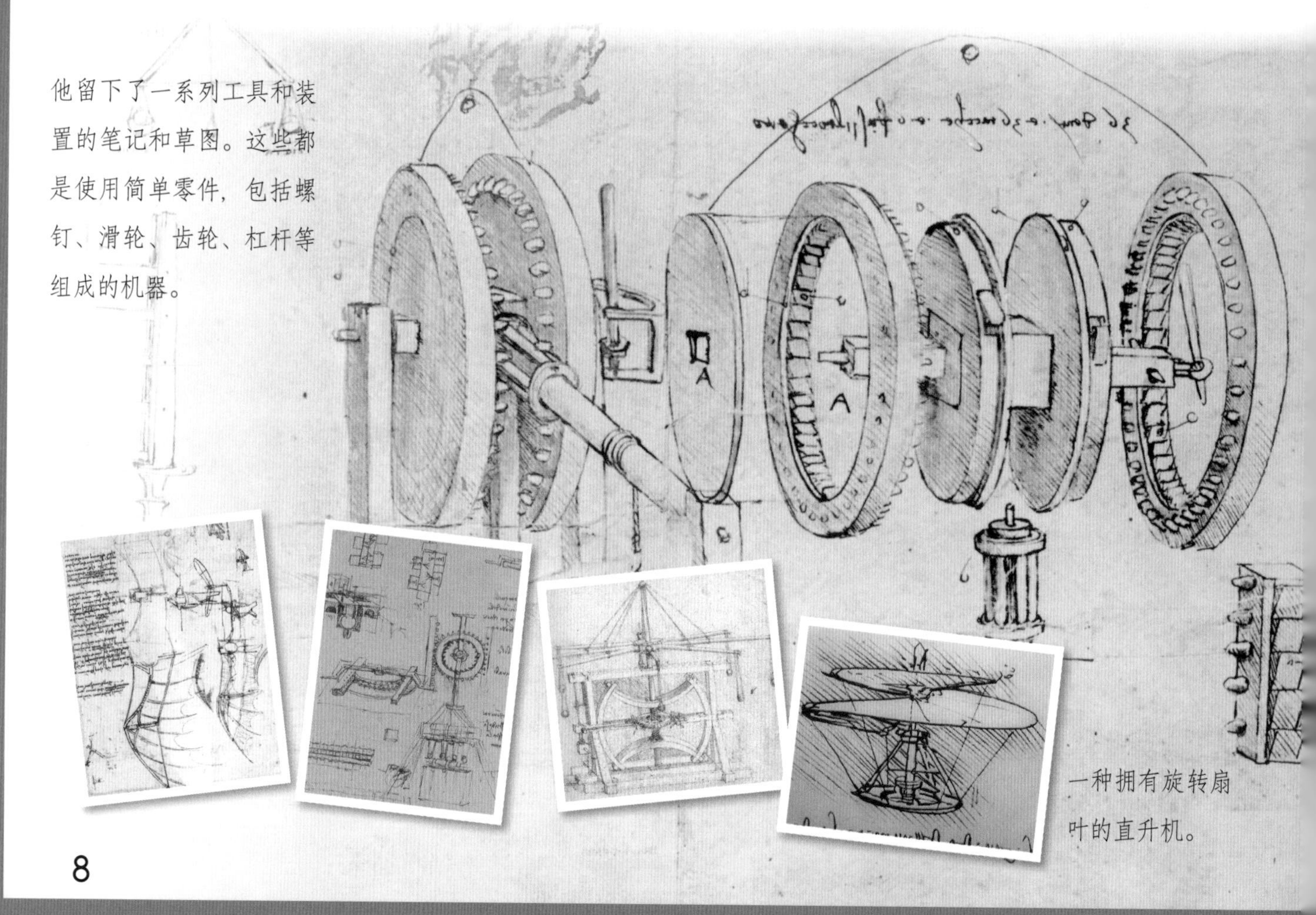

一种拥有旋转扇叶的直升机。

他发明的模型

在达·芬奇把自己的想法画出来的 500 年后，人们发现他的许多想法开始变得容易理解。于是，人们开始按照草图把这些模型制作了出来。

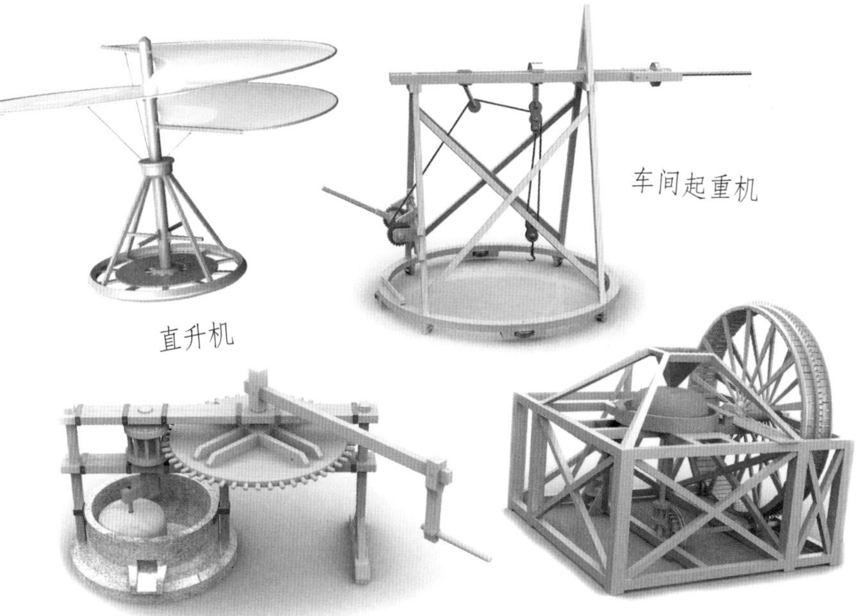

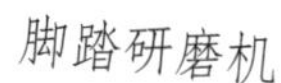

用于研磨的手磨机

他在几何学领域做的试验。

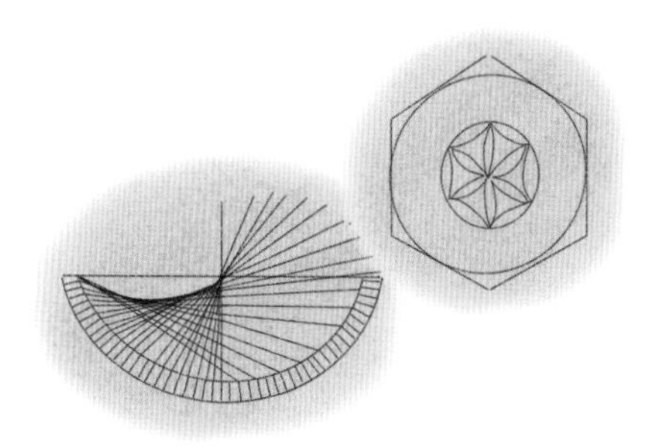

一台使用相互连接的齿轮和轮子做成的计算器。

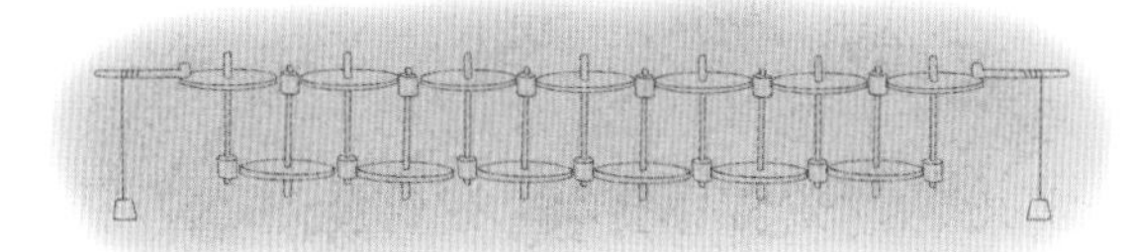

潜水

他还对水下探索很感兴趣。他画了一套潜水服，上面有一个特殊的头盔用来呼吸。

飞行器

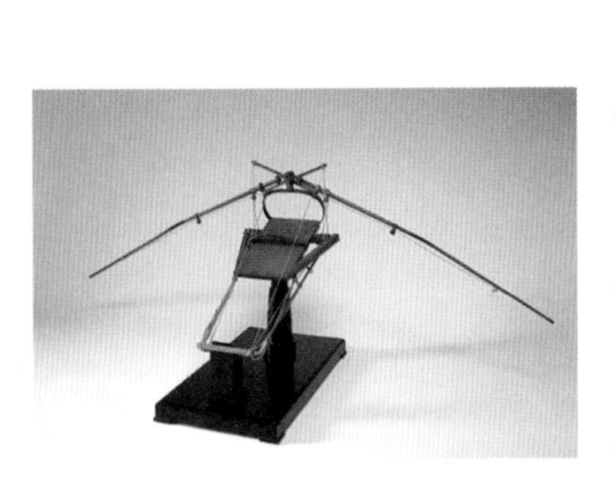

达·芬奇发明了很多东西。他对飞行和鸟类也很感兴趣，所以他设计了飞行器和降落伞。这些设计展示了他对机械和飞行基本原理的了解。

这是一个谜题!

数字谜题已经存在很长时间了。它们最初出现在 19 世纪，作为报纸上的游戏，需要读者在网格或数列中填上缺失的数字。

1	5	2	3	4
5	4	3	1	2
3	2	5	4	1
4	3	1	2	5
2	1	4	5	3

斐波那契

斐波那契是一位意大利数学家，被称为比萨的莱昂纳多。斐波那契数列就是以他的名字命名的。斐波那契数列是这样的：从这个数列的第三项开始，每一项都是前两项的和。

1，1，2，3，5，8，13，21，34，55，89，144，233，377，610，987，1597，2584，4181，6765，10946，17711，28657，46368，75025…

你能算出下一个数吗？

九宫格

数独是一种基于数字的游戏。游戏规则很简单：九宫格中由九个小方格组成的大方格被称为“宫”，每一宫中都必须含有数字 1~9。但每个数字在任意一行、任意一列中只能出现一次。

这个游戏的难点在于，任意一列 9 个方格，或任意一行 9 个方格，以及 9 个宫中，都必须包含不重复的数字 1~9。

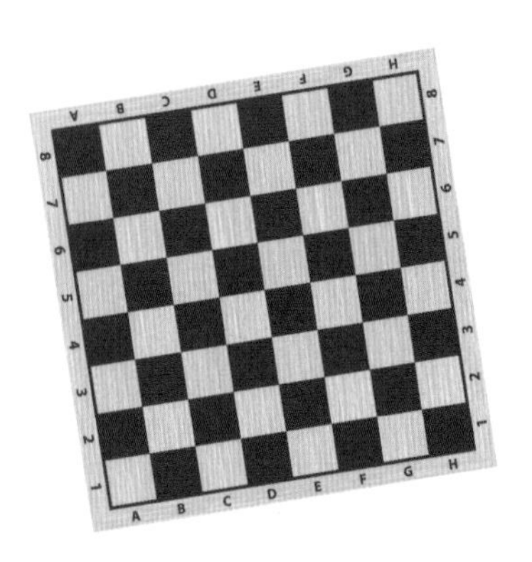

金芳蓉

金芳蓉的谜题要求用总长度最短的连接线，连接棋盘上所有的点。绿点只能连接一条线段，红点可以连接多条线段。

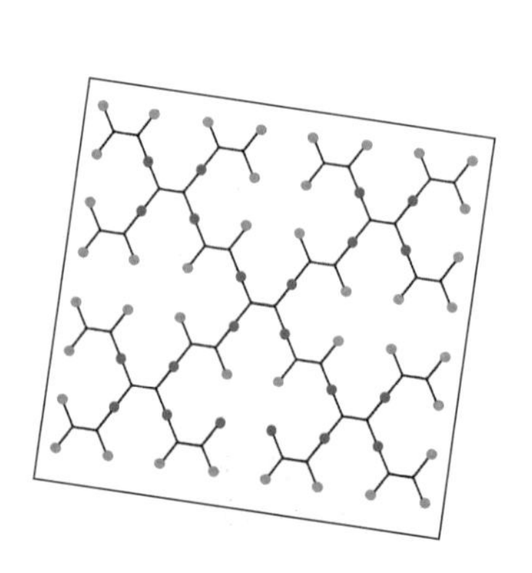

猫的摇篮

这个游戏大家并不陌生。玩耍的人需要将双手的手指穿过毛线或橡皮筋，通过不同的手法，可以做出大桥、降落伞等各种不同的花样。在法语中，这个游戏被称为“猫的摇篮”。

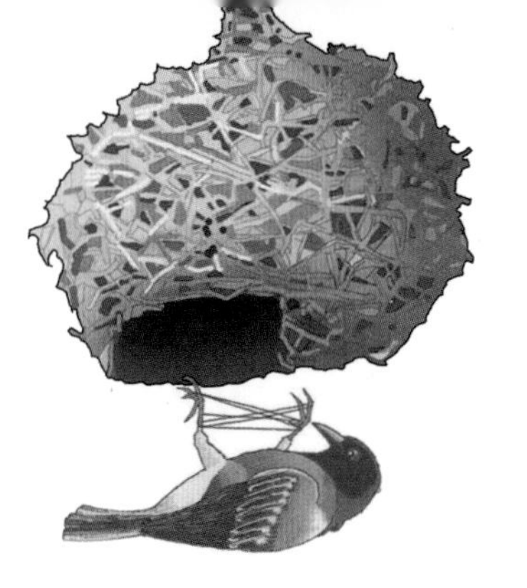

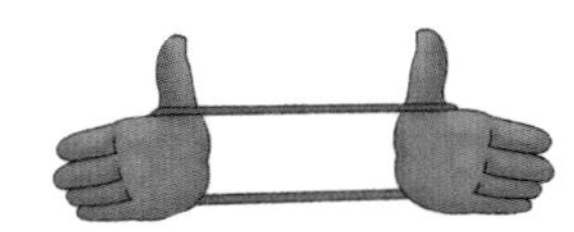

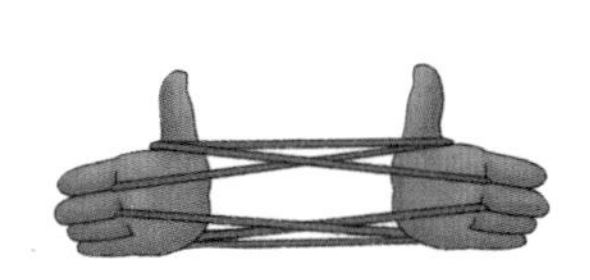

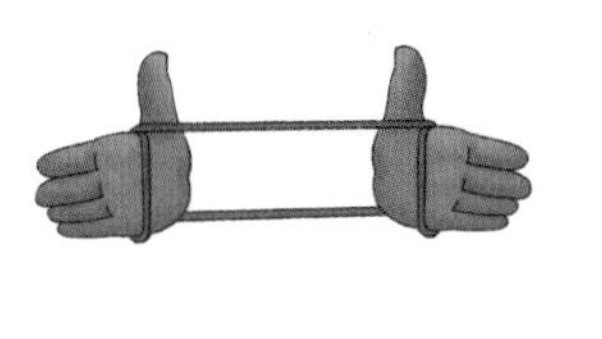

这幅古老的日本画中描绘了两个仕女在玩翻绳游戏的情景。

翻绳游戏在不同的国家有不同的名字，翻出来的每一个花样也有自己的名字。在俄罗斯，这个游戏被称为绳子游戏；在中国，它被称为翻绳或翻花绳。

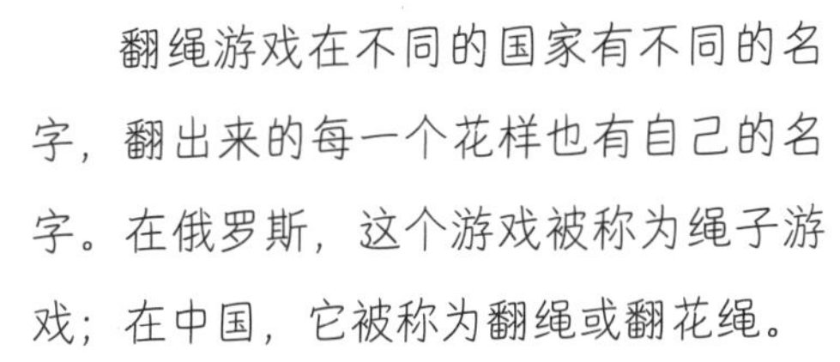

你需要认识的词语

中世纪时的一位著名的意大利数学家。

一种填写数字的游戏。

一位非常著名的美籍华裔数学家。

一种很流行的翻绳游戏。

中国民间流传的儿童游戏。

幻方

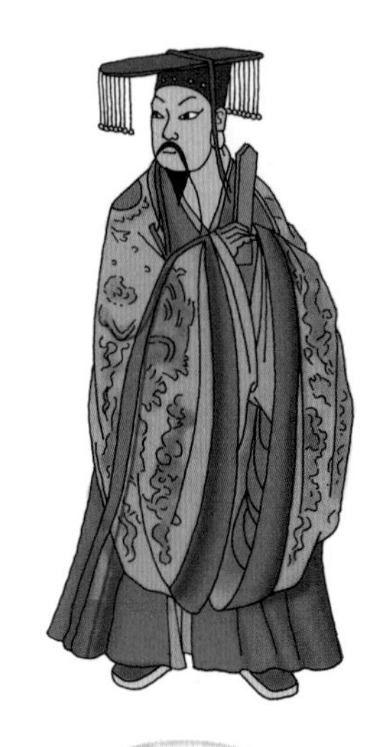

大多数历史学家都同意，幻方在许多世纪前起源于中国。在中国的传说中，在大禹时期，洛阳洛河中浮出一只神龟，神龟背上有一幅神秘的图案。

幻在哪里？

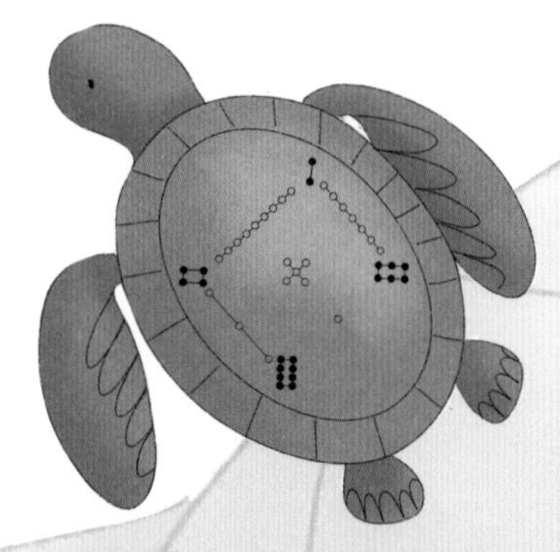

这个图案因为从洛河现世而被称为“洛书”，是一个由点和短横线构成的幻方。之所以称这个正方形为“幻”，是因为它的任意一行、任意一列或对角线上数字之和总是相同的。

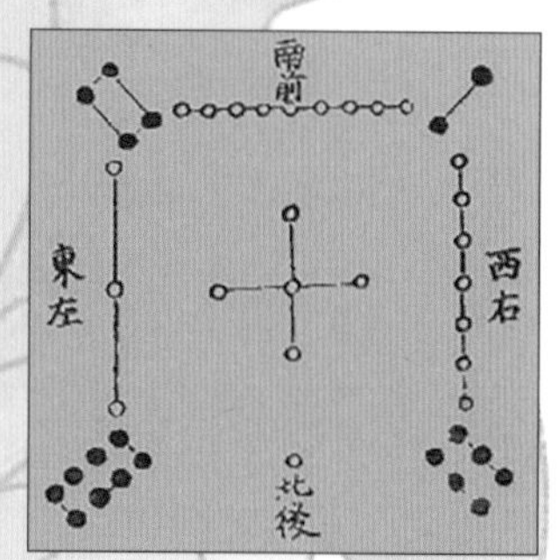

洛书也被称为龟书。

几个世纪以来，人们一直对幻方非常着迷。幻方是一组可以调动人们大脑和激情的数！

4	3	8
9	5	1
2	7	6

只能使用数字1~9各一次：

1. 每行上的数字之和为15。
2. 每列上的数字之和为15。
3. 每条对角线上的数字之和为15。

今天，幻方在中国仍然很常见。很多人用它开发大脑训练思维，它还出现在建筑物和艺术设计中。

这是一块元代的铁板，上面是使用阿拉伯数字的 6×6 幻方。

西班牙巴塞罗那圣家族大教堂的墙壁上雕刻着一个幻方。这是一个 4×4 的幻方，但幻和为 33 而不是 34。

印度帕什瓦纳特神庙的墙上刻着一个著名的 12 世纪的 4×4 幻方。

艺术家阿尔布雷希特·丢勒在 16 世纪创作的版画中使用了这个 4×4 的幻方。与每个正常的 4×4 幻方一样，这个幻方的幻和是 34。

生日幻方

这个 4×4 的幻方是由杰出的印度数学家斯里尼瓦桑·拉马努扬创造的。他在幻方的第一行按 DD-MM-CC-YY（日期 - 月份 - 年份前两位 - 年份后两位）的格式输入了他的出生日期，数经过加减后，神奇的事情出现了。把你的出生日期按照以下规则填进去，看看会发生什么吧。

DD	MM	CC	YY
YY+1	CC-1	MM-3	DD+3
MM-2	DD+2	YY+2	CC-2
CC+1	YY-1	DD+1	MM-1

每一行、每一列和每条对角线上的数的和相同。四个角上的数的和，四个中间的方格里的数的和，第一行中间的两个数与最后一行中间的两个数的和，第一列中间的两个数与最后一列中间的两个数的和，全都相等。

数字游戏

3 的倍数

如果你把一个数各个位上的数字都加起来，得到的答案可以被3整除，那么这个数也可以被3整除！

2013 可以被 3 整除，因为 2+0+1+3=6，而 6÷3=2。

想一个数

减 1，

乘 3，

加 12，

除以 3，

加 5，

减去你想的那个数。

答案是 8！

上上下下

1 X 1	=	1
11 X 11	=	121
111 X 111	=	12321
1111 X 1111	=	1234321
11111 X 11111	=	123454321
111111 X 111111	=	12345654321
1111111 X 1111111	=	1234567654321
11111111 X 11111111	=	123456787654321
111111111 X 111111111	=	12345678987654321

杨辉三角

这是一个很特别且非常著名的一种几何排列——杨辉三角，也叫作帕斯三角。在这个三角中，每个数都是由这个数左上和右上的两个数相加得到的。

1

1 1

1 2 1

1 3 3 1

1 4 6 4 1

1 5 10 10 5 1

1 6 15 20 15 6 1

1 7 21 35 35 21 7 1

1 8 28 56 70 56 28 8 1

1089

先悄悄地把 1089 这个数写在一张纸上。现在请你的朋友选择一个三位数。这个三位数的每一位上的数字都不能相同，而且百位和个位上的数字要至少相差 2。你能猜出这个数是多少吗？

接下来，让你的朋友把这个三位数反过来写。然后用大的那个数减去小的那个数。得到的差也反过来写，再加上这个差。答案将是 1089。

O和X

早在公元前1300年，古埃及人就开始玩“O和X”的游戏了。玩家选择O或X，轮流尝试把三个相同的图案连成一行。这是一个非常简单的游戏，但仍然有整整362880种可能的走法。

想一个数，

乘2，

加10，

除以2，

减去原数，

你的答案是5吗？

答案总是5。

贾宪三角

被称为杨辉三角的几何排列，实际上是由中国古代的数学家贾宪在1050年左右提出的。后来，杨辉在1261年记录在了自己著的《详解九章算法》中，并说明其引自贾宪的著作。

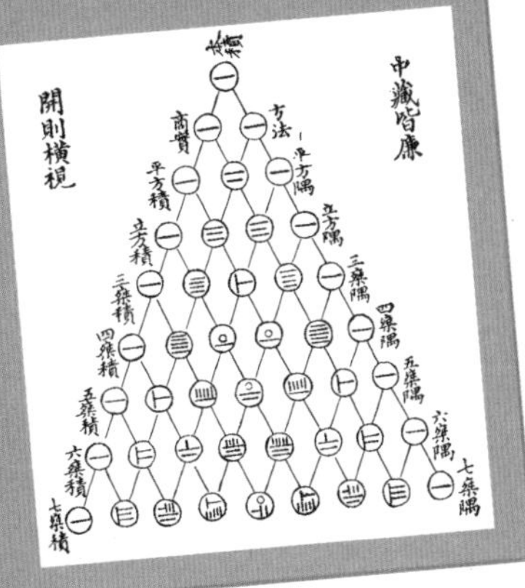

纳皮尔算筹

从0到9的每个数字都可以填到表格中。把一个数按数位填入表格中，让各个位上的数字分别与表格右侧的数字相乘，把乘积写在这个数下方的表格里，对角线右边是乘积的个位，左边是十位。

要做比较难的乘法（例如425乘以6）时，你要把所需的数字（4，2和5）按顺序写在最上面一行。

现在，把4，2和5分别与6相乘，把乘积写在表格中。你会写下数字：2，4，1，2，3，0。

将斜着的一排数字相加，你就可以得到答案了。

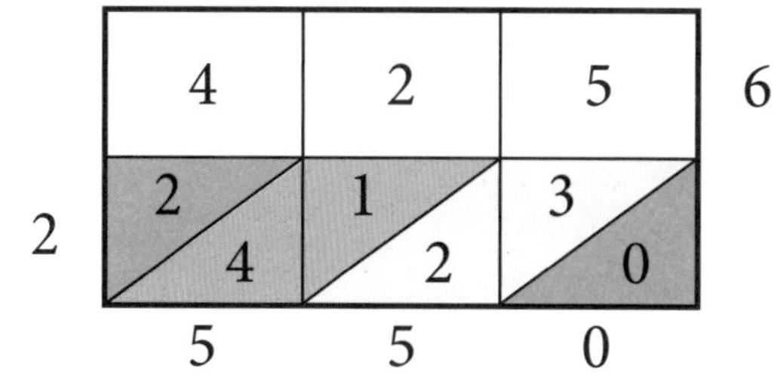

答案是2550，你答对了吗？

迷宫

在所有的谜题中，迷宫是需要尝试后才能得出答案的。你要向左转还是向右转才能找到正确的路？当你看不到熟悉的方向标时，很容易失去方向。

最长的迷宫

迄今为止，世界上最长的树篱迷宫位于英格兰西南部的朗利特庄园。这个迷宫由 16000 多棵英国紫杉组成，迷宫路径总长度为 2.72 千米。迷宫是三维的，在它的路线中有 6 座木桥，从桥上可以透过树篱，窥见迷宫的中心。

乌鸦可以活到 13 岁。它们在一生中可以学会很多东西，它们还有能够记得住位置的神奇记忆。

信鸽也有非凡的记忆能力。它们利用来自不同地区的气味和地球磁场的变化调整自己飞行的方向。

寻找道路

有些动物天生就有方向感，它们永远不会迷路。海豚和蝙蝠就可以感知到海洋和空气中的声波，这使它们能够寻找出正确的路线。鸟群还可以根据地面上的标志穿越开阔的田野。

魔幻迷宫

“迷宫”这个词来自希腊神话中的克诺索斯王宫，那是一座拥有各种各样岔路的迷宫。传说是代达罗斯为克诺索斯国王米诺斯设计的，用来困住一头凶猛的怪物——牛头怪。

这是一枚公元前 400 年的银币，银币上的图案就是克诺索斯迷宫。

鹦鹉虽然不擅长找出路线，但它们可以记住 150 个词语。

数字迷宫

这个迷宫从顶部的数字 3 开始，最终到达底部的星星。我们从数字 3 的方格开始，方格里的数字是几，就移动几个方格，所以接下来要移动 3 个方格。如果移动 3 个方格后，停在了数字 2 上，就向任何方向移动 2 个方格，向上、向下、向左、向右都可以。邀请你的伙伴一起比一比，看谁先到达底部的星星吧！

			3			
2	1	3	2	3	6	4
2	3	6	5	3	4	5
1	1	4	2	5	1	4
5	6	1	3	2	5	3
6	1	1	2	4	3	1
3	2	2	1	6	5	5
			⋆			

你需要认识的词语

门户道路复杂难辨，人进去不容易出来的建筑物。

通常指能引起听觉的机械波，声波一般在空气中传播，也可在液体或固体中传播。

传递物体间磁力作用的场，看不见、摸不着，但却真实存在。

只有一个入口和出口，有各种各样岔路的迷宫。

地面上的显著标志。

12种聪明的动物

科学家通过计算动物的体重和它大脑质量的比值，或比较大小相似的物种的大脑大小，来判断动物的聪明程度。他们把这个比值称为脑化指数或EQ。人类的脑化指数约为7.5。

黑猩猩

黑猩猩非常聪明，它们可以利用周围的环境帮助自己和同伴。它们知道如何使用简单工具，是地球上除了人类以外最聪明的动物。

猪

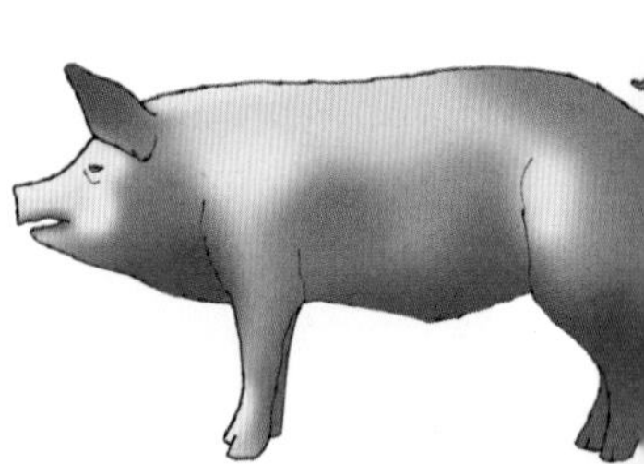

猪是具有高度社会性的动物，而且在很多方面都表现得比狗更聪明。它们的聪明程度相当于一个3岁的孩子。

宽吻海豚

这种动物善于模仿，拥有语言能力，可以对物品进行分类，能识别自己的形象。可以说它们非常聪明了。

鹦鹉

鹦鹉可以解决相当复杂的问题，特别是在有一些食物作为奖励的时候。鹦鹉最多可以记住并复述150个词语。

鲸

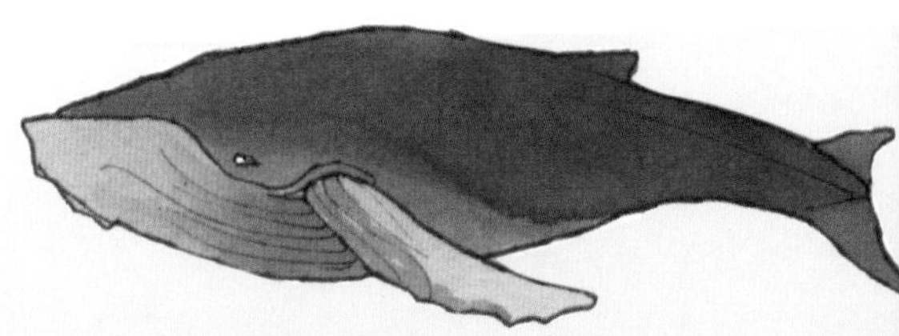

这些巨大的海洋生物使用很繁复的方法相互交流。它们可以发出非常复杂的声音，这种使用“语言”进行团队协作的方式令人惊叹。

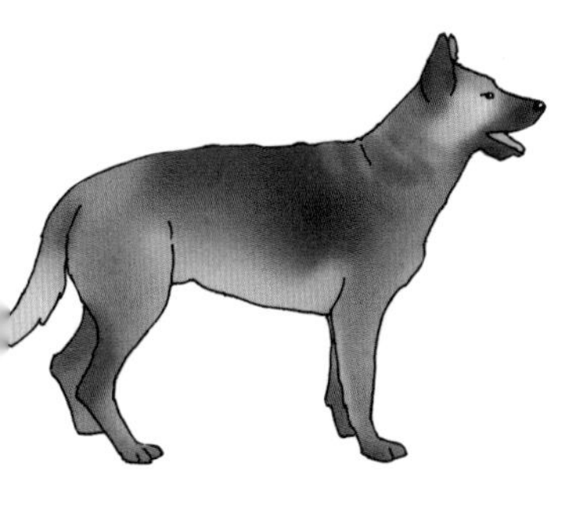

狗

几个世纪以来，狗一直与人类一起生活。它们学东西很快，通过训练可以学会很复杂的动作或具备特殊技能。它们的情商很高，能够读懂人类和其他狗狗的情绪状态。

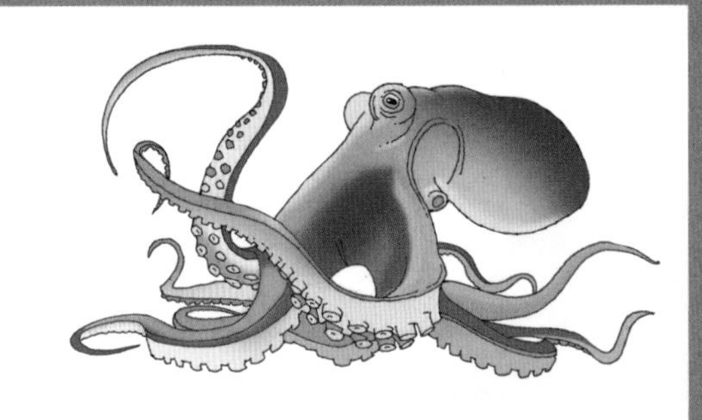

章鱼

章鱼能够同时处理多项任务，并且在科学测试中成功地解决了测试问题。它们还可以通过与周围环境融合来伪装自己，或变换不同的颜色来警示敌人。

松鼠

松鼠也是非常聪明的动物，它们拥有像大象一样的记忆，可以记住很多个自己储存食物的地方。

大象

大象有很大的大脑和惊人的长时记忆。即使在多年之后，它们仍然记得曾经去过的地方以及见过的面孔。

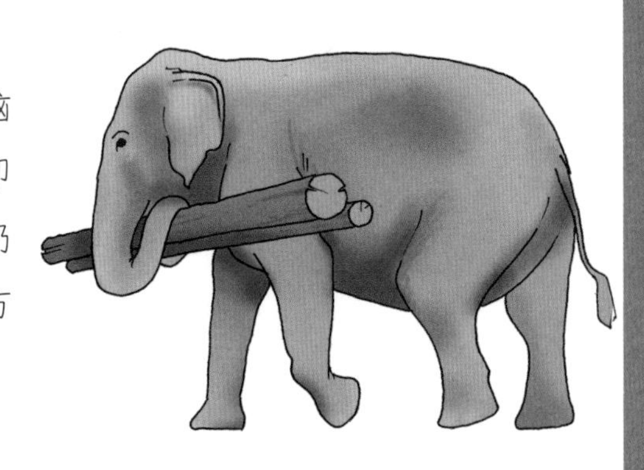

猫

猫具有令人难以置信的感官能力，虽然它们不像狗那样容易被训练，但它们适应新环境或学习新技能的速度非常快。

老鼠

老鼠也拥有长时记忆，它们的大脑有识别信号和记住任务的功能。

猎鹰

猎鹰可以通过训练学会侦察、听从命令并飞回驻地。

数字密码

密码就像一种特殊的语言。它由字母、数字或符号组成。这些字符用于表示特定的信息。

密码

密码通常用于发送需要快速传递或必须保密的信息。在复杂的计算机程序中，一些特殊项目也经常会使用密码这种很短的语言来命名或识别。

数字密码

许多用于传递秘密消息的密码使用数字而不是字母。其中最简单的密码使用字母表中的字母顺序序号来表示字母。

4 5 3 15 4 9 14 7 9 19 6 21 14

你知道这是什么意思吗？

收银员扫描这套书的封底条码，可以获得这本书的相关信息。

二进制代码

二进制代码只使用 0 和 1 这两个数字，就好像计算机电路中的开关。开启位置为 1，关闭位置为 0。

长序列的二进制代码可以作为可读取的指令。

通过二维码我们可以获得很多信息，比如，关注公众号，阅读推送，还可以登录自己的账号。

算法

我们发送电子邮件、浏览网页、打游戏——都会用到计算机。计算机由叫作算法的编码指令控制。我们用来编写算法的代码是二进制代码。

数字密码

今天，每一个拥有银行卡的人使用银行账户支付时，都会用到支付密码。每一个使用手机的人也都会有一张 SIM 卡，这张卡储存着你的手机号和其他信息。每张 SIM 卡都有一个 PIN 码，用来保护 SIM 卡的信息安全。PIN 码由 4 个数字组成，但其可能性则从 0000 到 9999，有 10000 种可能的组合哟！

你需要输入正确的密码才能登录你的银行账户。

破译密码

加密和解密信息的科学称为密码学。因此，那些研究用密码对信息进行加密或破译密码信息的人被称为密码学家。

脱氧核糖核酸

我们每个人都有一个独一无二的基因密码，这个密码使我们成为我们自己。我们拥有数以万亿计的细胞，几乎每个细胞中都有 46 条染色体，染色体由 DNA 紧密缠绕而成。一条 DNA 链大约有 1.5 米长，携带了 20000~25000 个基因——所有这些决定了我们是什么样的。

DNA 密码有可能在未来用于计算机编程。使用 4 个字母来代替二进制的两个数字，这将会产生数十亿种不同的组合，可以用来构建更加智能的计算机。

你需要认识的词语

二进制：一种计数法，采用 0 和 1 两个数码，逢二进位。

算法：解决给定问题的确定的计算机指令序列，用以系统地描述解决问题的步骤。

密码：在约定的人中间使用的特别编定的秘密电码或号码。

密码学：研究编制、分析和破译密码的技术科学。

DNA：脱氧核糖核酸的英文缩写，是储藏、复制和传递遗传信息的主要物质基础。

可能性

有些问题我们可能无法给出准确的答案。因为这取决于事情发生某种情况的可能性。如果你知道一件事会发生的所有情况的可能性，把所有的可能性加在一起总和会是 1，也就是 100%。

概率

当一件事存在多种情况时，你去猜测某种情况发生的概率，计算会变得更加复杂。

你的生日是一年中的哪一天？一年有 365 天，所以想要猜出你的生日是哪一天的概率是 1/365。

当数学家谈论概率时，他们是在估算一件事发生某种可能性的大小。

头还是尾巴？

为什么是“头”和“尾巴”呢？在古希腊和古罗马时期，硬币的正面是统治者的头像，背面是动物或神话里的生物。这些生物都有尾巴，也许这就是这个说法的由来。

抛出硬币后，硬币正面朝上落在手里的概率是多少？这个概率是二分之一，因为硬币只有两个面。你有 50% 的机会猜对。

有多大可能性？

我们会不会遇到外星人？科学家告诉我们，像我们这样有智慧的生命体在另一个星球上出现的概率非常低，在 40 万年内，我们遇到智慧生命的概率不到 0.01%！

可能性的游戏

“剪刀石头布”是一种猜拳游戏，起源于中国，通常要有两个或两个以上的玩家参与，每个玩家伸出手做出三种不同的手势。

石头赢剪刀，
剪刀赢布，
布赢石头。

五骰子魔法

你在桌子上掷 5 个骰子，然后告诉每个人，你可以看穿骰子底面的数字。你可以假装正在查看骰子，而实际上你需要将 5 个骰子顶面的数字相加，再用 35 减去这 5 个数字的和。现在可以宣布你的答案了。因为这个答案一定和 5 个骰子底面的数字之和一模一样。

不同长度的吸管可以用来决定谁被选中做某事。

你需要认识的词语

事物某种情况发生的概率。

在同样条件下，某一随机事件可能发生也可能不发生，表示发生的可能性大小的量。

概率的旧称。

大致推算。

两个数的比值写成百分数的形式。

机器大脑

机器完全可以像人一样执行任务。它们完成任务的速度更快，还不会犯错误。它们不仅可以从事危险的工作，还可以在炎热和寒冷的地方工作。像这样的机器被称为机器人。

机器人程序

工程师通过计算机程序给机器人下达指令，程序中包含了机器人需要执行的各种任务。除此之外，这个程序还会检查机器人是否正确完成任务。此外，机器人还可以学习如何应对问题。

人工智能

人工智能的英文缩写是AI。高度复杂的计算机程序使得机器可以像人类一样，从经验中不断“学习”，完善自己。

机器人的大脑由集成电路组成，和你的电子计算机类似。

无人机

无人机是指无人驾驶的飞行器。工作人员在地面使用遥控装置传送编码指令控制无人机飞行。

无人机可以用来拍摄建筑工地的工作照片。

农民使用无人机来检查农作物的生长情况和进行农药喷洒的工作。

通过编程可以让机器人帮忙采摘成熟的农作物。

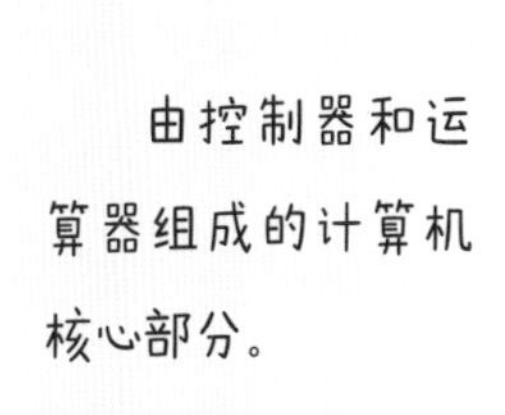

机器人还可以帮助喂牛。

你需要认识的词语

一种自动机械，由计算机控制，具有一定的人工智能，能代替人做某些工作。

无人驾驶飞行器的简称，指机上无驾驶员的飞行器。

用计算机和机器模拟人类解决问题和决策的思维方式。

描述计算任务的处理对象和处理规则的计算机语言代码。

由控制器和运算器组成的计算机核心部分。

艰深的数学

在大脑数以百万计的神经元中，有一个区域的神经元帮助我们进行计算，它被称为顶内沟，这是你进行思考的地方，包括你在数学课上思考数学题的答案哟！

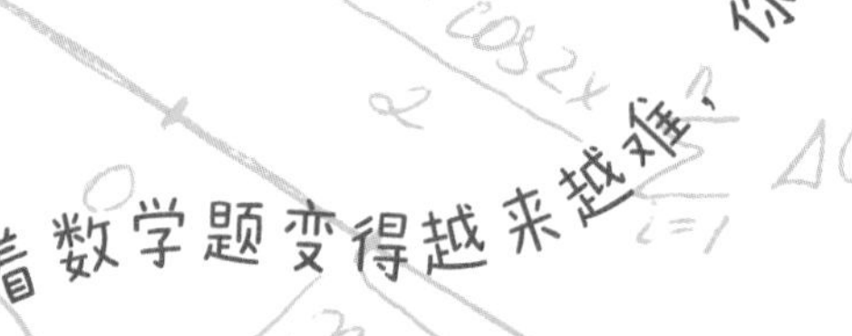

随着数学题变得越来越难，你会越来越需要它的帮助。

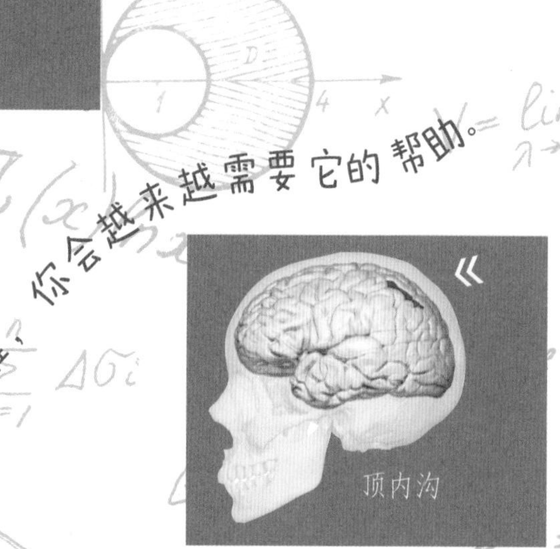

顶内沟

算术

你在学校的数学课上已经学过算术了吧！它涵盖了加法、减法、乘法和除法运算。算术能力会在你未来的学习中不断得到提升。

几何

你应该已经知道很多几何知识了。你可以识别正方形、圆形、三角形等平面图形。这些图形只有两个维度，长度和宽度。而三维图形是立体的，具有长度、宽度和高度。

三角学

三角学是研究三角形边和角的关系的数学分支。如果你想成为工程师或建筑师，你就必须掌握三角学。除此之外，船舶和卫星以及海洋学都会使用三角学来测量方位。

代数

代数是数学的一个分支，用字母和符号来表示公式和方程中的数和数量。当你用一个字母表示一个数时，这个数可大可小，但字母本身并没有一个具体的数值。数学家可以通过代数对自己的猜想和方程式进行检验。

微积分

微积分是研究事物如何变化以及变化得快慢的数学分支。微积分被天文学家和科学家大量用于粒子、恒星和其他物质的测量。如果你想学习计算机科学、统计学、工程学、经济学、医学等学科，那你需要学习微积分。

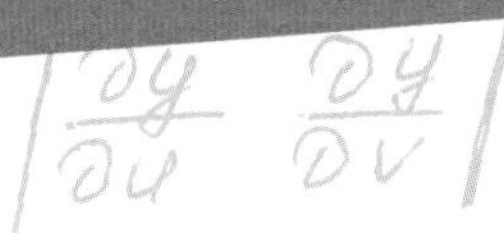

你需要认识的词语

这是大脑的一部分，可以帮助你进行数学运算并理解眼睛所获取的信息。

位于大脑回之间深浅不一的沟裂。

数学的一个分支，主要研究三角函数和它的性质，以及三角函数在几何学上的应用。

数学的一个分支，用字母代表数来研究数的运算性质和规律。

微分和积分的合称，微分描述物体运动的局部性质，积分描述物体运动的整体性质。

温故知新

1. 你的大脑每秒能处理多少条指令？

2. 达·芬奇的智商是多少？

3. 数独是一种日本的摔跤还是一种数学谜题？

4. 第12页的幻方中的任意一条线上数的和是多少？

5. “O和X”的游戏一共有多少种玩法？

6. 如果你想一个数，加倍，加十，减半，去掉原来的数，答案总是什么？

7. 为什么米诺斯国王要建一个迷宫？

8. 人的脑化指数是多少？

9. 如果你是密码学家，你会研究教堂还是破译密码？

10. 机器人能做采摘农作物或喂奶牛的工作吗？

答案：

1. 1100万条
2. 220
3. 数学谜题
4. 15
5. 362880
6. 5
7. 为了困住牛头怪
8. 7.5
9. 破译密码
10. 能

一起探索数学世界吧

试试打破纪录？

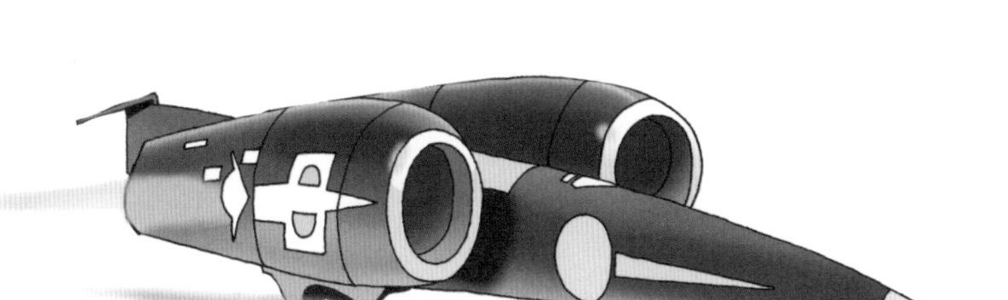

[英] 格里 · 贝利 著
[英] 戴维 · 莫斯廷 [英] 克丽 · 格林 绘
郑玲 译

童趣出版有限公司编译 人民邮电出版社出版
北 京

前言

在查找什么纪录由谁保持，什么是最大、最小、最高的数据时，我们都需要用数学来帮助我们找到答案。

数学能帮助我们比较数据，再反过来让这些数据指引我们去发现关于我们自己、我们的发明，乃至于我们的星球的最有趣、最迷人的事实。

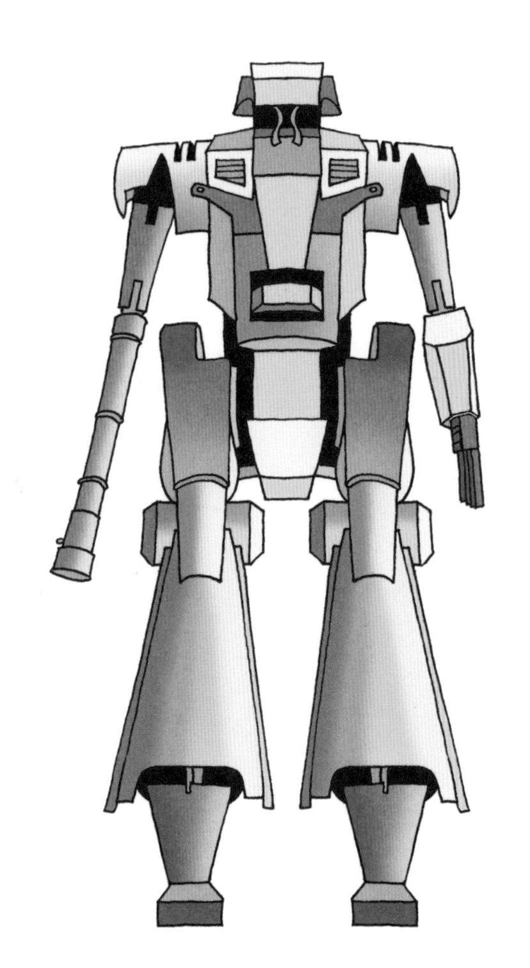

最大、最远、最快，

谁创造了这些纪录？

目录

2 这是一项世界纪录！
4 最高和最矮
6 最多和最少
8 最大和最小
10 最快和最慢
12 最强大和最弱小
14 最古老和最年轻
16 最热和最冷
18 最重和最轻
20 太空实验室的成果！
22 最丰富的旅游经验
24 最长和最短
26 就是最好的！
28 温故知新

这是一项世界纪录！

在地球上或在太空中，都发生过许多令人惊讶的事情。这里有很多很多的纪录保持者，它们是难以被超越的超级赢家。

惊喜！

有很多纪录会使你感到惊讶。你相信每年约有1.2亿只红螃蟹爬行穿过澳大利亚的圣诞岛吗？你相信有一种植物用80年的时间开一朵花吗？大自然就是如此迷人，让人惊叹。

胜利者！

人类有能力做出杰出的成就和发明。人们会努力战胜彼此，提高技能，不断挑战极限。当然，也许他们只是单纯地想造出没人想得到的或没人做得出的东西罢了。

谁说的？

每年度《吉尼斯世界纪录大全》详细地记录着各项纪录的保持情况。它的出品方在世界各地都设有办事处，搜集世界上各种各样的纪录。现在，这本书已经在100多个国家，被翻译成40种语言并出版。书中每年都会更新约6000条新的吉尼斯世界纪录。

现在，吉尼斯世界纪录的官方设定了一些新的挑战，等待挑战者发起冲击。谁能在30秒内穿上最多的袜子？谁能在3分内用最多的纸飞镖击中靶子？

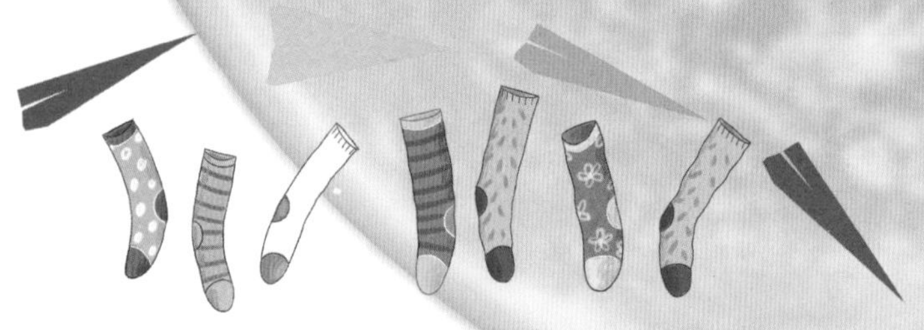

你可以自己设计一些挑战，邀请朋友们一起试一试。

比较

想要找出谁是胜利者，我们就要对参赛数据进行比较。哪一个更大、更宽或更高呢？我们可以用图表进行比较。

一张比较高度的图表，帮助我们寻找答案。

鸟的纪录

鸟也能够创造纪录。这本书里有一群令人惊讶的鸟。你知道世界上最小的鸟是什么吗？最小的鸟只有 5.7 厘米高哟。

你还将见到最强壮、最高、最快、最古怪的鸟，如鹫珠鸡。它有着长脖子和长尾巴，有着毛茸茸的背，还有着白色的羽毛。

一些计量单位

数量或数

1 百万或 1000000

长度和高度

米或 m

厘米或 cm

毫米或 mm

质量

毫克或 mg

克或 g

千克或 kg

吨或 t

温度

摄氏度或℃

速度

千米 / 时或 km/h

体积或容积

立方米或 m^3

体积或容积可以用来衡量一个东西所占用的空间。计算它需要三个数据的乘积：长 × 宽 × 高。

最高和最矮

我们在测量高度时，要计算多高或多矮，通常使用“米”作为单位。1 米大约是跨一大步的长度。1 厘米的长度是 1 米的百分之一。

最高的人

目前世界上个子最高的人是罗伯特·沃德洛。他于 1918 年出生于美国。他有 272 厘米高，穿 47 厘米长的鞋。

最高的建筑物

目前世界上最高的建筑物是迪拜的哈利法塔。它有 828 米高，有游泳池、连锁酒店和购物商店。

最高的动物

长颈鹿是地球上最高的动物。它可以长到近 5.8 米高。这个高度能让它吃到大树顶部的叶子。

最高的树

世界上现存最高的树是美国加利福尼亚州金斯峡谷国家公园的红杉。它有 116.07 米高，被称为海伯利安神。

最高的地方和最低的地方

世界上最高的地方是喜马拉雅山脉的珠穆朗玛峰，高8848.86米。地球上最低的地方在太平洋底的马里亚纳海沟，

深达11000米。最新的测量数据显示它可能更深——达11034.5米。

最矮的摩天大楼

人们把像摩天轮那么高的大楼称之为摩天大楼，但摩天大楼也并不是都有那么高。世界上最矮的摩天大楼是美国得克萨斯州威奇托福尔斯的纽比麦克马洪大厦。

最矮的汽车

世界上最矮的汽车名为“移动平板”。它只有50厘米高。

高空飞行

鸟可以飞到让人难以置信的高度。1973年，一只黑白兀鹫在11277米的高空撞上了一架飞机。此外，飞行员曾在8230米的高空中看到约30只大天鹅。

鹤鸵

这种鸟看起来十分好斗，它们可以跳2米高。

黄嘴山鸦

黄嘴山鸦是把家安得最高的鸟。登山者们曾在海拔8235米的地方见到过它们，这个高度已经非常接近珠穆朗玛峰的高度了。

最多和最少

在我们讨论什么东西“最多”或“最少”时，数学通过讨论“数量”告诉我们答案。我们可以用数来表示数量。

最受欢迎的宠物

世界上大约有 9 亿只宠物狗，狗狗是人类最喜爱的家庭伙伴。

最受欢迎的运动

世界上各个国家几乎都有人喜欢足球。截至 2006 年，有 2.65 亿人在世界上成百上千的足球俱乐部中效力。有 35 亿余球迷观看了 2018 年的世界杯决赛。

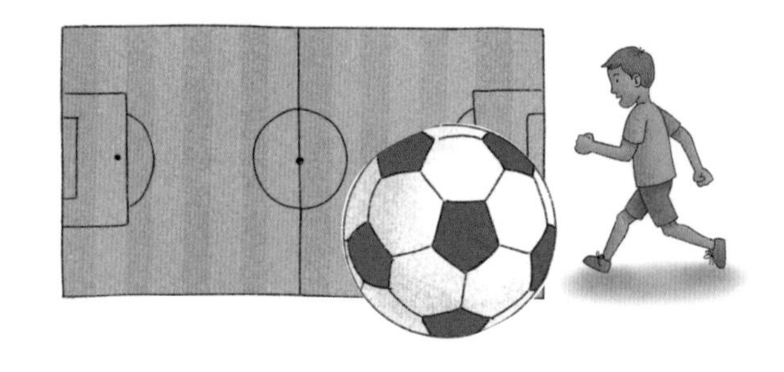

人口最多的城市

世界上人口最多的城市是日本的东京，其城市人口数量超过 3700 万。第二名是印度的德里，城市人口数量超过 3000 万。第三名是中国的上海，城市人口数量超过 2700 万。

获得奥运会金牌最多的人

获得奥运会金牌最多的是游泳健将迈克尔・菲尔普斯。他获得了 23 枚金牌、3 枚银牌和 2 枚铜牌。

最受欢迎的食物

意大利面是最受人们欢迎的食物之一。世界上最大的意大利面加工厂就在意大利的帕尔马，每天生产 1400 吨意大利面！

观看人数最多的电视节目

有 5300 万家庭观众观看了阿波罗号发射的电视直播。后来全世界有 6.5 亿观众观看了这场登月实况。

稀有动物

中南大羚生活在越南和老挝，非常稀有，被世界自然保护联盟列为极危物种。

獾猕狓的样子很奇特。它是长颈鹿的亲戚，但看起来却像鹿和斑马的混血儿。它的数量极为稀少，被列为濒危物种。

一只獾猕狓。

一只中南大羚。

橡树啄木鸟

橡树啄木鸟习惯在树上钻一个小洞，把秋天收获来的橡子储存在树上的小洞里。一棵像粮仓一样的树上，可能被钻了 50000 多个洞。

家鸡

地球上数量最多的鸟是家鸡，约有 259 亿只。

鸮（xiāo）鹦鹉

生活在新西兰的鸮鹦鹉是不会飞的夜行性鹦鹉，数量极其稀少。在 2018 年的统计中，世界上的鸮鹦鹉仅存 149 只，被列为极危物种。

最大和最小

关于“最大”的世界纪录通常与物体的体积有关。我们要通过三个维度的数据——长、宽、高，来计算体积。为了得到最大，我们需要量出物体的体积或它占用的空间大小。

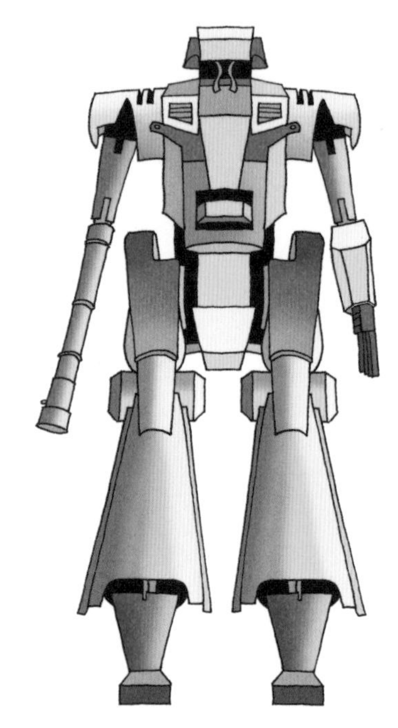

世界上最大的动物

对于动物来说，要判断出谁是最大的动物，不仅要比较体积，还要比较体重。目前世界上现存的最大、最重的动物是蓝鲸。成年蓝鲸的体重可以超过 200 吨，身长超过 30 米。

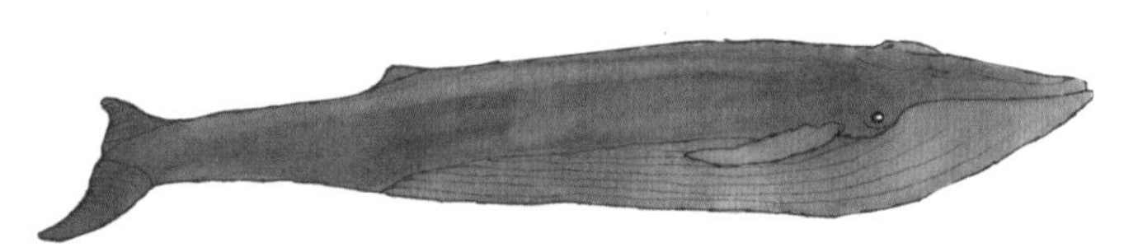

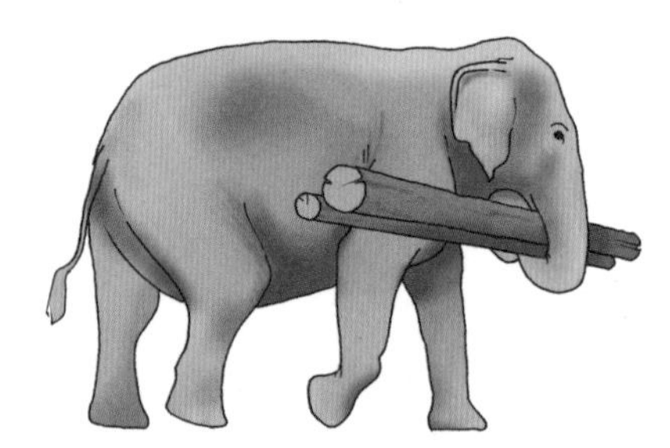

非洲象是目前世界上现存的陆地上最大的动物。

最大的机器人

世界上最大的仿真机器人有 18 米高，25 吨重。

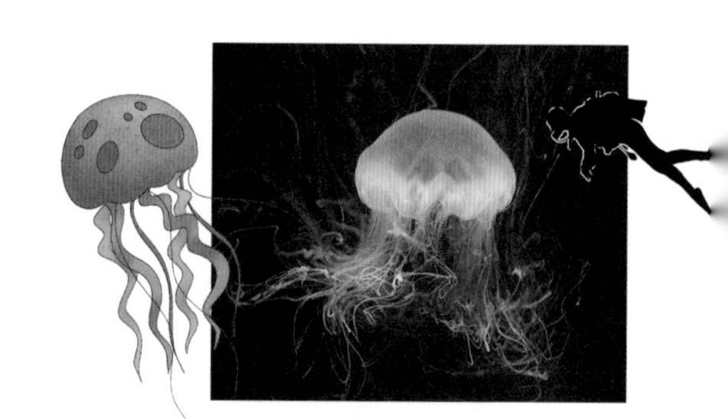

最大的建筑物

我们通过建筑物的占地面积和体积来判断建筑物的大小。目前体积最大的建筑物是美国波音公司的埃弗里特工厂，有 1338 万立方米。

最大的水母

狮鬃（zōng）水母是世界上最大的水母，生活在寒冷的水域。它的触手长度可以超过 35 米，摇晃起来就像狮子的鬃毛。

最大的望远镜

世界上最大的望远镜是坐落在中国贵州的 FAST 球面射电望远镜，口径有 500 米。它可以收集更多的无线电波，更高效地探索太空中的脉冲星和外星文明，观测暗物质，寻找宇宙诞生时的第一代天体。

泰迪熊

世界上最小的泰迪熊只有 4.5 毫米高，但还会有更多的泰迪熊来挑战这个纪录。

世界上最小的淡水鱼

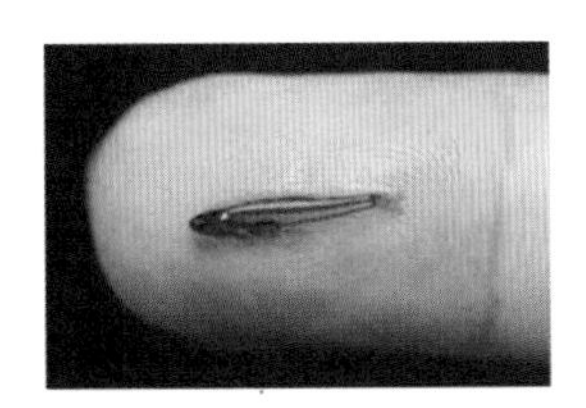

世界上最小的淡水鱼是矮侏儒刺鳍鱼，是最近才在印度尼西亚的苏门答腊岛的沼泽地被发现的。这种鱼有的仅有 7.9 毫米长。

世界上最小的城市

世界上最小的城市是波黑的胡姆。整座城市只有 30 个人。

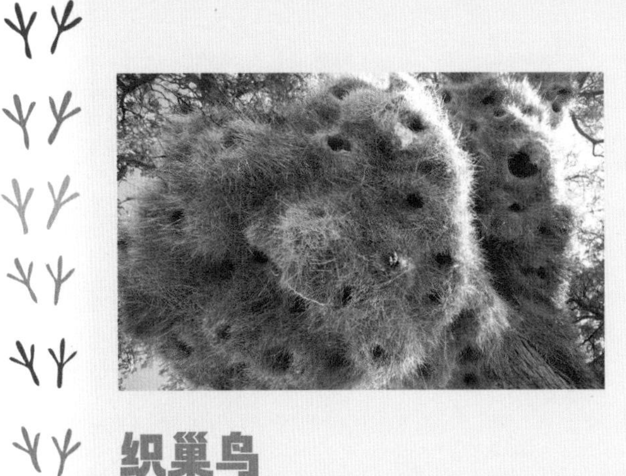

织巢鸟

世界上最大的公共巢穴由织巢鸟建造，公共巢穴中有 300 多个巢。

安第斯神鹫

安第斯神鹫是世界上最大的飞鸟之一。它的体重有 15 千克，翼展可达 3 米，但沉重的身体对飞行没有任何好处。好在它可以利用气流高飞，再一直滑翔。

蜂鸟

蜂鸟是世界上最小的鸟。人们可以找到的最小的蜂鸟，只有 1.6 克重。它的卵只有一颗咖啡豆大小。

最快和最慢

我们需要时间和距离来测量最快与最慢的速度。速度的单位是千米 / 时，即 km/h，意思是某物每小时运动多少千米。

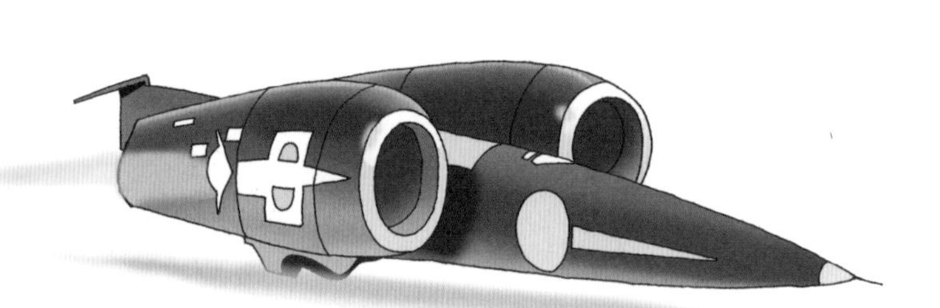

陆地上的最快速度

1997 年 10 月 15 日，安迪·格林驾驶着他的超音速推进号创造了陆地上的最快速度的世界纪录。他以 1227.985 千米 / 时的速度成为第一辆突破声障的陆地车辆。

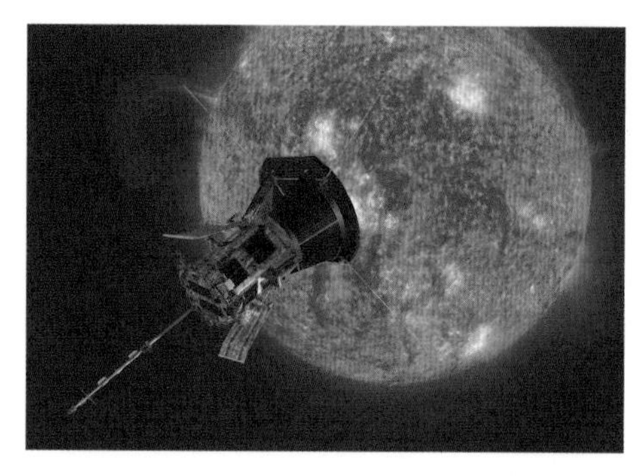

美国国家航空航天局的帕克太阳探测器

飞行最快的航天器是美国国家航空航天局的帕克太阳探测器。它于 2021 年 11 月 21 日在近日点达到了惊人的 186800 千米 / 时。

最快的动物

猎豹是陆地上短跑速度最快的动物。它们奔跑的平均速度约为 100 千米 / 时，是人类最快奔跑速度的 3 倍。

游泳游得最快的鸟

别看企鹅在陆地上行走时摇摇晃晃的，但它们可以在海洋里以 27 千米 / 时的速度快速游动。

树懒

三趾树懒是世界上运动速度最慢的哺乳动物。它以每分移动 2 米的速度缓慢移动。

开花开得最慢的植物

莴氏普亚凤梨是世界上开花开得最慢的植物。它生长在南美洲玻利维亚的山脉上。它需要 80 年到 150 年的时间才能开花，一旦长出种子就会立刻死去。

蜗牛的速度

蜗牛是世界上爬得最慢的动物之一，所以你经常会听到人们说某件事情正以蜗速发展，这是在形容一件事情发展的速度很慢。蜗牛背上重重的蜗牛壳让它每小时只能移动几米。

水平飞行最快的鸟

科学家在一只灰头信天翁身上做了标记，使用卫星监测它的飞行情况。这只灰头信天翁的最快飞行速度是 127 千米 / 时。

游隼

地球上俯冲速度最快的鸟是游隼（sǔn）。它们俯冲时的最快速度可以达到 389.46 千米 / 时。

鸵鸟

鸵鸟是陆地上跑得最快的鸟。它们的奔跑速度可以达到 70 千米 / 时。

最强大和最弱小

我们通过衡量事物有多大能量和力量，来判断事物是强大还是弱小。世界上的能量各不相同。比如，人类有自己的能量，而电则有另一种能量。

蜣（qiāng）螂

蜣螂看起来十分弱小，但它的力气非常大，能拖动是自身重量1141倍的东西。如果一个人有像蜣螂一样大的力气，他就可以拉动6辆双层公共汽车了。

蚂蚁

蚂蚁也很强壮，能够搬动是自身重量的10~50倍的东西。其中，亚洲织叶蚁更加强壮有力，能够举起是自身重量100倍的东西！

鳄鱼

短吻鳄是咬合力最强的爬行动物，能压制住所有猎物。鳄鱼的牙齿甚至可以咬坏钢铁，湾鳄的咬合力更是同类中的佼佼者。

萨彦-舒申斯克大坝

它是一座横跨俄罗斯叶尼塞河的大坝，有245米高，是世界上最结实的大坝。奔流的河水每天生成巨大的电力。

举重

格鲁吉亚的拉沙·塔拉哈泽在2020年东京奥运会上，抓举和挺举的总成绩达到了488千克，打破了自己保持的世界纪录。

最弱小的动物

浮游动物是微小的海洋生物，小到人们只能通过显微镜看到它们。它们又小又弱，根本无法保护自己。鲸、小鱼和甲壳类动物都可以轻而易举地吃掉它们。但也正因如此，它们为其他动物提供了食物和能量，这又何尝不是另一种强大呢？

强大的肉食动物

最强壮的鸟都是捕食者。它们有着强有力的翅膀、爪子和身体，可以抓起沉重的猎物。例如加利福尼亚秃鹰、胡须秃鹫、非洲冠鹰、角雕和虎头海雕。当然，像鸮鹦鹉这种不会飞的鸟可没办法成为捕食者。

角雕

这些巨大的鸟生活在南非的热带森林中，它们把窝筑在最高的那棵树的树冠顶部。角雕的翼展有2米长。强大的翅膀让它们可以借助高空中的气流飞翔。

最古老和最年轻

时间可以帮助人们衡量最年轻和最年长的事物，还能计算过了多少年、多少星期、多少分或刚刚发生。

最古老的国家

古埃及是世界上最古老的国家之一。考古学家告诉我们，古埃及王国建立于5000多年前。

最年轻的国家

世界上最年轻的国家是南苏丹，它的首都朱巴位于尼罗河畔。直到2011年7月9日，南苏丹才正式独立成为一个国家。

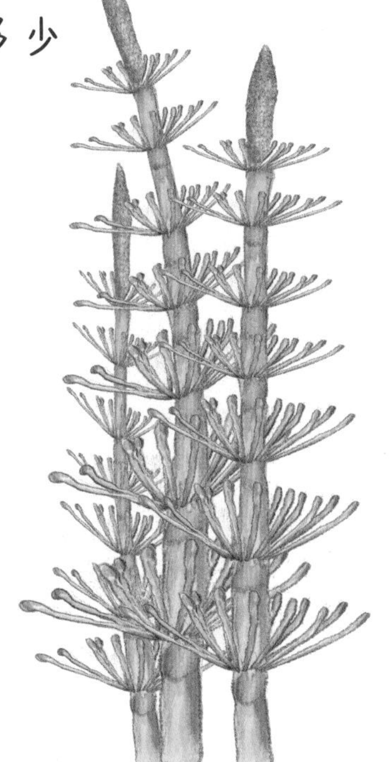

最古老的物种

栉（zhì）水母是地球上最古老的物种之一。它们很小，而且看起来像装饰着蕾丝一样。但早在7亿年前，它们就已经生活在地球的海洋里了。

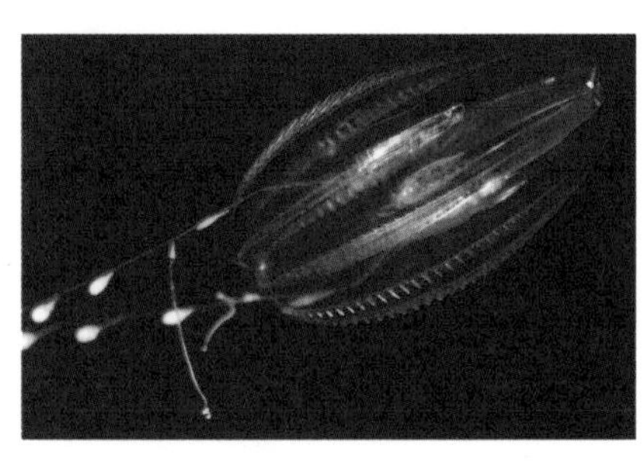

最古老的植物

木贼是世界上最古老的植物之一。

最新的动物物种

大理石纹螯虾是目前发现的最新的物种。它在1995年被发现于一个德国水族商店中。这种虾都是雌性的，但可以进行单性生殖。

最年轻的恒星

最年轻的恒星叫斯威夫特 J1818.0-1607，它只有 240 岁。作为一颗年轻的星星，它还没有足够的能力产生核爆炸，还无法对那些数十亿岁的星星产生影响。

最长寿的动物

巨型乌龟是一种很长寿的动物。最著名的巨型乌龟名叫乔纳森，它已经 190 岁了。它出生在塞舌尔，是世界上最长寿的陆地动物。

科隆群岛上的巨型乌龟。

信天翁

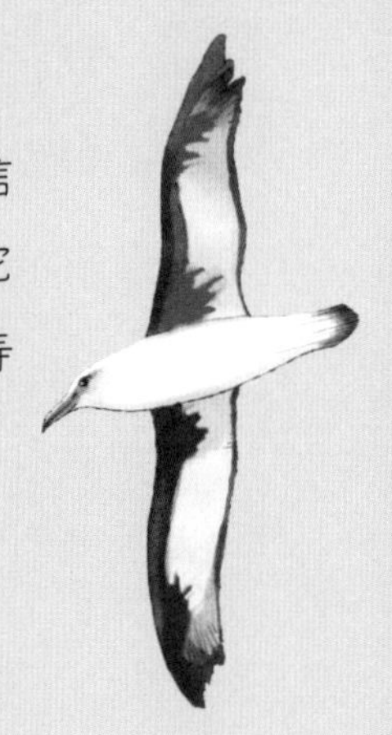

一只名叫智慧的信天翁已经 70 多岁了，它是世界上已知的最长寿的海鸟。

沙丘鹤

沙丘鹤是世界上存在时间最长的鸟之一。这种鸟可能已经在地球上生活了 900 万年了。

麝（shè）雉

麝雉是 6400 万年前一个古老的鸟类家族的后代。

鹦鹉

世界上最长寿的鸟是一只叫作“小甜饼”的鹦鹉，它至少活了 82 岁。

最热和最冷

冷和热一般被我们用来形容温度变化。我们通常用温度的高低来表达是冷还是热。

火山岩浆

火山喷发的炽热岩浆的温度最高可达1200摄氏度。

最热的地方

美国加利福尼亚州的死亡谷是地球上最热、最干燥的地方。它地处海平面以下，几乎没有风。官方公布的世界最热纪录是56.7摄氏度。

类星体

类星体是超热的星球。科学家探测出编号“3C 273”的类星体的内核温度高达10万亿摄氏度。

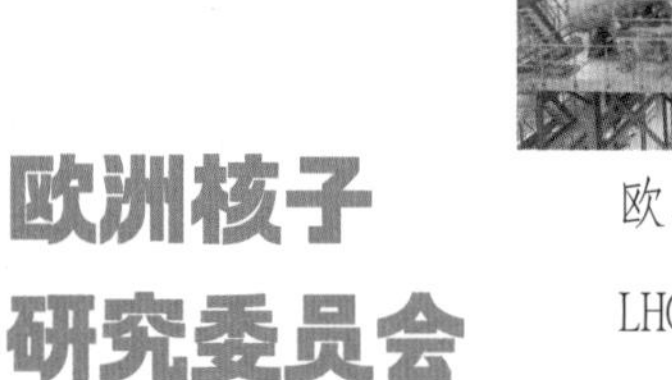

欧洲核子研究委员会的LHC反应堆。

欧洲核子研究委员会

在瑞士日内瓦欧洲核子研究委员会的实验室里，科学家们试着模拟宇宙大爆炸的过程，反应堆温度达300×10^{10}开尔文，比太阳还要热无数倍。

辣椒

卡罗来纳死神辣椒是世界上最辣的食物。

维达湖

地球上最冷的湖是维达湖。它位于南极大陆，平均温度是 -13 摄氏度，湖面终年结冰。

奥伊米亚康

俄罗斯的奥伊米亚康是地球上最冷的居住地，最冷的时候，温度可以达到 -67.7 摄氏度。这里的地面永远都是冰冻的。当气温低于 -55 摄氏度时，学校就会关闭。

宇宙中最冷和最热的地方

一颗恒星灭亡的时候，会产生一颗超新星。它会造成高达 1000 亿开尔文的巨大爆炸，是太阳核心温度的 6000 倍。

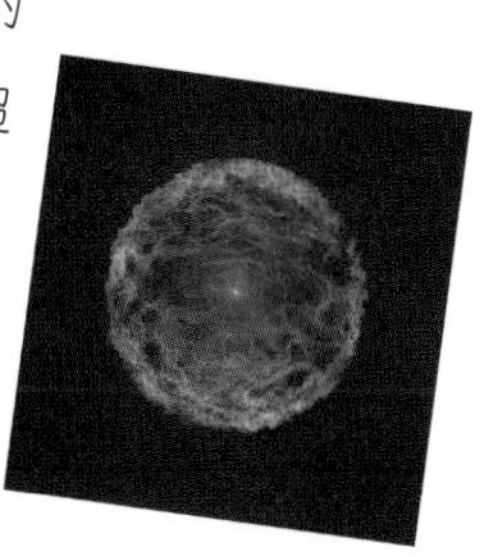

旋镖星云距离地球有 5000 光年，它的温度为 -272 摄氏度。

帝企鹅

帝企鹅生活在 -40 摄氏度的地方，而那里时速 150 千米的寒风会让温度更低、更冷。好在它们是非常耐寒的鸟。

非洲剪嘴鸥

这些非洲的水鸟在水面上成行飞行，捕食水里的鱼。它们会选择在黎明或黄昏的时候捕食，从而躲过一天中最热的时间。除此之外，它们的夜视能力也很好。

最重和最轻

我们比较东西是轻是重的时候，比较的是它们的质量。对于轻的东西来说，我们可以用“克”甚至“毫克”来衡量它们；对于重一些的东西，我们可以用“千克”或“吨”作为它们的质量单位。

最重的火车头

联合太平洋铁路的 4014 号大型蒸汽火车头经过修复后，再次投入运行。它是世界上最大的蒸汽式火车头之一。它比 3 辆公共汽车还要长，比一架波音 747 飞机还要重。

中子星

中子星是超新星爆炸的坍塌中心。它们不仅温度很高，而且密度很大，一勺中子星的质量就可以达到 40 亿吨。

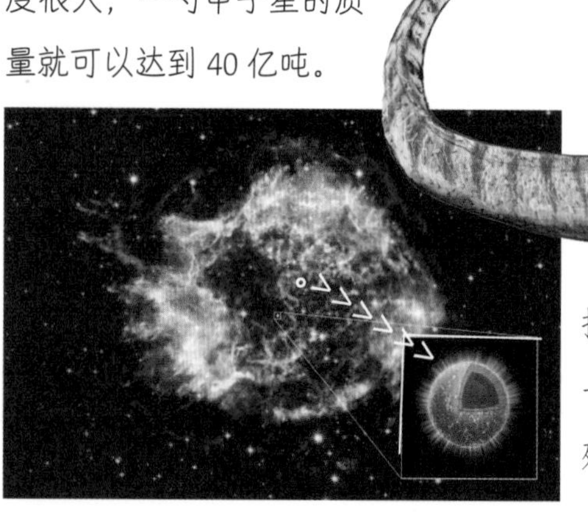

据推算，离我们最近的一次超新星爆炸的爆炸残骸就在仙后座 A。

最轻的飞行机器人

机器蜂是一个仅仅只有 80 毫克重的微型飞行机器人，它拥有像昆虫一样的飞行能力。它可以被用来搜救、监测环境，甚至代替蜜蜂进行授粉工作。

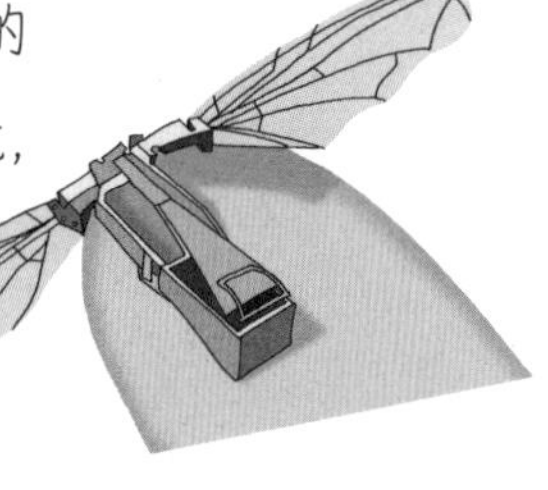

火鸡

最重的火鸡可以达到 39 千克，跟一头小河马一样重。

最重的恐龙

阿根廷龙是一种食草性蜥脚类恐龙，大约生活在白垩纪晚期的南美洲。据古生物学家推测，阿根廷龙的身长可以达到 40 米，体重可以达到 90 吨。

鸵鸟

鸵鸟是地球上最高、最重的鸟类。雌性鸵鸟可以长到 182 厘米高，体重达到 91 千克；雄性鸵鸟可以长到 274 厘米高，体重达到 127 千克。

最重的冰雹

世界上最重的冰雹落在了孟加拉国，足足有 1 千克重。

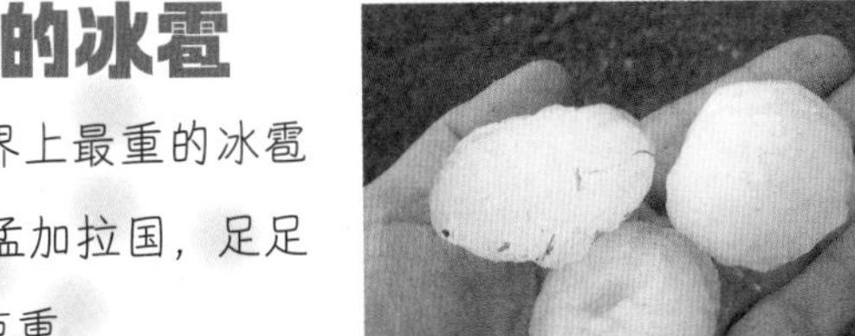

蜂鸟

最轻的蜂鸟重约 1.6 克，是地球上最轻的鸟。

太空实验室的成果！

国际空间站运行速度约为 28000 千米 / 时。

已完成超过 227 次太空漫步。

2000 年 11 月，国际空间站有了第一批常驻航天员。从那时起，这里就诞生了各种各样的新纪录。

高速相机

国际空间站每 24 小时绕着地球转 16 圈儿，空间站上安装的高速相机可以拍摄照片并获取有价值的数据。这些相机每秒可拍摄 3 张照片。

最长的环绕

国际空间站已经绕地球运行 8000 天了，而它将继续运行下去。

微重力实验室

来自 19 个国家的超过 240 名航天员，在国际空间站上的微重力实验室里，进行了超过 2800 次实验。

距离地球约 400 千米

一天 16 圈

在太空运行超过 8000 天

绕地球旋转超过 134400 圈

超过 240 名航天员在那里工作

进行了 2800 次实验

最高的实验室

国际空间站在距离地球约 400 千米的轨道上绕地球运行。

最丰富的旅游经验

我们测量短距离时，可以使用“米”作为长度单位，测量长距离时，可以使用“千米”作为长度单位。

蜻蜓

多达 100 万只蜻蜓一起长途飞行，穿越海洋和各个大洲。

棱皮龟

棱皮龟打破过多项世界纪录，是世界上最大的海龟，其最早出现时间可以追溯到恐龙时代。棱皮龟会长途跋涉到达 16000 千米以外的地方，去寻找食物并找地方产卵，这真是令人难以置信。

君主斑蝶

这些美丽的君主斑蝶一路飞越大西洋，将在不到 3 个月的时间里，完成一段长达3000多千米的迁徙。

果蝠

每年约有 800 万到 1000 万只果蝠飞到赞比亚，享受它们的水果大餐。

座头鲸

令人惊讶的是，座头鲸每年都会有一场长达 25000 千米、往返于南极和北极间温暖水域的旅途，并在这个旅途中培育幼鲸。

北美驯鹿

北美驯鹿是陆地上迁徙最远的动物。与鸟和海洋动物相比，它们的旅途只有 4800 千米，但一个迁徙群体数量可达 35000 头。

最长的迁徙

世界上最长的迁徙由北极燕鸥完成。这种鸟一年两次，在南极和北极间往返飞行 80467 千米，所以它们能享受两个温暖的夏天。

星蜂鸟

星蜂鸟是美国最小的鸟，但它们可以从北方山脉西下至墨西哥再返回，每年飞行距离达 8000 千米。

灰鹱（hù）

这种海鸟往返于新西兰与太平洋之间，单程飞行 200 天，迁徙 64000 千米，相当于绕着地球飞了一圈。

最长和最短

长度测量是人类创造的最早的测量系统之一。一开始，人们用自己的身体部位作为测量工具和长度单位，到今天，人们创造出了一套完整的长度单位体系。

最长的河流

亚马孙河一直是南美洲最长的河流。它从安第斯山脉开始，穿越一片巨大的热带雨林一直延伸到大西洋，长约 6480 千米。当然，非洲的尼罗河更长一些。

最长的蛇

网纹蟒是世界上最长的蛇。它们生活在亚洲的南部和东南部，身长可以达到 9 米。它们身上的图案看起来像是网格，所以被叫作网纹蟒。

最长的桥

丹昆特大桥是世界上最长的桥。它有 164 千米长，预计可以使用 120 年。

最长的公共汽车

最长的公共汽车是“超级大公交”。它有 32 米长，可以承载超过 350 名乘客。

最长的墙

中国的长城始建于 2300 多年前，是世界上最长的墙。截至 2012 年，已确认的历代长城总长度有 21196.18 千米长，由石头、砖块、木材和其他材料建成。

短途飞行

苏格兰保持着最短的定期客运航班纪录。航班从苏格兰韦斯特雷到奥克尼群岛的帕帕 - 韦斯特雷岛，从起飞到降落只需要 2 分。

在位 20 分的国王

国王和王后在位的时间可以很长，也可以很短。法国国王路易十四在位 72 年；同样是法国国王，路易十九仅仅在位 20 分，还不到 1 小时就退位了。

鵎鵼（tuǒ kōng）

鵎鵼的嘴巴不仅色彩艳丽，还是所有鸟中最大的，足足有 20 厘米长。鵎鵼可以用巨大的嘴啄食高枝上的果实。

乌鸦数数

我们都知道乌鸦非常聪明，它们可以数数数到 6。鹦鹉也能解决 6 以内的数学问题。现在科学家们的实验结果显示：乌鸦们能明白大于和小于的含义。

就是最好的!

为什么我们是地球上的赢家？是因为我们的大脑有思考能力？是因为我们的发明改变了我们的生活方式？是因为一直延续下来的文明？还是因为某个领域的精英的成果？

阿尔伯特·爱因斯坦是最伟大的科学家之一。

莫扎特是最伟大的作曲家之一。

电灯泡的发明源于一个想法，进而改变了人类生活。

古罗马人留下的伟大的建筑。

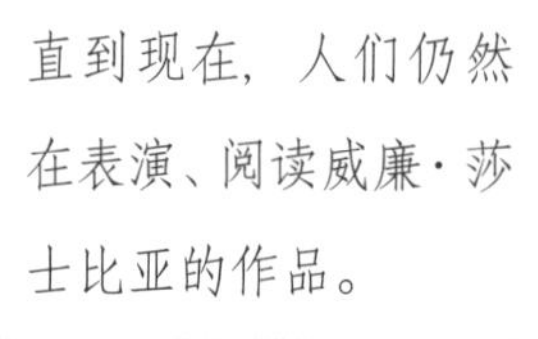

直到现在，人们仍然在表演、阅读威廉·莎士比亚的作品。

细菌是种类最多的物种。它们无处不在。我们身体里有39万亿个细菌。

中国古代的思想家孔子仍在影响着现代人的思想和行为。

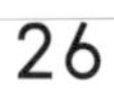

协和式飞机飞得比声速还快，把从欧洲到美国的飞行时间缩短到几小时。这是超声速技术带来的奇迹。

白蚁和人类工程师一样，在建筑方面有所成就。

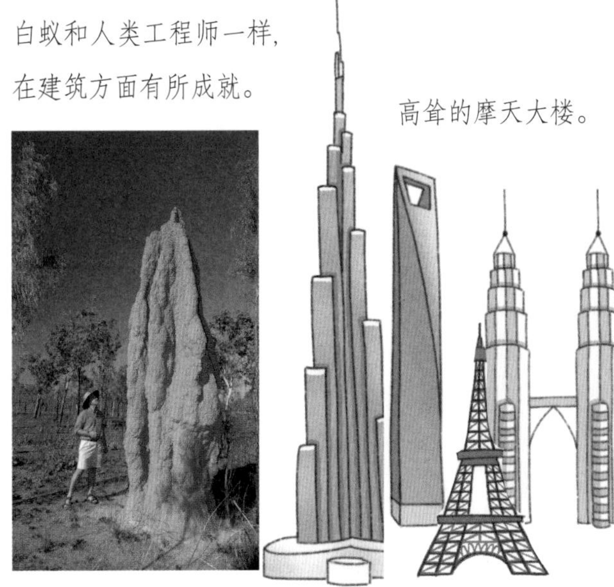

高耸的摩天大楼。

诺贝尔基金会遵照阿尔弗雷德·诺贝尔在1895年立下的遗嘱，每一年都给在物理、化学、生理学或医学、文学与和平等方面，做出伟大贡献的人们颁发奖牌和奖金。

对太空的探索是21世纪一项伟大的成就。

数百年前，勇敢的探险家们扬帆起航探求未知的领域。

接受挑战！

现在我们都面临一项挑战——保护地球并确保每一个地球人的安全。在拯救森林、海洋、野生动物和每一个生命这一方面，我们要做纪录的保持者！

温故知新

1. 每年有多少只红螃蟹爬行穿过圣诞岛？
2. 世界上最高的人的身高纪录是多少？
3. 世界上哪种宠物最受欢迎？
4. 最小的蜂鸟有多重？
5. 鸵鸟能跑多快？
6. 一勺中子星有多重？
7. 国际空间站每天环绕地球多少圈？
8. 南极洲的帝企鹅可以在多低的温度下生存？
9. 北极燕鸥每年都要从地球的一极飞往另一极，这有什么优势？
10. 世界上最短的定期客运航班飞行时间有多短？

答案：

1. 1.2亿只
2. 272厘米
3. 狗
4. 1.6克
5. 70千米/时
6. 40亿吨
7. 16圈
8. -40摄氏度
9. 它们可以享受两个夏天
10. 2分